复杂曲面物体多视角激光点云3D建模关键技术研究

张 梅 文静华 杨滋荣 著

科学出版社

北 京

内 容 简 介

基于多视角激光点云的复杂曲面物体3D建模关键技术，是当前数字摄影测量与计算机视觉交叉学科领域的热点和难点研究问题之一。研究的主要目标是根据摄影测量和计算机视觉的相关理论与处理手段，利用复杂曲面物体的点云数据，为基于特征关系图匹配的曲面物体识别建立模型库。本书较详细地介绍了复杂曲面物体激光点云3D建模关键技术，探讨了多视角点云数据配准、点云数据（深度图像）区域分割、曲面参数方程拟合、特征提取与特征关系图表达等关键技术中涉及的核心问题。

本书可以作为近景摄影测量、计算机软件与理论、计算机应用、信息处理、机器人视觉、人工智能和遥感图像处理等相关专业高年级本科生或研究生的教学用书，也可供相关领域的研究人员参考。

图书在版编目 (CIP) 数据

复杂曲面物体多视角激光点云3D建模关键技术研究/张梅，文静华，杨滋荣著. —北京：科学出版社，2016.3
ISBN 978-7-03-047748-4

Ⅰ. ①复… Ⅱ. ①张… ②文… ③杨… Ⅲ. ①曲面－系统建模 Ⅳ. ①O186.11

中国版本图书馆CIP数据核字(2016)第053806号

责任编辑：王 哲 王晓丽 / 责任校对：郭瑞芝
责任印制：张 倩 / 封面设计：迷底书装

科学出版社 出版
北京东黄城根北街16号
邮政编码：100717
http://www.sciencep.com
北京凌奇印刷有限责任公司 印刷
科学出版社发行 各地新华书店经销
*
2016年3月第 一 版 开本：720×1 000 1/16
2016年3月第一次印刷 印张：10 1/2
字数：202 000

POD定价： 55.00元
(如有印装质量问题，我社负责调换)

前　言

随着激光扫描技术的不断成熟与发展，基于激光点云的复杂曲面物体 3D 建模技术得到了广泛应用，是当前数字摄影测量与计算机视觉交叉学科领域的热点和难点研究问题之一。鉴于机器人自动导航、自动检测、装配任务与医学图像分析等大量现实应用的需要，基于模型的物体识别技术的研究引起了广大学者的极大关注，如今三维曲面物体识别已成为十分活跃的研究领域，三维几何建模技术是物体识别的前提和关键。

本书研究的主要目标是根据摄影测量和计算机视觉的相关理论与处理手段，利用复杂曲面物体的点云数据，为基于特征关系图匹配的曲面物体识别建立模型库。针对传统二次曲面物体 3D 建模技术存在的不足，较详细地介绍了复杂曲面物体激光点云 3D 建模关键技术，系统研究了点云数据配准、点云数据（深度图像）区域分割、曲面参数方程拟合、特征提取及模型表达等关键技术。在文物保护、虚拟现实、工业自动化、生物医学工程、动画、数码城市、虚拟地理环境、汽车制造和逆向工程等领域具有重要的理论意义和广阔的应用前景。

从多视角激光点云数据获取三维曲面物体的完整模型是计算机视觉的重点，也是物体识别的前提和关键。传统迭代最近点（iterative closest point，ICP）配准算法采用对应点对或点面之间欧氏距离作为误差测度，对应点对中存在不精确对应问题。在分析现有点云模型配准方法的基础上，引入归一化零均值互相关系数衡量点对邻域曲率相似度，由邻域标识寻找对应点。提出（iterative closest surface，ICS）算法，用局部曲面片代替离散点，并用自适应距离函数代替点到对应曲面片的几何距离，建立拼合的非线性最小二乘优化模型和求解策略。

用激光点云形成的深度图像进行三维物体建模是机器视觉领域中一个重要的研究内容，而深度图像分割是其中最重要也是最困难的任务之一。在研究现有三种深度图像分割方法之后，根据隐式函数理论，提出基于蛇形活动轮廓模型（snake active contour model，SACM）的点云自动分割方法，建立基于点云平均曲率的能量函数优化模型，通过空间曲线的自适应拓扑演化实现点云的边界提取和区域划分。避免三角网格重构，在保证分割精度的基础上极大提高分割效率，有效去除点云缺陷的影响，实现点云的高效分割；其速度较快，且提取的边缘比较光滑，分割结果与人的主观视觉感知具有良好的一致性。完成深度图像分割后，利用二维图像点与三维空间点之间的一一对应关系，可以将物体表面模型分割成有限曲面片。

三维物体的表达方法是计算机视觉中的关键问题之一，主要研究以物体为中心的、基于表面的特征关系图表达法。着重分析二次曲面模型及最小二乘拟合原理与方法，以及欧氏变换下曲面片微分不变量和三维矩不变量特征的提取方法。最后生成点云模型的全表面特征关系图，为三维曲面物体识别建立模型库。

本书是作者在武汉大学遥感信息工程学院和贵州财经大学信息学院从事十余年基于激光点云的复杂曲面物体3D建模关键技术研究和对研究生教学的基础上编写的，书中不但包括了首次接触本学科的读者所需要具备的基础知识，而且较系统地探究了近年来国内外复杂曲面物体 3D 建模关键技术研究的重要成果，较系统地介绍了从点云配准、区域分割到模型表达与特征提取一套完整的复杂曲面物体激光点云 3D 建模过程和方法。作者在国家级核心期刊和重要学术会议 IEEE、ACM 上发表了相关研究论文 40 余篇，其中 SCI、EI、ISTP 收录 20 余篇，书中介绍了作者在这些论文中报道的部分研究成果。本书第 1 章、第 7 章由文静华撰写，第 2 章由杨滋荣撰写，其余各章由张梅撰写。

本书的出版得到了 2013 年度中央财政支持地方高校重点学科建设经费的资助，作者在研究工作中还获得多方面的研究基金的资助，其中有国家自然科学地区基金（项目编号：41261094）、贵州省优秀人才省长基金、贵州省教育厅自然科学基金和贵州省科技厅科技基金。作者对组织这些研究基金的相关部门，如国家自然科学基金委员会、贵州省科技厅、贵州省教育厅和贵州省育才领导小组办公室等表示感谢；作者还特别感谢世界著名的摄影测量专家与名师张祖勋院士和张剑清教授，他们以深厚的学术功底、超前的学术视角、严谨的治学态度和对学生的谆谆教诲使本书第一作者在其名下读博期间（2005～2008 年）受益匪浅，完成博士学位论文，本书即为第一作者博士学位论文的深化和延续。感谢武汉大学遥感信息工程学院摄影测量与计算机视觉研究中心的刘亚文老师、潘励老师和苏国中老师，他们亦师亦友，在学习和生活中一直给予鼓励和支持，同时在博士学位论文试验中给予热心指导和帮助，使得本书的写作得以顺利完成。

十分感谢作者的同学、同事和学生，他们是武汉大学遥感信息工程学院的翟瑞芳、杜全叶、孙明伟、丁胜、徐景中、邬建伟、杨耘、孙世宏、李薇、张绪冰、韦春桃、柯涛、丁怡等，贵州财经大学的韩兴顺、王松、李莉、金淑娟、陈琴、万丽、马思根、卫剑、将合领、喻曦、徐彬、彭星星、刘欢等。本书介绍的许多工作是作者与他们在合作中完成的。

激光点云 3D 建模的内容非常宽广，与其相关的学科也很多，由于作者学识有限，书中难免存在不足之处，敬请读者不吝批评指正。

张　梅　文静华　杨滋荣

2015 年 12 月

目　　录

第 1 章　绪　　论

使计算机具有通过灰度图像或点云数据感知环境三维信息是计算机视觉领域工作者研究的终极目标。三维物体识别是计算机视觉研究中很活跃和最困难的问题之一，识别系统必须解决如下几个问题[1]：①获取原始数据的传感器类型；②三维物体模型构造（表达）方法；③描述原始数据和物体模型的工具；④从输入数据获得的物体描述和物体模型描述之间的匹配方法。其中模型提供了视觉系统的先验知识；表达用于描述采集的数据和物体模型。由此可见，模型的构建和表示是三维物体识别中的前提和关键。如何在计算机中对物体进行快速、有效的建模，一直以来都是计算机视觉、计算机图形学研究领域的热点和难点。

传统的建模方法主要分为两类：①基于 CAD 的三维建模方法；②基于单一视点二维图像或 2.5D 点云数据的表面重建[2]。前者以物体为中心，稳定性好，信息量丰富，其目的是完整表达所设计的三维物体的信息，并用图像显示三维物体或计算各种设计参数，但 CAD 建模的目的与计算机视觉并不相同，因此 CAD 的模型表达往往不能直接应用于以识别为目的的视觉系统中，从模型的 CAD 表示到用于识别的表示之间的转换并不是一件容易的事。后者以观察者为中心，单一图像最多只能表示三维物体表面的一半，不能全面地表达三维物体的完整集合模型。

近年来兴起的中近距离三维激光扫描技术可以深入到任何复杂的环境及空间中进行扫描，并直接获取各种真实曲面物体的三维点云数据。激光采样点有组织地投影到二维网格上，每一个二维网格节点(u, v)对应一个空间三维点$(u, v, f(u, v))$。如果将二维网格上的节点看成像素，那么将形成一幅深度图像 $f(u, v)$[3]。识别系统的性能可由物体的颜色和纹理等来改善，不过这往往使识别系统变得复杂和不稳定。由于物体的几何表达方法既表示了物体最重要的信息，也使识别变得简单、可靠。因此，物体的几何表达方法乃是目前三维物体识别中的主要手段。针对已有几何建模方法存在的问题，基于多视角激光点云，综合利用点云数据基于点集和基于网格的处理方法，研究三维曲面物体几何建模中所涉及的关键技术，包括多视点云拼接、深度图像分割、曲面代数拟合、特征提取和特征关系图生成等问题，最终为基于模型的三维曲面物体识别建立模型库。

1.1　研究背景与意义

近十年来，研究者逐渐发现，由于灰度图像每个像素存储的是相应景物点的亮度（强度），在图像数据中缺少直接可利用的、比较可靠的、有关物体的深度及表面朝向等三维信息。因此，使图像分析，特别是三维物体建模与识别的研究陷入了困境[4]。激光扫描测量技术采用非接触主动测量方式直接获取高精度三维数据，具有摄影测量与遥感技术无法取代的优越性。激光扫描所获得的数据是由全离散的矢量深度点构成的“点云（point cloud）”，常称为“深度图像（range image）”[5]。深度图像能直接反映物体表面的三维特征，与灰度图像不同的是，其每个像素存储的是物体表面点与摄像机成像平面的距离[6]。由于点云数据没有光照产生的阴影问题，而且物体同一光滑面也没有由于不同颜色区域、材质等产生的“纹理”问题的困扰，直接而精确地体现了物体表面的几何测度，所以几何特征较易提取，而且精度也高，正被越来越多地用作计算机视觉系统的源图像。

近年来，随着激光扫描技术的不断成熟与发展，从多视点的点云数据构造物体完整的三维几何模型在计算机视觉、计算机图形学、计算机辅助设计、虚拟现实和非接触测量等领域获得了越来越广泛的应用[7]。基于该完整三维几何模型的物体识别技术的研究引起了广大学者的极大关注，出于机器人工件抓取任务、自动导航、自动检测、装配任务与医学图像的分析等大量现实应用的需要，如今三维曲面物体识别已成为一个很活跃的研究领域[1]。建模是物体识别的前提和关键技术，识别方法取决于模型的表达，因此，进行物体三维建模研究具有重大理论价值和潜在的应用前景。

2D以及3D多面体物体建模已经发展了几十年，有了相对较成熟的技术[8]。然而，3D曲面物体建模刚起步，与2D、3D多面体建模相比，有更多的复杂性和更强的实用性，其在军事、工业等社会诸多行业中具有潜在的、巨大的应用价值[9]，更受到研究者的重视，已成为当前计算机视觉、计算机图形学和非接触测量等多学科交叉领域的一个研究热点[10]。受到观察方向和物体本身形状的限制，不可能一次得到描述物体的所有点云数据，要获得物体表面的完整造型，需将多个视角获取的点云数据进行配准与融合，形成物体准确的完整三维模型，更加符合人类生物视觉的整体感知性，大大减小了搜索空间。这样，多视场点云数据的精确匹配就成为三维建模中的关键步骤之一。

由深度图像进行三维物体建模是三维视觉领域中一个重要的研究内容，而深度图像分割是其中最重要也是最困难的任务之一[11]。图像分割是图像分析的基本任务，图像分割质量的优劣、区域界限定位的精度直接影响后续的区域描述以及图像的分析和理解，是图像处理、分析、理解中一个举足轻重的技术环节。关于点云数据的分割，前人已做了许多工作，但目前尚无通用的分割理论和适合所有图像的通用分割算法，即使给定一个实际图像分割问题，要选择适用的分割算法也还没有标准。一般的分割算法都是数值的方法，而数学形态学的方法则本质上是基于物体形状的几何的方法，因而更适合用于几何建模。另外，由实际物体获取的点云数据必然有噪声的干扰，而数学形态学算子则具有一定的抗噪声性能，而且计算效率也较高，在很多方面都要优于基于曲率卷积的线形代数系统，提取速度快，适合并行计算，具有良好的抗噪声性能，得到了很多的关注，被广泛地应用到了图像处理中。因此，进行基于形态学的点云数据分割研究有重要的科学价值和现实意义。

提取高级的模型特征，是实现三维物体建模的基础，虽然国内外已经有很多学者在进行这方面的研究，但由于真实世界物体的复杂性，它仍然是一个没有完全解决的难题。把完整点云数据分割成一些区域之后，这些区域分别对应于物体表面上的曲面块，其每个区域中所有的点均在同一曲面块上，采用代数曲面对这些深度数据点进行拟合。在三维空间曲面的函数表示中，常用的一类函数是广义圆柱面、超二次曲面和高阶多项式，但对于曲率光滑的物体，尤其是种类广泛的人造物体，二次曲面模型更适合于局部曲面片的表示[13]。与传统表达方法相比，基于特征关系图（attribute relational graph，ARG）的模型表达方法有许多独特之处，它可以解决普通表达方法无法解决的问题，能方便地表示物体表面的几何特征、结构和形状信息；能将物体识别问题使用图论的匹配技术（图论中的子图同构（isomorphism）、单一同态（monomorphism）和同胚（homomorphism）等方法）来实现。特征关系图描述方法能用图的结构直观地描述图像基元的特征和图像基元间的结构关系，由于引入了基元属性和基元间的关系属性，具有很强的表达能力[14]。因此，用二次曲面模型拟合曲面片、提取曲面基元特征并将其用特征关系图进行表达具有重要的研究价值。

综观国内外激光扫描技术研究、应用成果，目前的数据处理方法集中在附加 CCD 影像进行融合，对直接从深度图像中进行目标分类和特征提取研究较缺乏[5]。利用多视角深度图像进行三维曲面物体建模已成为国际上计算机视觉领域的前沿热点研究问题，目前国内只有较少的文献对深度图像处理进行了研究，与国外的研究水平相距较大，限制了 3D 点云数据在视觉领域及其他工业领域的广泛应用。基于点云数据和特征关系图的实用三维曲面物体建模系统在国内、国际上都较少见，其关键技术还很不成熟和完善，而三维曲面物体建模在各行各业有广泛的应用前途，前景十分广阔，因此需要开展基于多视角点云数据的复杂曲面物体 3D 建模关键技术研究。其研究价值和意义归纳为以下三点。第一，基于激光点云和特征关系图的实用三维曲面物体建模系统关键理论与技术还不成熟和完善，本书综合利用激光点云基于点集和基于网格的处理方法，系统研究多视角点云数据配准、区域分割、曲面拟合、曲面特征提取等关键技术，对 3D 曲面物体建模与识别具有重要的理论意义。第二，本书研究能丰富激光扫描数据的建模理论，对于激光扫描数据的智能化处理有一定的理论指导意义。本书探究一种新的基于归一化零均值互相关系数（normalized zero-mean cross-correlation coefficient，NZCC）、自适应距离函数（adaptive distance function，ADF）和最近曲面片迭代（iterative closest Surface，ICS）的扫描点云自动配准算法，定量研究配准精度与配准效率的关系、测量误差对拼合精度的影响等；根据隐式函数理论，提出基于活动轮廓模型（active contour model，ACM）的点云自动分割方法，避免三角网格重构，有效去除点云缺陷的影响，在保证分割精度的基础上实现点云的高效分割；引入线性最小二乘曲面拟合方法，实现对散乱点的快速可靠拟合。第三，课题研究的成果在文物保护、虚拟现实、工业自动化、生物医学工程、动画、数码城市、虚拟地理环境、汽车制造和逆向工程等领域都具有极大的实用价值和十分广阔的应用前景。

1.2 国内外研究现状及趋势

三维曲面物体建模是计算机视觉的重要组成部分，是基于模型的三维物体识别的前提和关键。出于工业和医疗等领域大量现实应用的需要，如今三维物体建模已成为一个很活跃的研究领域，半个世纪以来受到各国研究者的广泛关注，并提出了众多的理论和方法。本书主要针对曲面物体多视角激光点云建模的关键技术对国内外研究现状作一个总结与分析。一般来说，三维曲面物体建模可以通过多视角点云数据配准、点云数据区域分割、曲面拟合与特征提取等几个阶段的处理来完成，下面按这几个处理阶段来对研究现状进行讨论。

1.2.1 多视点云数据配准

复杂物体表面重构在逆向工程、计算机视觉、模式识别、三维动画、网上购物和虚拟现实等领域具有重要的应用。为重构三维物体的表面形状，须事先得到物体表面的点云数据。受观察方向和物体本身形状的限制，不可能一次得到描述物体所有视角点云数据，需将多个视角获取的点云数据进行配准，形成物体准确的完整3D模型，更加符合人类生物视觉的整体感知性。从多视角的点云数据构造物体完整的三维几何模型在计算机视觉、虚拟现实和非接触测量等领域获得了越来越广泛的应用[15,16]。

近年来，国际上许多学者进行了大量研究工作，比较典型的是Besl[17]、Chen[18]和Zhang[19]等提出的ICP算法及各种变形[20]，此类算法通过迭代的计算，使2个点云数据集上对应点对或者点面距离的均方误差最小，以实现点云数据的精确配准。至今，此类算法已经得到了很大的改进，但是由于其误差测度是定义在对应点对或者点面距离之上的，所以对应点对中存在不精确对应问题，使得此类算法受偏离点的影响很大[21]。文献[22]提出了一种ICL（iterative closest line）算法，通过直接对两个点云中的点连线并寻找对应线段进行配准，但存在无法保证线段之间的对应关系的缺陷。Wang等[23]综述了高精度的深度图像配准方法。Hou等[24]提出基于圆空间的多幅深度图像自动配准方法。

在国内，张宗华提出一种验证两个深度图像中对应点对有效性的方法，给出了判断待匹配深度图像之间的点对应条件的准则，并用“主次缝合线”法合成匹配后的深度图像[25]。高鹏东提出一种利用深度图像重叠区域间的空间体积作为误差度量的精确配准算法，通过寻找两幅深度图像重叠区域内的有效三角形对，并将这些三角形对所夹的三维空间作为误差测度来指导深度图像的配准，然后将对应三角形的质心作为对应点对，估计出新的空间位置转换关系[10]。该算法对初始的运动参数不敏感，收敛速度快而且具有较高的配准精度和较强的鲁棒性，抗噪声能力强。但该算法在海量数据下的效率不高。张鸿宾针对基于点对间距离度量的对准算法存在不精确对应的问题，提出一种基于表面间距离度量的对准算法[7]。通过构造三角网格来近似表示物体的表面，采用三角网格间最近距离的均值作为评价函数来估计运动参数，推导并简化了表面间距离计算的积分公式。该算法有较高的对准精度，而且收敛速度较快，抗噪声能力较强。

1.2.2 点云数据区域分割

点云数据的分割是特征提取、建模、目标识别与定位的基础和关键。从 20 世纪 60 年代开始，人们就对区域分割进行了大量的研究，至今提出了上千种针对各种具体应用的分割算法。深度图像是离散坐标点阵列，不表达目标边界特征和拓扑关系[5]，到目前为止还没有通用、成熟、可行的深度图像分割理论和方法。传统的点云数据分割大致可以分为三类[6]：①基于边缘的分割方法；②基于区域的分割方法；③边缘和区域相结合的方法。

边缘法首先根据点的局部几何特性在点的集合中检测到边界点（如曲率阶跃点、曲率局部极值点、曲率过零点和深度不连续点），然后进行边界点的连接、拟合[26]。Evgeni 等基于深度图像三角面进行高斯曲率和平均曲率估计方法比较[27]。赖旭东针对机载激光雷达 LIDAR 深度数据深度成像得到的深度图像，运用经典边缘检测算子加以处理并比较各种算子处理后的结果，实验结果表明经过中值滤波后再提取边缘的效果要好于未加处理的边缘提取结果，且 Roberts 算子得到的边缘是单像素的，边缘定位较准[28]。Ho-Keun Song 应用多种类型的梯度算子对深度边缘提取进行了实验[29]，最后证明 Besl & Jain 算子效果是最优的。Benlamri 利用物体表面曲率变化对边缘进行检测[30]，但该方法只适用于噪声不大的图像。Jiang 的基于扫描线的边缘提取方法[31]具有一定的优越特性。边缘法的特点是对区域边界的定位非常准确，运算速度快，在实际图像处理中，由于噪声、遮挡等因素的影响，很难形成连续的区域边界，用该方法提取出来的边界的质量不是很好。

区域法可以形成封闭边缘，但算子结构复杂，容易发生边界错位现象，且运算结果依赖于初始种子和聚类数目的选取。它的代表方法有 Besl 提出的根据高斯曲率和平均曲率对 8 种表面类型进行分类，并利用二次曲面拟合进行区域增长[32]。Hoffman 利用了模式聚类的思想，将每一个深度图像中的点看成是一个 6 维向量（包括行值、列值、深度值、三维的单位法向量），实现了分割[33]。董明晓对激光光刀扫描法所采集的距离数据，提出一种基于数据点曲率变化的区域分割方法[34]，该方法原理简单、方便实用、边界识取速度较快，但不足之处是要进行两次判断。Jaesik 等通过分析表面适应模式改善深度图像分割[35]。区域法根据微分几何中曲面的某些特征参数（如高斯曲率）的性质来确定属于一个面的所有数据点，而上述特征参数的求取则是在曲面光滑连续的情况下才有效，由于真实物体表面不可能是完全光滑连续，而只可能是分片连续的，所以如何准确地估算出分片连续曲面的曲率是基于面分割方法的瓶颈。

较新趋势是采用边缘和区域相结合的方法[36]，这种方法取长补短。先进行边缘提取，用其结果确定区域的位置和数量，兼顾了速度和分割的准确率，但本质上这种方法都属于基于微分运算的分割方法，其缺点是需要复杂的运算且对噪声很敏感。除了以上分割方法，丁益洪提出了基于随机 Hough 变换的深度图像分割算法，并将实验结果同 4 种经典的深度图像分割算法在同一数据库中的分割结果进行比较分析[14]，表明该算法具有对噪声不敏感的优点，但其只能检测出深度图像中的平面区域，不适合三维曲面物体的分割。文献[12]中对四种深度图像分割算法进行比较。史文中等对车载激光扫描系统获取的深度图像，提出利用投影点密度进行深度图像分割的方法[5]，不需要使用其他辅助数据，直接对深度图像进行处理，开辟了深度图像数据处理和应用的新方向。向日华提出基于树结构椭圆簇分裂的深度图像分割算法[37]，针对结构光和激光雷达两种深度相机的 60 幅真实深度图像进行了实验，并与传统的树结构扰动方案以及 K 均值算法初始方案进行了客观比较。目前国内只有较少的文献对点云数据处理进行了研究，与国外的研究水平相距较大，限制了三维点云数据在视觉领域及其他工业领域的广泛应用。

1.2.3 曲面拟合与特征提取

由于真实世界物体的复杂性，特征提取仍然是一个没有完全解决的难题。把点云数据分割成一些区域之后，需采用代数曲面对这些深度数据点进行拟合[38]以计算曲面特征。对于曲率光滑的物体，尤其是种类广泛的人造物体，二次曲面模型更适合局部曲面片的表示[13]。

根据人类视觉感知，物体总是被看做三维的，且其形状具有恒常不变性，因此进行特征提取时应选择采用那些对视角变化不敏感的不变量特征。在图像处理和计算机视觉中，使用特征不变量来建模以识别发生变换的目标物体是一个重要研究方向。物体不变量是在坐标发生变换时保持不变的量，在模式识别中是一个非常好的指标。目标物体在欧氏变换下的不变量得到了广泛的应用，物体欧氏不变量可分为局部不变量和全局不变量。局部不变量有累积角不变量、特征点曲率不变量等[39]；全局不变量有矩不变量、傅里叶描述子不变量[40]等。2000 年，中国科学技术大学电子科学与技术系计算机视觉实验室的程义民教授对深度图像曲面上各点曲率及曲率分布为主的特征及其计算方法进行了详细的阐述[41]，但其没有考虑到矩不变量，不能获得足够丰富的完整特征信息。孙晓兰等从事基于网格采样的深度图像表面特征提取算法研究[6]，提取出深度图像的表面法线和方向间夹角。文献[42]给出 2.5D 深度图像局部特征提取和匹配方法。Hegde 等[43]用基于规范切线的聚类方法提取来自 SwissRanger SR-3000 的深度图像的平面特征。

根据描述物体坐标系的不同，可以将三维物体表达方法分成以物体为中心和以观察者为中心两个主要类别[44]。其中以物体为中心的表达方法侧重在物体本身坐标系中描述物体，并使用与视点无关的本质特征来描述物体[1]。这方面的主要表达方法可以归为如下两大类：一是基于表面的表达方法，如多边形网格法、曲面片法、拟合表面参数表达法；二是基于体的表达法，这一类表达法是将物体分解成若干个基本几何体或单元，再通过建立它们的隶属关系来进行表达，如体素法、八叉树法、构造实体几何法、体基元法等。Dorai 等[45]提出了 3D 自由形态物体的 COSMOS 表达方法，这种方法不能在物体之间相互遮挡的情况下识别物体，且对曲面描述的表达过于复杂，不易于高层处理。文献[46]提出了 SpinImage 表达方法，其不足之处在于只能针对格网均匀的情况，且求点之间的距离要用到点的法向方向，在简化格网后不易求得准确法矢量。

总体看来，我国在多视点云数据配准、区域分割、特征提取与特征关系图表达方面还处于发展阶段，有很多理论与实验的问题需要进一步的研究，许多方法还停留在理论研究的层次，没有实质的自动化建模系统的出现。武汉大学从事摄影测量与计算机视觉研究多年，培养了一批我国系统研究基于点云数据进行三维曲面物体建模关键技术研究的博士生，研制改进了三维激光扫描仪多角度自动旋转平台，积累了宝贵经验[47]。目前形成了博士后、博士生、硕士生的三维曲面物体建模研究梯队，与相关科研院校开展了广泛交流，互通有无，已经成为我国三维物体建模研究的重要基地。

在国外，基于特征关系图表达的三维曲面物体多视点云数据建模属于计算机视觉应用中的一个新的研究方向，并具有很大的应用和发展潜力，因此国外有很多大学和研究机构都在从事这方面的研究和探索，美国的很多大学，包括麻省理工学院、华盛顿大学、波士顿大学，以及加拿大的卡尔加里大学、英国的南安普敦大学、法国的布莱斯特大学在这方面都取得了一些引人注目的成果，国外研究者已经研究出三维的多面体物体建模系统，但针对复杂曲面物体多视点云数据的实际 3D 建模系统的研究还不完善。

1.3　研究目标、内容与方案

1.3.1　研究目标

论文将在多视角激光点云配准、深度分割图像、曲面代数拟合与特征提取几个方向取得新进展，建立和完善复杂曲面物体三维建模中理论研究与实际应用相结合的技术创新体系。寻求一系列新的点云配准技术、分割技术、曲面代数拟合方法、几何特征矢量计算技术、特征关系图（ARG）生成技术；最后进行三维曲面物体建模编程实验，以验证新方法的正确性和有效性，实现复杂曲面物体的三维建模，为 3D 复杂曲面物体识别建立模型数据库。在国内外重要学术刊物和国际会议上发表学术论文，为我国机器视觉发展提供技术储备，大幅度提高复杂曲面物体三维建模的整体创新能力和国际竞争力。进一步推动我国开展机器视觉应用的研究，同时大大缩小我国在本领域与国外先进研究水平的差距。

1.3.2　研究内容

三维曲面物体建模已成为计算机视觉领域的前沿热点研究问题。研究工作主要围绕基于多视点云数据和特征关系图的复杂曲面物体三维建模中的关键技术进行，将解决适合点云的多视角距离数据配准、区域分割、曲面特征计算与提取、特征关系图生成等中的困难问题，具体研究内容包括以下几点。

1. 点云数据配准

研究与改进传统的“迭代最近点（ICP）算法”，并将其与离散对应特征相结合进行多视点云数据配准，即先利用基于离散对应特征的方法求出刚体变换的一个初值，然后用两点之间的欧氏距离和法矢量寻找有效最近对应点集，最后基于点欧氏距离平方测度改进迭代最近点算法精确估计刚体变换参数；研究一种基于离散对应特征和表面间平均三棱锥体积测度的改进ICP算法，进行了多视激光点云配准，通过寻找两片点云重叠区域内的有效点与对应三角形对，并将有效点与对应三角形对所夹的空间三棱锥体积作为误差测度来指导激光点云的配准，将点与对应三角形的质心作为对应点对，估计出新的空间位置转换关系；探究新的扫描点云数据的自动配准算法，将三维空间点视作像素点，将点曲率视作像素点的灰度，从而将二维灰度图像的匹配准则NZCC引入空间点对的邻域曲率相似度度量，在生成匹配点对的过程中，不仅考虑点的曲率相似度，而且加入点的邻域曲率相似度度量，提高精确度，在对刚体变换的初值进行迭代求精的过程中，提出了ICS（迭代对应曲面片）算法，用局部曲面片代替离散点作为拼合的目标几何体，并用考虑了曲面曲率特征来量化点-曲面最近距离的自适应距离函数代替传统的点-点距离函数和点-切面距离函数，进一步提高算法的效率、自动化和智能化程度等。

2. 深度图像分割

首先基于规则网格将点云数据转换为深度图像，研究基于微分不变量和区域增长的深度图像分割方法；然后研究基于二数形态学边缘检测算子和区域生长相结合的深度图像分割方法；研究基于形态学水线区域的分割方法；最后探讨将数学形态学方法扩展到三维空间，提出一种缺陷点云定向信息的快速估算方法，结合二阶微分计算来鲁棒地估算点云曲率值，能够有效地克服点云噪声和层叠等缺陷影响，在此基础上将活动轮廓模型扩展到三维空间，利用空间曲线演化来实现点云自动快速分割，活动轮廓模型对曲线演化的拓扑变化处理使得这种方法无需人工干预，采用空间立方网格的数据结构能有效保证方法的计算效率。并进行比较分析，选择最优方法和技术把深度图像分割为平面区域；根据二维深度图像中网格节点(u,v)与曲面物体表面空间三维点$(u,v,f(u,v))$的一一对应关系，把点云数据分割为曲面点集，每一个点集对应物体表面的一个有限曲面片（平面可看成一特殊曲面）。

3. 数据模型建立

研究物体模型基于表面曲面片的表示，将详细分析计算机视觉中常用的三维空间似二次曲面（球面、圆柱面、圆锥面和平面）片的函数表达方法，研究用线性最小二乘特征向量估计法对似二次曲面进行曲面代数拟合的原理与方法，根据分割得到的局部曲面点集中的点云三维坐标数据选择最佳系数表达进行曲面代数拟合；在拟合出模型表面各局部曲面片的函数表达基础上，研究与分析物体模型表面曲面片的固有特征（即对坐标选择不敏感的特征）及其计算方法，选用曲面片质心、微分不变量（高斯曲率平均值、平均曲率平均值、最大主曲率平均值、最小主曲率平均值、高斯曲率和平均曲率的熵等）以及3D矩不变量（0阶和2阶矩）特征作为有限曲面形状几何特征的描述；研究用文本文件给出模型特征关系图（ARG）中每一节点的属性（包括模型编号、节点编号、3D矩不变量、微分不变量以及上述几何特征矢量）和节点之间关系的属性，建立模型的特征关系图描述（全表面ARG）。

1.3.3 研究方案

采取理论研究与实验编程相结合的研究方法。首先对计算机视觉处理灰度图像的计算理论以及曲面体物体建模方法等进行研究，剖析其在进行基于点云的复杂曲面物体（编钟、玩具米老鼠头部、挂钩、兔子和犰狳等）建模中的不足；研究总结适合基于多视角点云的配准方法、曲面物体分割方法、曲面代数拟合方法、几何特征矢量提取与计算方法、特征关系图生成方法。本书采取了一个可行的整体解决方案：①使用Visual C++6.0作为系统的开发平台，并用优秀的数值计算软件Matlab7.0作为辅助工具；②进行基于三维距离数据的配准、分割、特征提取与特征关系图生成开发编程实验，并分析实验结果，以验证新的基于多视角点云的曲面物体建模关键技术的正确性和有效性。

首先利用主动深度传感器（美能达VIVID910）直接获取复杂曲面物体3D深度数据或从斯坦福大学图形图像研究室下载基础数据，研究基于欧氏距离测度的激光点云配准、基于表面间三棱锥体积测度的点云配准、归一化互相关系数和迭代最近曲面片点云配准、自适应距离函数与迭代最近曲面片精细配准等四种经典的激光点云配准方法；对同一复杂曲面物体的点云数据分别用本书研究的配准算法和传统ICP算法进行结果、精度与收敛速度对比，为后续曲面物体点云分割提供高效、精确的完整3D模型。定量研究配准精度与效率的关系、测量误差对拼合精度的影响。

然后对得到的完整3D几何模型进行本书探讨的基于微分不变量和区域增长的深度图像分割、基于二值形态学的深度图像分割、基于形态学水线区域的深度图像分割和参数活动轮廓模型距离图像分割实验，从所提取边缘的光顺性、效率和算法的速度三个方面进行分割方法进行定量分析比较。

最后用线性最小二乘特征向量估计法拟合每一曲面片参数方程。对点云模型每个3D曲面片分别进行几何不变特征计算与提取，描述结点之间关系的特征，生成特征关系图，基于二次曲面片与特征关系图实现似二次曲面物体的3D建模。

总体技术线路如图1.1所示。

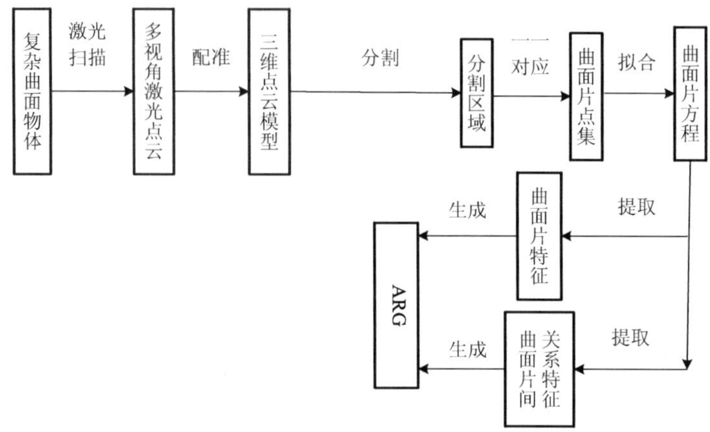

图 1.1　总体技术线路图

多幅深度图像的配准可转化成依次进行的两两配准，其两视角配准的传统 ICP 基本流程图如图 1.2 所示；深度图像分割模块的具体技术线路如图 1.3 所示。

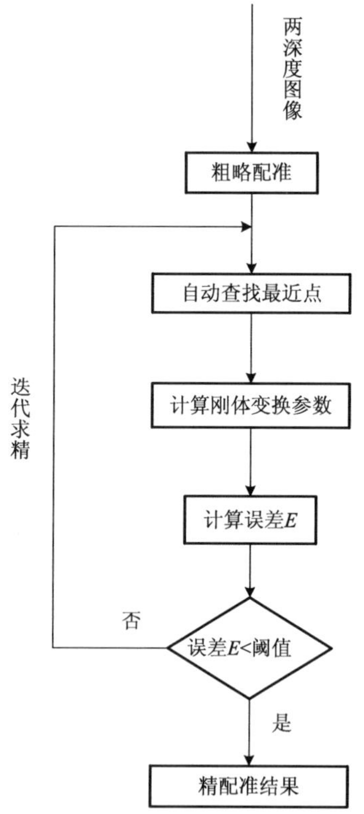

图 1.2　两视角深度图像配准技术线路图

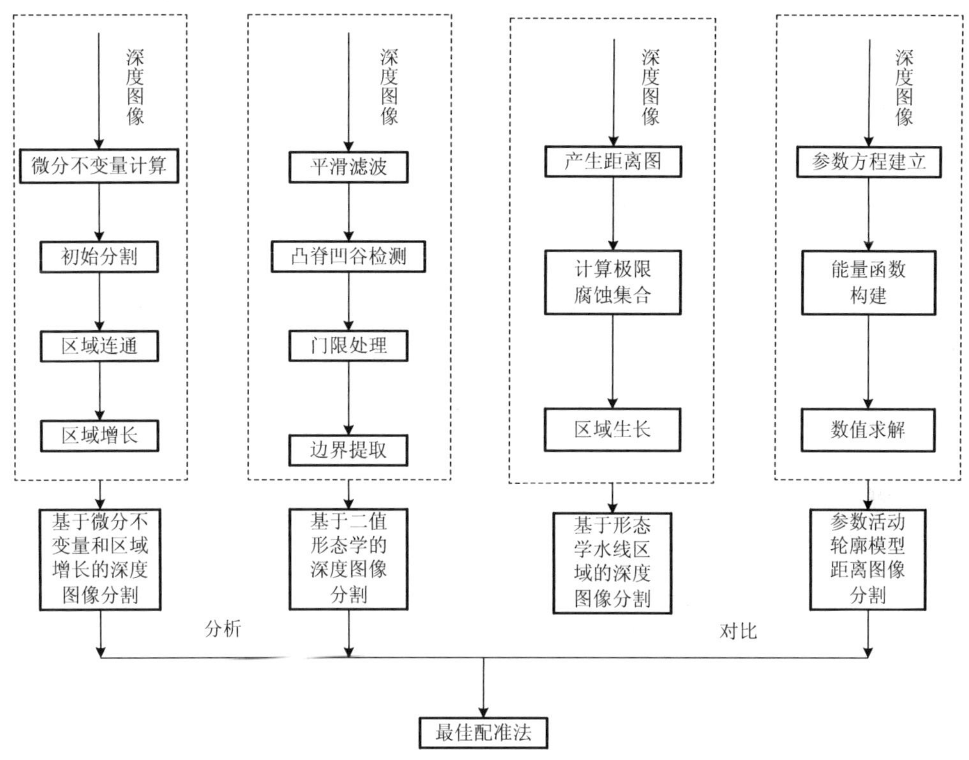

图 1.3 区域分割技术线路图

特征提取与表述的具体技术线路如图 1.4 所示。

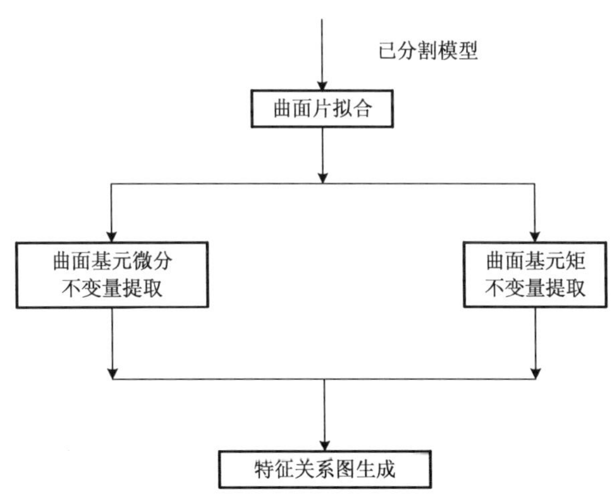

图 1.4 特征提取与表达技术线路图

1.4 主要术语与符号说明

1.4.1 主要术语

深度图像（range image）：是一种特殊形式的图像。它是图像的一种，因而也遵从图像的基本格式，由一组按照矩阵形式逐行逐列进行组织的像素构成[48]。与最常见的灰度图像的不同之处在于两者的像素所表示的内容不同，灰度影像的像素值表示的是该点感光的强度或者灰度；而深度影像的像素值则表示了扫描点的距离信息。表示距离信息的方式可以有多种形式：可以直接记录一个扫描点与传感器之间距离值的标量，也可以记录该点的三维坐标值。实验中，激光扫描系统所获取深度影像的像素直接记录扫描点的三维坐标值。图 1.5 给出了一幅灰度图像与一幅深度图像中每一像素值含义的差别。

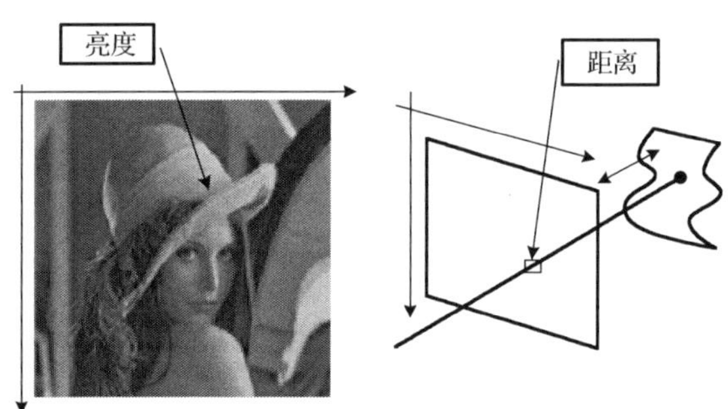

图 1.5 灰度图像与深度图像对比[48]

二次曲面：在三维空间，满足方程：

$$F(x,y,z)=c_1x^2+c_2y^2+c_3z^2+c_4xy+c_5yz+c_6zx+c_7x+c_8y+c_9z+c_{10}=0 \quad (1.1)$$

的曲面称为一般二次曲面（general quadric，GQ），如球面、圆柱面、圆锥面、抛物面、双曲面、椭圆面等，其中球面、圆柱面和圆锥面称为标准二次曲面（standard quadric，SQ）[49]。在工程应用中，物体表面通常由空间平面和标准二次曲面构成，而很少出现一般二次曲面。并且，一般二次曲面必须用方程（1.1）中的 10 个系数描述，而标准二次曲面能够用具有直接几何意义的系数描述，如球面的球心和半径，圆柱面的轴线和半径，圆锥面的轴线、顶点和半锥顶角等。因此，将空间平面（空间平面可看成一特殊二次曲面）和标准二次曲面确定为一类特征曲面，称为二次曲面。

点云（point cloud）：顾名思义，是很多点的集合。利用三维激光扫描技术，快速获取被测目标或地形表面的阵列式三维几何数据，也即常规意义上的空间采样点，这些三维采样点的集合称为“点云”，其实质含义与深度图像相同。

点云配准：一般来说，激光扫描仪在某一视点扫描目标时，由于受到观察方向和目标本身形状的限制，不可能获得扫描目标的完整信息。因此，为了得到完整的目标几何模型，需要把从不同视点获取的离散三维点云统一到一个公共的坐标系（参考坐标系），即点云拼接，包括点云配准与融合，这是激光数据处理中一项最关键的研究工作，它直接影响了目标模型的精度。

几何建模：由于激光扫描数据进行拼接后得到的点云是离散的三维点，想要真实准确地表示实际目标的表面并提取曲面特征，需要对分割后的点云进行曲面代数拟合。拟合后的模型可以很真实地逼近目标的表面。点云数据从配准、分割、拟合到几何特征提取及特征关系图生成的完整过程即几何建模，其最终目的是为三维曲面物体识别建立模型库。

1.4.2　主要符号

1. 矢量的表示

矢量若主要指它的几何意义，用黑斜体表示，如

$\boldsymbol{n}$：法向矢量

$\boldsymbol{t}$：切向矢量

矢量若主要指特征空间物体的表示或点的空间位置，则用英文大写字母表示，如

$O_A(a_1,a_2,\cdots,a_n)$：特征空间中物体 O_A 的矢量表示

$P(x,y,z)$：三维空间中的一个点

2. 偏微分的表示

f_u：函数 $f(u,v)$ 对 u 的偏微分，主要用在与微分几何计算有关的部分

f_v：函数 $f(u,v)$ 对 v 的偏微分，主要用在与微分几何计算有关的部分

3. 图像

$f(u,v)$：数字深度图像

$g(u,v)$：数字灰度图像

$H(u,v)$：平均曲率图像

$K(u,v)$：高斯曲率图像

4. 函数

$v^K(i)$：特征关系图中第 i 个属性节点的第 K 个属性

$a^K(i,j)$：特征关系图中第 i 个节点与第 j 个节点间的关系的第 K 个属性

$d(\boldsymbol{X},\boldsymbol{Y})$：矢量 $\boldsymbol{X}$、$\boldsymbol{Y}$ 的“距离”

$S(x,y)$：分段光滑图形表面

$\tilde{S}(i,j)$：数字表面

$\hat{S}(x,y)$：重建表面
$T(i,j)$：类型标号图像
$S_R(x,y,z)$：与深度图像对应的三维曲面

5. 符号

H：平均曲率
K：高斯曲率
k_1：最大主曲率
k_2：最小主曲率
R^n：n 维实数集
L：空间点到其所在坐标系原点的距离

参 考 文 献

[1] 李庆, 周曼丽, 柳健. 三维物体识别研究进展[J]. 中国图象图形学报, 2000, 5(12): 985-993.

[2] 王晓军, 袁梅, 吴立德. 基于多视角距离图像的三维物体建模及其在识别中的应用[J]. 自动化学报, 1996, 22(5): 568-575.

[3] 张爱武, 孙卫东, 李风亭. 基于激光扫描数据的室外场景表面重建方法[J]. 系统仿真学报, 2005, 172: 384-387.

[4] 孙龙祥, 程义民, 王以孝, 等. 深度图象分析[M]. 北京: 电子工业出版社, 1996.

[5] 史文中, 李必军, 李清泉. 基于投影点密度的车载激光扫描距离图像分割方法[J]. 测绘学报, 2005, 34(2): 95-100.

[6] 孙晓兰, 赵慧洁. 基于网格采样的深度图像表面特征提取算法[J]. 中国图象图形学报, 2007, 12(6): 1091-1097.

[7] 张鸿宾, 谢丰. 基于表面间距离度量的多视点距离图像的对准算法[J]. 中国科学 E 辑: 信息科学, 2005, 35(2): 150-160.

[8] Chow C K, Tsui H T, Lee T. Surface registration using a dynamic genetic algorithm [J]. Pattern Recognition, 2004, 37(1): 105-117.

[9] 陈柘, 赵荣椿. 几何不变性及其在 3D 物体识别中的应用[J]. 中国图象图形学报, 2003, 8(9): 993-1000.

[10] 高鹏东, 彭翔, 李阿蒙, 等. ICP 框架下基于表面间平均体积测度的深度像配准[J]. 计算机辅助设计与图形学学报, 2007, 19(6): 719-724.

[11] 章毓晋. 图象分割[M]. 北京: 科学出版社, 2001.

[12] Hoover A, Jean-Baptiste G, Jiang X Y, et al. An experimental comparison of range image segmentation algorithms[J]. IEEE Transactions on Pattern Analysis and Machine Intelligence, 1996, 18(7): 673-689.

[13] 蒋晶珏. Lidar 数据基于点集的表示与分类[D]. 武汉: 武汉大学, 2006.

[14] 丁益洪, 平西建, 胡敏. 基于随机 Hough 变换的深度图像分割[J]. 计算机辅助设计与图形学学报, 2005, 17(5): 902-907.

[15] 郑德华, 岳东杰, 岳建平. 基于几何特征约束的建筑物点云配准算法[J]. 测绘学报, 2008, 37(4): 464-468.

[16] Sahillioglu Y, Yemez Y. Coarse-to-fine surface reconstruction from silhouettes and range data using mesh deformation[J]. Computer Vision and Image Understanding, 2010, 114, (3): 334-348.

[17] Besl P J, McKay N D. A method for registration of 3-D shapes[J]. IEEE Transactions on Pattern Analysis and Machine Intelligence, 1992, 14(2): 239-256.

[18] Chen Y, Medioni G. Object modeling by registration of multiple range images[A]. Proc of the 1991 IEEE Int Conf on Robotics and Automation Sacramento, California, 1991: 2724-2729.

[19] Zhang Z. Iterative point matching for registration of free-form curves and surfaces[J]. Int Journal Computer Vision, 1994, 13(2): 119-152.

[20] Gelfand N, Ikemoto L, Rusinkiewicz S, et al. Geometrically stable sampling for the ICP algorithm[C]. Proceedings of the 4th International Conference on 3D Digital Imaging and Modeling, Banff, 2003: 260-267.

[21] Rodrigues M, Fisher R, Liu Y. Special issue on registration and fusion of range images [J]. Computer Vision and Image Understanding, 2002, 87: 1-7.

[22] Li Q, Griffiths J G. Iterative closest geometric objects registration[J]. Computers and Mathematics with Applications, 2000, 40(10): 1171-1188.

[23] Wang L Y, Song W D. A review of range image registration methods with accuracy evaluation[C]. Joint Urban Remote Sensing Event, 2009.

[24] Hou F, Qi Y, Shen X K, et al. Automatic registration of multiple range images based on cycle space[J]. Visual Computer, 2009, 25(5-7): 657-665.

[25] 张宗华, 彭翔, 胡小唐. ICP 方法匹配深度图像的实现[J]. 天津大学学报, 2002, 35(5): 571-576.

[26] 马颂德, 张正友. 计算机视觉: 计算理论与算法基础[M]. 北京: 科学出版社, 2003.

[27] Evgeni M, Octavian S, Ehud R. A comparison of Gaussian and mean curvature estimation methods on triangular meshes of range image data [J]. Computer Vision and Image Understanding, 2007, 107(3): 139-159.

[28] 赖旭东, 万幼川. 机载激光雷达距离图像的边缘检测研究[J]. 激光与红外, 2005, 35(6): 444-446.

[29] Ho-Keun S, Jong-Soo C. Edge detection method for range image using pseudo reflectance images[C]. IEEE International Symposium on Circuits and Systems, Atlanta, 1996, 13(2): 612-615.

[30] Benlamri R. Curved shapes construction for object recognition[J]. IEEE Theory and Applications, 2002, 10(3): 167-172.

[31] Jiang X Y, Bunke H. Edge detection in range images based on scan line approximation[J]. Computer Vision and Image Understanding, 1999, 73(2): 183-199.

[32] Besl P J, Jain R C. Segmentation through variable-order surface fitting[J]. IEEE Transactions on Pattern Analysis and Machine Intelligence, 1988, 10(2): 167-192.

[33] Hoffman R L, Jain A K. Segmentation and classification of range images[J]. IEEE Transactions on Pattern Analysis and Machine Intelligence, 1987, 9(5): 608-620.

[34] 董明晓, 郑康平, 姚斌. 曲面重构中点云数据的区域分割研究[J]. 中国图象图形学报, 2005, 10(5): 575-578.

[35] Jaesik M, Bowyer K W. Improved range image segmentation by analyzing surface fit patterns [J]. Computer Vision and Image Understanding, 2005, 97(2): 242-258.

[36] Gotardo P, Bellon O. Range image segmentation into planar and quadric surfaces using an improved robust estimator and genetic algorithm[J]. IEEE Transactions on System, Man, Cybernetics, 2004, 34(6): 2303-2316.

[37] 向日华, 王润生. 一种基于高斯混合模型的距离图像分割算法[J]. 软件学报, 2003, 14(7): 1250-1257.

[38] Li S F, Wang P, Shen Z K. Range image surface fitting via moving least squares methods[J]. Journal of Jilin University (Engineering and Technology Edition), 2010, 40(1): 229-233.

[39] Forsyth D, Mundy J L, Zisserman A, et al. Invariant descriptors for 3D object recognition and pose[J]. IEEE Trans on Pattern Analysis and Machine Intelligence, 1991, 13(10): 971-991.

[40] Li B C, Shen J. Two-dimensional local moment, surface fitting and their fast computation [J]. Pattern Recognition, 1994, 27(6): 785-790.

[41] 程义民, 丁红侠, 王以孝, 等. 基于几何特征的曲面物体识别[J]. 中国图象图形学报, 2000, 5(7): 573-579.

[42] Lo T W R, Siebert J P. Local feature extraction and matching on range images: 2.5D SIFT[J]. Computer Vision and Image Understanding, 2009, 113(12): 1235-1250.

[43] Hegde G M, Ye C. Extraction of planar features from SwissRanger SR-3000 range images by a clustering method using normalized cuts[C]. IEEE/RSJ International Conference on Intelligent Robots and Systems, 2009: 4034-4039.

[44] Arie J B, Nandy D. A volumetric/iconic frequency domain representation for objects with application for pose invariant face recognition[J]. ITPAMI, 1998, 20(5): 449-457.

[45] Dorai C, Jain A K. COSMOS: A representation scheme for 3D free-form objects [J]. IEEE Trans on Pattern Analysis and Machine Intelligence, 1997, 19(10): 1115-1130.

[46] Johnson A E, Hebert M. Surface matching for object recognition in complex three-dimensional scenes [J]. IVC, 1998, 16: 635-651.

[47] 张祖勋. 数字摄影测量与计算机视觉[J]. 武汉大学学报(信息科学版), 2004, 29(12): 1035-1039.

[48] 何文锋. 大型场景三维重建中的深度图像配准[D]. 北京: 北京大学, 2004.

第 2 章　点云数据获取与预处理

由 3D 物体的 2D 灰度图像恢复物体的 3D 几何信息存在两个基本困难：一是灰度图像虽然反映了 3D 物体的几何信息，但它与物体材料、光源等其他许多性质有关，因此，由灰度图像恢复物体几何形状是一个反问题（inverse problem），解是不唯一的；二是如果用多幅图像根据立体视觉原理重建物体三维信息，不可避免地会碰到“对应”问题，而对应问题计算复杂性高，在约束条件不够的情况下，答案也不唯一[1]。这两个困难的存在，使图像分析，特别是三维物体建模与识别研究陷入了困境。

激光扫描测量技术采用非接触主动测量方式直接获取高精度三维数据，具有传统测量技术无法取代的优越性。利用激光扫描仪或者其他手段获取的 3D 数据对目标进行三维建模不仅是摄影测量与遥感领域的研究热点，也是计算机视觉的挑战性课题之一。综观国内外激光扫描技术研究、应用成果，目前的数据处理方法集中在附加 CCD 影像进行融合，对直接从深度图像中进行目标分类和特征提取研究较缺乏[2]。从实际应用的角度来看，利用激光扫描系统可以实现目标高精度的三维几何建模，论文以激光扫描数据为研究对象，以恢复目标三维几何信息和提取模型几何特征为研究目标，研究相关理论和技术。

根据三维信息获取的工作原理来划分，3D 数据获取方式分为主动测距技术与被动测距技术。被动测距中的一般方式就是利用双目立体视觉，它在摄影测量和计算机视觉领域应用最为广泛。激光扫描测量技术采用非接触主动测量方式直接获取高精度三维数据，具有传统测量技术无法取代的优越性。本章首先简单介绍三维数据获取方式分类、用摄影测量和计算机视觉的立体视觉理论和技术生成三维信息点云数据的一般方法，然后着重描述激光扫描的特点、分类与原理，最后回顾了三维激光扫描数据预处理中一般问题的研究。

2.1　数据获取方式分类

三维数据的获取过程，也是对现实世界中各个物体外形的一个数字化过程。在不同的研究与应用领域，根据需求的不同，获取数据的类型与方法也有较大的不同，因而使用的设备和数据建模的过程也有区别[3]。目前，对人造曲面物体获取点云数据主要有以下两种方法：立体视觉法和激光扫描测量法。本书采用非接触式主动激光三角测距系统直接得到点云三维坐标数据。

依据不同的分类标准，可以得到不同的获取目标三维信息的方法。本节将根据不同的分类标准，对现有的三维信息获取方法进行简要的归纳和总结，具体如图 2.1 所示。

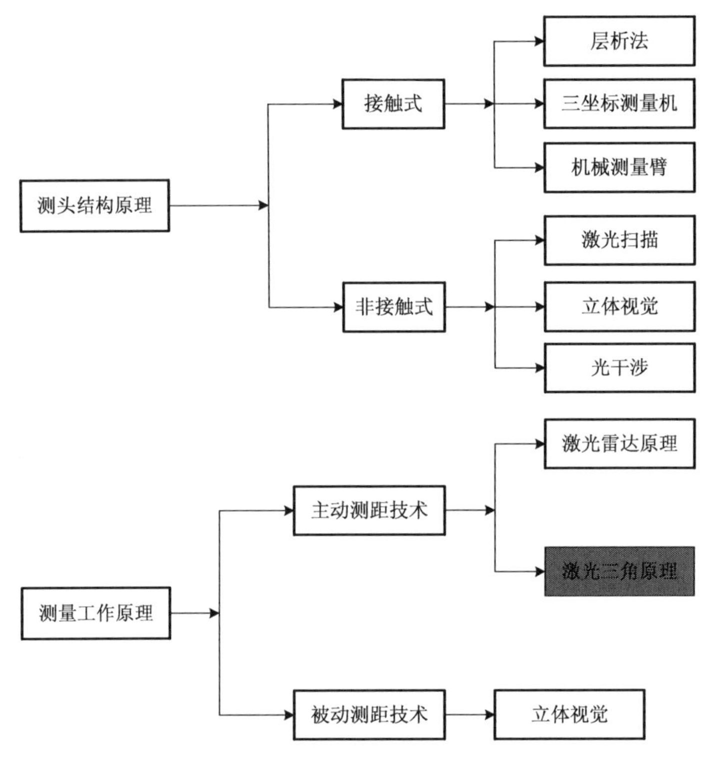

图 2.1　三维数据获取方式分类图

根据测头结构原理来划分，三维几何数据获取方法通常可以分为接触式数据采集和非接触式数据采集两大类。接触式测量法有层析法、三坐标测量机法（CMM）和机械测量臂法。而非接触式主要有激光扫描法、光干涉法、立体视觉法等。非接触式测量方法可以有效地避免在高精度测量中测量力带来的系统误差和随机误差，且可方便实现对软质和超薄型物体表面形状的测量，同时具有测量速度快、效率高等特点，是目前应用最广泛，技术最成熟的一种方法[4]。

根据获取信息的工作原理来区分，可以分为被动测距技术和主动测距技术。被动测距方式是指视觉系统接收来自被测目标发射或反射的光能量（灰度影像），形成有关场景能量分布的函数，然后在这些影像的基础上得到目标的三维信息[5]。被动测距中的一般方式就是利用双目立体视觉，它在摄影测量和计算机视觉领域应用最为广泛。立体视觉通过摄取被测目标的两幅或多幅影像，获取目标表面特征的三维坐标信息，是对目标表面特征的准确表达。获取数据常规的方式有两种，一种是利用两个或多个固定在已知位置的摄像机获取目标的影像；另一种是移动摄像机到不同的位置来获取两幅或多幅影像，通过影像的灰度信息和成像几何恢复目标的三维信息。

主动测距是指视觉系统首先向目标发射一定形式的能量，然后接收所发射能量的反射能量。它和被动测距的主要区别在于视觉系统能否通过增加自身发射的能量来测距[5]。主动测距系统也可称为测距传感系统（range finder)。在计算机视觉领域，这种可以直接获取三维信息的传感器称为距离传感器。由于这些传感器获取的“图像”称为深度图像（range image）[1]。

主动测距技术中，按照工作原理可以分为两种：基于雷达原理的方式和基于三角测距原理的方式。用雷达可测量空中目标的距离，其基本原理是[1]向空中发射电磁波（或其他波，如超声波)，电磁波在三维空间碰到目标并反射回来，传感器接收反射的电磁波，并测量从发射到接收的时间间隔，便可计算出发射器到目标的距离。电磁波向三维空间不同方向扫描，可测量出位于不同空间位置的目标表面点的距离。

2.2 立体视觉生成点云

立体视觉是由多幅灰度图像（一般两幅）获取物体三维几何信息的方法。在计算机视觉系统中，可以用已标定的双摄像机，从不同角度同时获取物体的两幅数字图像，然后用立体视觉计算方法，由计算机重建（reconstruction）物体的三维形状与位置。

本节首先分析了用线性模型进行摄像机定标的缺点和局限性，设计了一种基于径向畸变的非线性模型，并提出了用两步修正法解算该非线性模型摄像机的内外参数。然后研究了立体视觉的基本原理和空间点的传统三维重建方法，提出基于空间两异面同名光线的公垂线中点的新方法进行空间任意点的三维重建。

2.2.1 摄像机定标

计算机视觉的基本任务之一是从摄像机获取的二维图像信息出发计算三维空间中物体的几何信息，并由此重建和识别物体，而空间物体表面某点的三维几何位置与其在图像中对应点之间的相互关系是由摄像机成像的几何模型决定的，这些几何模型参数就是摄像机参数。在大多数条件下这些参数必须通过实验与计算才能得到，这个过程称为摄像机定标[6]。真实透镜受到多种畸变的影响，用线性模型不能准确描述摄像机的成像几何关系[7]。国内外许多学者对非线性模型摄像机定标进行了大量研究，Faig[8]在 1975 年提出了对非线性模型的摄像机内参数标定的非线性优化算法；Tsai[9]于 1986 年给出在假定只存在径向畸变条件下的标定算法等。这些方法虽然在理论上都可用非线性最小二乘法进行求解，但其存在以下两个缺陷：其一，只能计算部分非线性参数，如 Faig 的方法不能计算外参数；其二，$q(q \geqslant 11)$ 个摄像机参数是一个高度非线性约束，计算极其复杂。本书提出了基于两步修正法的非线性模型摄像机内外参数估计方法，既能求解摄像机内外参数，又能简化计算以提高定标效率，同时可改善定标精度。

1. 成像模型及相关坐标系

基于计算机视觉的摄像机定标过程中通常涉及以下四种三维或二维坐标系，如图 2.2 所示。

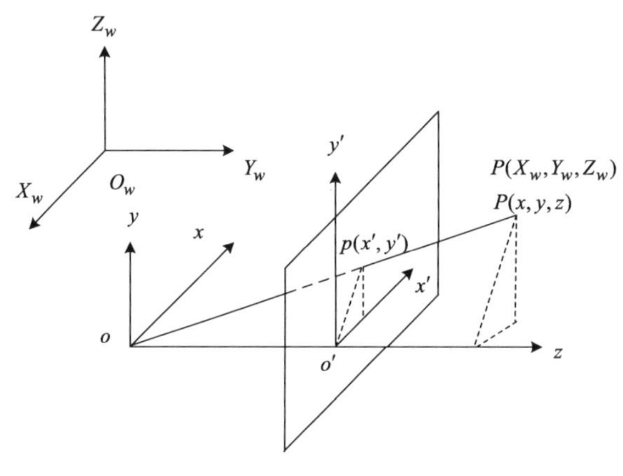

图 2.2 相关坐标系[10]

1）场景坐标系 $O_wX_wY_wZ_w$

这是假想的实际空间中的一个固定的参考坐标系，采用右手三维直角坐标系，并可将其设定在空间任何位置上，设其中 P 点坐标为 (X_w, Y_w, Z_w)。有时候为了计算方便，需对欧氏空间扩展到摄影空间，称 $(X_w, Y_w, Z_w, 1)$ 为点 P 的齐次坐标，并记为 $\boldsymbol{P} = (X_w, Y_w, Z_w, 1)^{\mathrm{T}}$。

2）摄像机空间坐标系（$oxyz$）

该坐标系即为图 2.2 中所示的坐标系 $oxyz$[10]，其原点为投影中心（位于图像平面前距离为 f 处），z 轴与光轴重合，x、y 分别与 CCD 上光敏单元排列的水平与垂直方向平行。P 点的齐次坐标为 $(x, y, z, 1)$。射影空间任意一点 P 在场景坐标系 $O_wX_wY_wZ_w$ 和摄像机坐标系($oxyz$)下的坐标存在以下的变换关系：

$$\begin{bmatrix} x \\ y \\ z \end{bmatrix} = \boldsymbol{R} \begin{bmatrix} X_w \\ Y_w \\ Z_w \end{bmatrix} + \boldsymbol{t} \quad \text{或} \quad \begin{bmatrix} x \\ y \\ z \\ 1 \end{bmatrix} = \boldsymbol{R} \begin{bmatrix} & \boldsymbol{t} \\ \boldsymbol{0}^{\mathrm{T}} & 1 \end{bmatrix} \begin{bmatrix} X_w \\ Y_w \\ Z_w \\ 1 \end{bmatrix} \tag{2.1}$$

其中，$\boldsymbol{R}$ 为 3×3 的旋转矩阵。

$$\boldsymbol{R}=\begin{bmatrix}\boldsymbol{r}_1^{\mathrm{T}}\\ \boldsymbol{r}_2^{\mathrm{T}}\\ \boldsymbol{r}_3^{\mathrm{T}}\end{bmatrix} \tag{2.2}$$

其中，$\boldsymbol{r}_i^{\mathrm{T}}(i=1\sim3)$ 为旋转矩阵 $\boldsymbol{R}$ 的第 i 行，$\boldsymbol{t}$ 为平移矢量，$\boldsymbol{t}=[t_x,t_y,t_z]^{\mathrm{T}}$，$\boldsymbol{0}=(0,0,0)^{\mathrm{T}}$，这里 $\boldsymbol{R}$、$\boldsymbol{t}$ 为定标中要确定的摄像机外方位元数。

3）像平面坐标系（$o'x'y'$）

即为图 2.2 中所示的二维欧氏直角坐标系 $o'x'y'$，其原点为像主点，即摄像机光轴垂直于像平面的交点，其位于像平面的中心。$|oo'|=f$，所以点 o' 在摄像机空间坐标系$(oxyz)$下的三维欧氏坐标为 $(0,0,f)$，x',y' 轴分别平行于 x,y 轴。在成像镜头无畸变失真进行中心投影的情况下，设 P 点在 $o'x'y'$ 像平面上的理想投影为 $p(x',y')$，摄像机坐标系的两坐标轴之间的夹角为θ，则摄像机空间坐标系$(oxyz)$和像平面坐标系$(o'x'y')$之间有下列变换关系：

$$z\begin{bmatrix}x'\\ y'\\ 1\end{bmatrix}=\begin{bmatrix}f & -\cot\theta\times f & 0 & 0\\ 0 & f/\sin\theta & 0 & 0\\ 0 & 0 & 1 & 0\end{bmatrix}\begin{bmatrix}x\\ y\\ z\\ 1\end{bmatrix} \tag{2.3}$$

在考虑了镜头畸变失真的实际投影情况下，设 P 点在像平面坐标系 $o'x'y'$ 上的实际投影为 $p'(x_r',y_r')$，当考虑成像镜头的失真主要为径向畸变时，镜头畸变的数学模型[11]为

$$\begin{aligned}x' &= x_r'(1+k_1d^2+k_2d^4+k_3d^6)\\ y' &= y_r'(1+k_1d^2+k_2d^4+k_3d^6)\end{aligned} \tag{2.4}$$

其中，$d^2=(x_r'/f)^2+(y_r'/f)^2$，表示像平面上图像中心与实际像点 $p'(x_r',y_r')$ 之间的平方距离，它是在归一化的图像坐标上计算的；这里 k_1、k_2、k_3 为定标中要确定的非线性畸变内参数。

4）像素坐标系 $(o_dx_dy_d)$

该坐标系的原点 $o_d(0,0)$ 位于图像的左上角，x_d、y_d 轴分别平行于 x'、y'，x_d 指向右方，y_d 指向下方。设数字图像在 x'、y' 轴上的采样间隔分别为 Δx、Δy，则任意一像素点 p' 在像平面坐标系 $(o'x'y')$ 和像素坐标系 $(o_dx_dy_d)$ 下的坐标有如下的平移变换关系：

$$\begin{bmatrix}x_d\\ y_d\\ 1\end{bmatrix}=\begin{bmatrix}1/\Delta x & 0 & u_0\\ 0 & 1/\Delta y & v_0\\ 0 & 0 & 1\end{bmatrix}\begin{bmatrix}x_r'\\ y_r'\\ 1\end{bmatrix} \tag{2.5}$$

式（2.1）～式（2.5）描述了数字图像成像的数学模型，即对于任意一个确定的世界坐标系，在相关参数已知的情况下，任意已知空间三维坐标点 $P(X_w,Y_w,Z_w)$ 通过上述公式均可求出该点在像平面上的实际投影点 p' 在像素坐标系 $o_d x_d y_d$ 中的像素坐标 (x_d,y_d)。

2. 基于径向畸变的非线性模型

线性模型不能准确描述摄像机成像的几何关系，实际透镜会受多种畸变的影响。设计了只考虑径向畸变的非线性模型，并用两步修正法进行求解。

令

$$\lambda = 1 + k_1 d^2 + k_2 d^4 + k_3 d^6 \tag{2.6}$$

将式（2.6）代入式（2.4）中，可得

$$\begin{bmatrix} x_r' \\ y_r' \\ 1 \end{bmatrix} = \begin{bmatrix} 1/\lambda & 0 & 0 \\ 0 & 1/\lambda & 0 \\ 0 & 0 & 1 \end{bmatrix} \begin{bmatrix} x' \\ y' \\ 1 \end{bmatrix} \tag{2.7}$$

将式（2.7）、式（2.3）、式（2.1）代入式（2.5）中，则可推导出考虑成像镜头的失真主要为径向畸变时，投影过程[12]（数字灰度图像成像的非线性数学模型）为

$$\begin{bmatrix} x_d \\ y_d \\ 1 \end{bmatrix} = \frac{1}{z} \begin{bmatrix} 1/\Delta x & 0 & u_0 \\ 0 & 1/\Delta y & v_0 \\ 0 & 0 & 1 \end{bmatrix} \begin{bmatrix} 1/\lambda & 0 & 0 \\ 0 & 1/\lambda & 0 \\ 0 & 0 & 1 \end{bmatrix} \begin{bmatrix} f & -\cot\theta \times f & 0 & 0 \\ 0 & f/\sin\theta & 0 & 0 \\ 0 & 0 & 1 & 0 \end{bmatrix} \begin{bmatrix} \boldsymbol{R} & \boldsymbol{t} \\ \boldsymbol{0}^{\mathrm{T}} & 1 \end{bmatrix} \begin{bmatrix} X_w \\ Y_w \\ Z_w \\ 1 \end{bmatrix}$$

$$= \frac{1}{z} \begin{bmatrix} 1/\lambda & 0 & 0 \\ 0 & 1/\lambda & 0 \\ 0 & 0 & 1 \end{bmatrix} \begin{bmatrix} \alpha_x & -\alpha_x \times \cos\theta/\sin\theta & u_0 & 0 \\ 0 & \alpha_y/\sin\theta & v_0 & 0 \\ 0 & 0 & 1 & 0 \end{bmatrix} \begin{bmatrix} \boldsymbol{R} & \boldsymbol{t} \\ \boldsymbol{0}^{\mathrm{T}} & 1 \end{bmatrix} \begin{bmatrix} X_w \\ Y_w \\ Z_w \\ 1 \end{bmatrix}$$

$$= \frac{1}{z} \begin{bmatrix} 1/\lambda & 0 & 0 \\ 0 & 1/\lambda & 0 \\ 0 & 0 & 1 \end{bmatrix} \boldsymbol{M}_1 \boldsymbol{M}_2 \begin{bmatrix} X_w \\ Y_w \\ Z_w \\ 1 \end{bmatrix}$$

$$= \frac{1}{z} \begin{bmatrix} 1/\lambda & 0 & 0 \\ 0 & 1/\lambda & 0 \\ 0 & 0 & 1 \end{bmatrix} \boldsymbol{M} \begin{bmatrix} X_w \\ Y_w \\ Z_w \\ 1 \end{bmatrix}$$

$$=\frac{1}{z}\begin{bmatrix}1/\lambda & 0 & 0\\ 0 & 1/\lambda & 0\\ 0 & 0 & 1\end{bmatrix}\begin{bmatrix}\alpha_x \boldsymbol{r}_1^{\mathrm{T}}-\alpha_x\cot\theta \boldsymbol{r}_2^{\mathrm{T}}+u_0\boldsymbol{r}_3^{\mathrm{T}} & \alpha_x t_x-\alpha_x\cot\theta t_y+u_0t_z\\ \arcsin\theta \boldsymbol{r}_2^{\mathrm{T}}+v_0\boldsymbol{r}_3^{\mathrm{T}} & \alpha_y\arcsin\theta t_y+v_0t_z\\ \boldsymbol{r}_3^{\mathrm{T}} & t_z\end{bmatrix}\begin{bmatrix}X_w\\ Y_w\\ Z_w\\ 1\end{bmatrix} \tag{2.8}$$

其中，$\alpha_x=f/\Delta x,\alpha_y=f/\Delta y$，$\boldsymbol{M}$ 为 3×4 矩阵，称为线性投影矩阵，$\boldsymbol{M}_1$ 完全由 α_x、α_y、u_0、v_0、θ 决定，这些参数与摄像机内部结构有关，称为摄像机的内部参数；$\boldsymbol{M}_2$ 完全由摄像机相对于世界坐标系的方向决定，称为摄像机的外部参数[13]。

如前所述，$d^2=(x_4'/f)^2+(y_r'/f)^2$，在定标过程中，所建立的像平面坐标系 $o'x'y'$ 的原点为像主点，所以，$u_0=0$，$v_0=0$，将其代入式（2.5）中，经过简单的代数运算后，可以把 d^2 表示为像素坐标 (x_d,y_d) 的函数：

$$d^2=(x_d/\alpha_x)^2+(y_d/\alpha_y)^2+2x_dy_d\cos\theta/(\alpha_x\alpha_y) \tag{2.9}$$

3. 两步修正方法

线性投影矩阵共有 11 个自由变量，式（2.6）和式（2.8）中的 11+3 个摄像机参数就得到一个高度非线性的约束。理论上，这些参数都可以用非线性最小二乘法求解，但其运算极其复杂。提出两步修正方法：先去掉式（2.8）中 λ 的影响，用齐次线性最小二乘法计算摄像机的 9 个参数；再用非线性方法由式（2.8）和式（2.9）求解（2+3）个参数。

1）估计投影矩阵

径向畸变改变了图像点 p 到图像中心的距离，但没有改变图像点相对于中心的直线方向。该径向对准约束[9]可以表示为

$$\gamma\begin{pmatrix}u\\ v\end{pmatrix}=\begin{bmatrix}\dfrac{\boldsymbol{m}_1\cdot\boldsymbol{P}}{\boldsymbol{m}_3\cdot\boldsymbol{P}}\\ \dfrac{\boldsymbol{m}_2\cdot\boldsymbol{P}}{\boldsymbol{m}_3\cdot\boldsymbol{P}}\end{bmatrix}\Rightarrow v(\boldsymbol{m}_1\cdot\boldsymbol{P})-u(\boldsymbol{m}_2\cdot\boldsymbol{P})=0 \tag{2.10}$$

其中，$\boldsymbol{m}_1^{\mathrm{T}}$、$\boldsymbol{m}_2^{\mathrm{T}}$、$\boldsymbol{m}_3^{\mathrm{T}}$ 分别表示投影矩阵 $\boldsymbol{M}$ 的三行。若已知 n 个控制点，则可列出关于 $\boldsymbol{m}_1$ 和 $\boldsymbol{m}_2$ 的线性方程[10,14]如下：

$$\boldsymbol{Qx}=\boldsymbol{0},\quad \boldsymbol{Q}=\begin{pmatrix}v_1\boldsymbol{P}_1^{\mathrm{T}} & -u_1\boldsymbol{P}_1^{\mathrm{T}}\\ \cdots & \cdots\\ v_n\boldsymbol{P}_n^{\mathrm{T}} & -u_n\boldsymbol{P}_n^{\mathrm{T}}\end{pmatrix},\quad \boldsymbol{x}=\begin{pmatrix}\boldsymbol{m}_1\\ \boldsymbol{m}_2\end{pmatrix} \tag{2.11}$$

其中，$\boldsymbol{P}_i^{\mathrm{T}}=[X_{wi}\quad Y_{wi}\quad Z_{wi}\quad 1]$ 表示第 i 个控制点在世界坐标系下的齐次坐标，(u_i,v_i) 表

示其对应像点在像素坐标系下的坐标。若 $n \geqslant 8$，则该方程是超定的，用下面的齐次线性最小二乘法可得到投影矩阵 $\boldsymbol{M}$ 的前两行 $\boldsymbol{m}_1^{\mathrm{T}}$、$\boldsymbol{m}_2^{\mathrm{T}}$ 的模为 1 的解。

式（2.11）是齐次方程（若 $\boldsymbol{x}$ 为解，则对任意 $k \neq 0$，$k\boldsymbol{x}$ 也是解）。对该齐次方程 $\boldsymbol{Qx}=0$，误差函数 $E(\boldsymbol{x})$ 可以写为

$$E(\boldsymbol{x})=|\boldsymbol{Qx}|^2=\boldsymbol{x}^{\mathrm{T}}(\boldsymbol{Q}^{\mathrm{T}}\boldsymbol{Q})\boldsymbol{x}$$

8×8 的矩阵 $\boldsymbol{Q}^{\mathrm{T}}\boldsymbol{Q}$ 是对称半正定的，且可以通过特征值分解过程对角化。令其特征向量为 $\boldsymbol{e}_i(1=1,2,\cdots,8)$，特征值为 $0\leqslant \lambda_1 \leqslant \cdots \leqslant \lambda_8$，则任意单位向量 $\boldsymbol{x}$ 可表示为这些特征向量的线性组合：

$$\boldsymbol{x}=\mu_1\boldsymbol{e}_1+\cdots+\mu_8\boldsymbol{e}_8$$

其中，$\mu_1^2+\cdots+\mu_8^2=1$，且有

$$\begin{aligned}E(\boldsymbol{x})-E(\boldsymbol{e})&=\boldsymbol{x}^{\mathrm{T}}(\boldsymbol{Q}^{\mathrm{T}}\boldsymbol{Q})\boldsymbol{x}-\boldsymbol{e}_1^{\mathrm{T}}(\boldsymbol{Q}^{\mathrm{T}}\boldsymbol{Q})\boldsymbol{e}_1=\lambda_1^2\mu_1^2+\cdots+\lambda_8^2\mu_8^2-\lambda_1^2\\&\geqslant \lambda_1^2(\mu_1^2+\cdots+\mu_8^2-1)=0\end{aligned}$$

这表明使 $E(\boldsymbol{x})$ 最小的 $\boldsymbol{x}$ 就是对称矩阵 $\boldsymbol{Q}^{\mathrm{T}}\boldsymbol{Q}$ 的最小特征值 λ_1 对应的特征向量 $\boldsymbol{e}_1$，此时误差函数 $E(\boldsymbol{x})$ 达到最小值 λ_1^2。

2）内外参数求解

把投影矩阵写成 $\boldsymbol{M}=(\boldsymbol{A}\quad \boldsymbol{b})$ [1]的形式，其中 $\boldsymbol{a}_1^{\mathrm{T}}$、$\boldsymbol{a}_2^{\mathrm{T}}$、$\boldsymbol{a}_3^{\mathrm{T}}$ 表示 $\boldsymbol{A}$ 的各行。由式(2.11）计算出 $\boldsymbol{m}_1$ 和 $\boldsymbol{m}_2$ 后，可以得到如下公式：

$$\rho\begin{pmatrix}\boldsymbol{a}_1^{\mathrm{T}}\\ \boldsymbol{a}_2^{\mathrm{T}}\end{pmatrix}=\begin{pmatrix}\alpha_x r_1^{\mathrm{T}}-\alpha_x\cot\theta r_2^{\mathrm{T}}+u_0 r_3^{\mathrm{T}}\\ (\alpha_y/\sin\theta)r_2^{\mathrm{T}}+v_0 r_3^{\mathrm{T}}\end{pmatrix}$$

计算 $\boldsymbol{a}_1$、$\boldsymbol{a}_2$ 的模和点积，可以得到摄像机的像素长宽比和倾斜角：

$$\frac{\alpha_y}{\alpha_x}=\frac{|\boldsymbol{a}_2|}{|\boldsymbol{a}_1|},\cos\theta=\frac{\boldsymbol{a}_1\cdot\boldsymbol{a}_2}{|\boldsymbol{a}_1||\boldsymbol{a}_2|}\tag{2.12}$$

由于 r_2^{T} 是旋转矩阵的第二行，一定是单位向量，所以有

$$\alpha_x=\rho|\boldsymbol{a}_1|\sin\theta,\quad \alpha_y=\rho|\boldsymbol{a}_2|\sin\theta\tag{2.13}$$

代数推导后可以得到下面的方程组：

$$\begin{cases}\boldsymbol{r}_1=\dfrac{1}{\sin\theta}\left(\dfrac{\boldsymbol{a}_1}{|\boldsymbol{a}_1|}+\dfrac{\cos\theta\boldsymbol{a}_2}{|\boldsymbol{a}_2|}\right)\\ \boldsymbol{r}_2=\dfrac{\boldsymbol{a}_2}{|\boldsymbol{a}_2|}\end{cases}\tag{2.14}$$

将该式和 $r_3=r_1\times r_2$ 联立求解，可以得到旋转矩阵 $\boldsymbol{R}$。两个平移分量可通过下式求解：

$$\begin{pmatrix} \alpha_x t_x - \alpha_x \cot\theta t_y \\ \dfrac{\alpha_y}{\sin\theta} t_y \end{pmatrix} = \rho \begin{pmatrix} b_1 \\ b_2 \end{pmatrix} \tag{2.15}$$

其中，b_1和b_2是$\boldsymbol{b}$的前两个分量，由式（2.15）可推导出t_x、t_y：

$$\begin{cases} t_x = \dfrac{1}{\sin\theta}\left(\dfrac{b_1}{|a_1|} + \dfrac{b_2}{|a_2|}\cos\theta\right) \\ t_y = \dfrac{b_2}{|a_2|} \end{cases} \tag{2.16}$$

把式（2.10）的左边改写为

$$\begin{cases} (\boldsymbol{m}_1 - \lambda u \boldsymbol{m}_3) \times \boldsymbol{P} = 0 \\ (\boldsymbol{m}_2 - \lambda v \boldsymbol{m}_3) \times \boldsymbol{P} = 0 \end{cases} \tag{2.17}$$

其中，$\boldsymbol{m}_1$和$\boldsymbol{m}_2$是已知的，$\boldsymbol{m}_3^{\mathrm{T}} = (\boldsymbol{r}_3^{\mathrm{T}} \quad t_z)$中$\boldsymbol{r}_3$也是已知的。把式（2.12）和式（2.13）得到的α_x、α_y和$\cos\theta$代入式（2.9）中，可以得到

$$d^2 = \frac{1}{\rho^2} \frac{|u\boldsymbol{a}_2 - v\boldsymbol{a}_1|^2}{|\boldsymbol{a}_1 \times \boldsymbol{a}_2|^2} \tag{2.18}$$

将式（2.18）代入式（2.17）中得到一个关于ρ、t_z和k_1、k_2、k_3的非线性方程组，可用非线性最小二乘法求解。

2.2.2　空间点三维重建

准确地重建物体的三维几何模型在虚拟环境、计算机视觉、逆向工程等诸多领域具有重要的意义。从图像序列中恢复场景的三维结构信息是计算机视觉的一个重要研究方向，近年来，国内外的研究者在这方面做了许多有益的工作。基于双目立体视觉的点的三维重建是最基本的，理想的空间点三维重建方法利用空间同名光线相交法求得空间点的三维坐标，其前提是空间同名光线一定相交，在实际应用中，由于数据总是有噪声的，马颂德提出用最小二乘法重建空间点[1]。但是，由于像点坐标量测值存在误差，导致同名光线为两条异面直线，它们不相交于一点，点重建的传统方法失效，提出了一种用同名光线公垂线的中点进行点三维重建的新方法，因两条异面直线间的距离以它们的公垂线为最短，故取同名光线公垂线的中点作为待定点的最佳位置是合理的，该方法计算简单，又能使均方误差最小。

由于观测数据总是包含误差，有时候甚至是错误，所以不确定性研究非常重要。在计算机视觉领域，主要有三种定量研究不确定性方法，本书采用概率描述法，此法是处理观测数据不确定性的自然途径。在计算机视觉中，任何能用参数向量$\boldsymbol{P}$描述的

几何目标都可以认为是具有均值为 $\bar{\boldsymbol{P}}$ 和协方差矩阵为 Λ_p 的随机向量[15]。将空间重建点看作正态分布的随机向量，对它的不确定性的计算可转化为对随机变量的运算，并用基于 Mahalanobis 距离的椭圆显示。

1. 空间点三维重建的传统方法

如图 2.3 所示，设点 P 为三维空间中的任意一点，其投影于摄像机 C_1 上的像点位置为 p_1，由于该点为光线 O_1P（O_1 为摄像机 C_1 的光心）与摄像机图像平面的交点（针孔摄像机模型），而空间直线 O_1P 上的任意一点在图像平面上的像点位置均在 p_1 处，因此单由 p_1 的图像坐标无法准确地获知点 P 的三维坐标。如果用两个摄像机 C_1、C_2 同时从不同视角观察点 P，并获得点 P 在两个摄像机的像点位置 p_1 和 p_2（称它们为一对对应点）则空间点 P 一定位于空间同名光线 O_1p_1 和 O_2p_2 的交点处，因此该点的三维坐标可以唯一确定，这就是双目立体视觉重建三维空间点的基本原理。

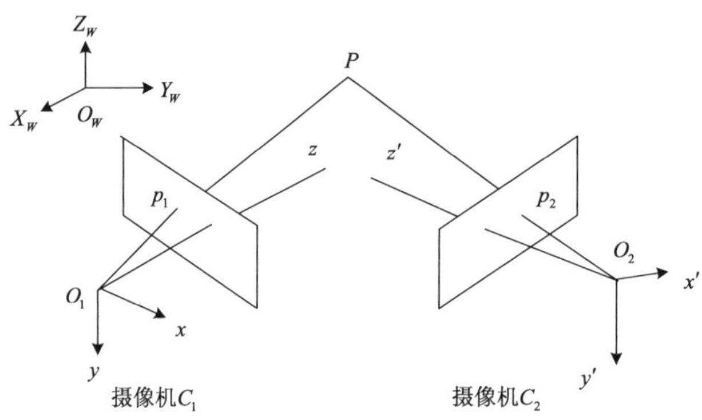

图 2.3　双目立体视觉基本原理[1]

用立体视觉的方法获取空间点的三维坐标即基于点的三维重建是必须解决的一个基本问题。在下面对算法的讨论中，先假定空间点 P 在两个摄像机图像平面上的像点 $p_1(u_1,v_1)$、$p_2(u_2,v_2)$ 已经分别检测出来，而且两个摄像机 C_1 和 C_2 均已用 2.2.1 节的方法标定，设它们的透视投影矩阵分别为 $\boldsymbol{M}^1$ 和 $\boldsymbol{M}^2$，由透视投影关系式[16]，可以建立两个投影变换方程:

$$Z_{c1}\begin{bmatrix} u_1 \\ v_1 \\ 1 \end{bmatrix} = \begin{bmatrix} m_{11}^1 & m_{12}^1 & m_{13}^1 & m_{14}^1 \\ m_{21}^1 & m_{22}^1 & m_{23}^1 & m_{24}^1 \\ m_{31}^1 & m_{32}^1 & m_{33}^1 & m_{34}^1 \end{bmatrix} \begin{bmatrix} \boldsymbol{w} \\ 1 \end{bmatrix} \tag{2.19}$$

$$Z_{c2}\begin{bmatrix} u_2 \\ v_2 \\ 1 \end{bmatrix} = \begin{bmatrix} m_{11}^2 & m_{12}^2 & m_{13}^2 & m_{14}^2 \\ m_{21}^2 & m_{22}^2 & m_{23}^2 & m_{24}^2 \\ m_{31}^2 & m_{32}^2 & m_{33}^2 & m_{34}^2 \end{bmatrix} \begin{bmatrix} \boldsymbol{w} \\ 1 \end{bmatrix} \tag{2.20}$$

联立式（2.19）和式（2.20），消去 Z_{c1} 和 Z_{c2}，得到一个超定线性方程组:

$$\boldsymbol{AW} = \boldsymbol{y} \tag{2.21}$$

其中

$$\boldsymbol{A} = \begin{bmatrix} u_1\boldsymbol{m}_3^1 - \boldsymbol{m}_1^1 \\ v_1\boldsymbol{m}_3^1 - \boldsymbol{m}_2^1 \\ u_2\boldsymbol{m}_3^2 - \boldsymbol{m}_1^2 \\ v_2\boldsymbol{m}_3^2 - \boldsymbol{m}_2^2 \end{bmatrix}, \quad \boldsymbol{y} = \begin{bmatrix} m_{14}^1 - u_1 m_{34}^1 \\ m_{24}^1 - v_1 m_{34}^1 \\ m_{14}^2 - u_2 m_{34}^2 \\ m_{24}^2 - v_2 m_{34}^2 \end{bmatrix}$$

$\boldsymbol{m}_1^i$、$\boldsymbol{m}_2^i$、$\boldsymbol{m}_3^i$ 分别表示投影矩阵 $\boldsymbol{M}^i (i=1,2)$ 每行的前三列元素组成的行向量；$\boldsymbol{W}=(X,Y,Z)^{\mathrm{T}}$ 表示点 P 在世界坐标系下的三维坐标列向量。在实际应用中，由于数据总是含有噪声，马颂德[1]提出用基于均方误差的最小二乘法解式（2.21），从而得到空间点 P 在世界坐标系下的三维坐标。

2. 新公垂线中点法重建点

本书提出了一种用同名光线公垂线的中点进行空间点三维重建的新方法，该方法计算简单，又能使均方误差最小，即该点满足均方误差最小意义下的最优解。

记

$$\boldsymbol{A} = \begin{bmatrix} a_{11} & a_{12} & a_{13} \\ a_{21} & a_{22} & a_{23} \\ a_{31} & a_{32} & a_{33} \\ a_{41} & a_{42} & a_{43} \end{bmatrix}, \quad \boldsymbol{y} = \begin{bmatrix} y_1 \\ y_2 \\ y_3 \\ y_4 \end{bmatrix}$$

则式（2.21）可导出下列两个线性方程组：

$$\begin{cases} a_{11}X + a_{12}Y + a_{13}Z = y_1 \\ a_{21}X + a_{22}Y + a_{23}Z = y_2 \end{cases} \tag{2.22}$$

$$\begin{cases} a_{31}X + a_{32}Y + a_{33}Z = y_3 \\ a_{41}X + a_{42}Y + a_{43}Z = y_4 \end{cases} \tag{2.23}$$

由解析几何[17]知，空间平面方程为线性方程，两个平面方程的联立为空间直线方程的一般式（该直线为两个平面的交线），式（2.22）（或式（2.23））的几何意义是过 O_1p_1（或 O_2p_2）的空间直线。令直线 O_1p_2 的方向向量为 $\boldsymbol{s}_1$，则直线 O_1p_1 所在两平面的法向量分别为

$$\boldsymbol{n}_1 = (a_{11}, a_{12}, a_{13}), \quad \boldsymbol{n}_2 = (a_{21}, a_{22}, a_{23})$$

因为　$\boldsymbol{s}_1 \perp \boldsymbol{n}_1$，$\boldsymbol{s}_1 \perp \boldsymbol{n}_2$

所以

$$\boldsymbol{s}_1 = \boldsymbol{n}_1 \times \boldsymbol{n}_2 = \begin{vmatrix} \boldsymbol{i} & \boldsymbol{j} & \boldsymbol{k} \\ a_{11} & a_{12} & a_{13} \\ a_{21} & a_{22} & a_{23} \end{vmatrix} \tag{2.24}$$

$$= (a_{12} \times a_{23} - a_{13} \times a_{22}, a_{21} \times a_{13} - a_{11} \times a_{23}, a_{11} \times a_{22} - a_{21} \times a_{12})$$

同理，令直线 O_2p_2 的方向向量为 $\boldsymbol{s}_2$，由式（2.23）可知直线 O_2p_2 所在两平面的法向量分别为

$$\boldsymbol{n}_3=(a_{31},a_{32},a_{33}),\quad \boldsymbol{n}_4=(a_{41},a_{42},a_{43})$$

则可计算出：

$$\boldsymbol{s}_2=(a_{32}\times a_{43}-a_{33}\times a_{42},a_{41}\times a_{33}-a_{31}\times a_{43},a_{31}\times a_{42}-a_{41}\times a_{32}) \tag{2.25}$$

设空间直线 O_1p_1 与 O_2p_2 的公垂线为直线 bc（b、c 分别为公垂线与 O_1p_1 和 O_2p_2 的交点），设 b、c 在世界坐标系下的三维坐标分别为 $b(X_b,Y_b,Z_b)$、$c(X_c,Y_c,Z_c)$，则有 $\boldsymbol{bc}=(X_c-X_b,Y_c-Y_b,Z_c-Z_b)$，将 b、c 的坐标代入方程组（2.22）和方程组（2.23），可得

$$\begin{cases}a_{11}X_b+a_{12}Y_b+a_{13}Z_b=y_1\\a_{21}X_b+a_{22}Y_b+a_{23}Z_b=y_2\\a_{31}X_c+a_{32}Y_c+a_{33}Z_c=y_3\\a_{41}X_c+a_{42}Y_c+a_{43}Z_c=y_4\end{cases} \tag{2.26}$$

因为 $\boldsymbol{bc}\perp\boldsymbol{s}_1$，$\boldsymbol{bc}\perp\boldsymbol{s}_2$，所以 $\boldsymbol{bc}\cdot\boldsymbol{s}_1=0$，$\boldsymbol{bc}\cdot\boldsymbol{s}_2=0$，即

$$\begin{aligned}(X_b-X_c)\times s_{11}+(Y_b-Y_c)\times s_{12}+(Z_b-Z_c)s_{13}=0\\(X_b-X_c)\times s_{21}+(Y_b-Y_c)\times s_{22}+(Z_b-Z_c)s_{23}=0\end{aligned} \tag{2.27}$$

联合式（2.26）和式（2.27），可得

$$\begin{cases}a_{11}X_b+a_{12}Y_b+a_{13}Z_b=y_1\\a_{21}X_b+a_{22}Y_b+a_{23}Z_b=y_2\\a_{31}X_c+a_{32}Y_c+a_{33}Z_c=y_3\\a_{41}X_c+a_{42}Y_c+a_{43}Z_c=y_4\\s_{11}X_b+s_{12}Y_b+s_{13}Z_b-s_{11}X_c-s_{12}Y_c-s_{13}Z_c=0\\s_{21}X_b+s_{22}Y_b+s_{23}Z_b-s_{21}X_c-s_{22}Y_c-s_{23}Z_c=0\end{cases} \tag{2.28}$$

由高等代数[18]可知，解线性方程组（2.28）有唯一解，令

$$D=\begin{vmatrix}a_{11}&a_{12}&a_{13}&0&0&0\\a_{21}&a_{22}&a_{23}&0&0&0\\0&0&0&a_{31}&a_{32}&a_{33}\\0&0&0&a_{41}&a_{42}&a_{43}\\s_{11}&s_{12}&s_{13}&-s_{11}&-s_{12}&-s_{13}\\s_{21}&s_{22}&s_{23}&-s_{21}&-s_{22}&-s_{23}\end{vmatrix}$$

表示线性方程组（2.28）的系数行列式，则线性方程组（2.28）的解可表示为

$$
\begin{aligned}
X_b &= \frac{D_1}{D}, \quad Y_b = \frac{D_2}{D}, \quad Z_b = \frac{D_3}{D} \\
X_c &= \frac{D_4}{D}, \quad Y_c = \frac{D_5}{D}, \quad Z_c = \frac{D_6}{D}
\end{aligned} \tag{2.29}
$$

其中，$D_j(j=1,2,\cdots,6)$ 是将系数行列式第 j 列元素对应地换为方程组（2.28）的常数项后 $(y_1,y_2,y_3,y_4,0,0)^{\mathrm{T}}$ 得到的行列式。进而可求出公垂线 bc 的中点 $d(X_d,Y_d,Z_d)$ 的坐标，用其表示空间点 P 的坐标：

$$
\begin{cases}
X_d = \dfrac{(X_b + X_c)}{2} \\
Y_d = \dfrac{(Y_b + Y_c)}{2} \\
Z_d = \dfrac{(Z_b + Z_c)}{2}
\end{cases} \tag{2.30}
$$

3. 均方误差最小化验证

在线性方程组（2.21）中，因为该方程组是过约束的，即其中方程的个数大于未知数的数目且该方程组的秩最大（等于 min（方程的个数，未知数的数目）），由线性代数理论可知线性方程组（2.21）无解，在这种情况下，只能找到使误差最小的 $\boldsymbol{w}=(X,Y,Z)^{\mathrm{T}}$，定义误差[19]为

$$
E_4 \overset{\text{def}}{=\!=} \sum_{i=1}^{4}(a_{i1}X + a_{i2}Y + a_{i3}Z - y_i)^2 = |\boldsymbol{Aw} - \boldsymbol{y}|^2
$$

由于 E_r 正比于方程的均方误差，所以最小二乘法的意思就是使均方误差最小化。令 $E_r = \boldsymbol{e}\cdot\boldsymbol{e}$，$e \overset{\text{def}}{=\!=} \boldsymbol{AW} - \boldsymbol{y}$。为了找到使 E_r 最小的 $\boldsymbol{W}$，E_r 对 $\boldsymbol{W}$ 的每一个分量 $W_i(i=1,2,3)$ 的偏导数必须为 0，即

$$
\frac{\partial E_r}{\partial W_i} = 2\frac{\partial \boldsymbol{e}}{\partial W_i}\cdot\boldsymbol{e} = 0, \quad i=1,2,3
$$

令 $\boldsymbol{A}$ 的各列为：$\boldsymbol{C}_j = (a_{1j},a_{2j},a_{3j},a_{4j})^{\mathrm{T}}$，$j=1,2,3$，则有

$$
\begin{aligned}
\frac{\partial \boldsymbol{e}}{\partial W_i} &= \frac{\partial}{\partial W_i}\left[(\boldsymbol{C}_1,\boldsymbol{C}_2,\boldsymbol{C}_3)\begin{pmatrix} W_1 \\ W_2 \\ W_3 \end{pmatrix} - \boldsymbol{y}\right] \\
&= \frac{\partial}{\partial W_i}(\boldsymbol{C}_1 W_1 + \boldsymbol{C}_2 W_2 + \boldsymbol{C}_3 W_3 - \boldsymbol{y}) = \boldsymbol{C}_i
\end{aligned}
$$

由 $\dfrac{\partial E_r}{\partial W_i}=0$ 可导出：$\boldsymbol{C}_i^{\mathrm{T}}(\boldsymbol{AW}-\boldsymbol{y})=0$，把这些约束方程从上到下排列起来就变成了下面的形式[20]：

$$\begin{pmatrix}\boldsymbol{C}_1^{\mathrm{T}}\\ \boldsymbol{C}_2^{\mathrm{T}}\\ \boldsymbol{C}_3^{\mathrm{T}}\end{pmatrix}(\boldsymbol{AW}-\boldsymbol{y})=\boldsymbol{0} \tag{2.31}$$

$$\Leftrightarrow \boldsymbol{A}^{\mathrm{T}}(\boldsymbol{AW}-\boldsymbol{y})=0\Leftrightarrow \boldsymbol{A}^{\mathrm{T}}\boldsymbol{AW}=\boldsymbol{A}^{\mathrm{T}}\boldsymbol{y}$$

即方程（2.21）使均方误差最小的最小二乘解为

$$\boldsymbol{W}=\left((\boldsymbol{A}^{\mathrm{T}}\boldsymbol{A})^{-1}\boldsymbol{A}^{\mathrm{T}}\right)\boldsymbol{y} \tag{2.32}$$

在 Matlab7.0[21]环境下，将式（2.30）中求得的 $d(X_d,Y_d,Z_d)$，代入式（2.31），验证 $\boldsymbol{A}^{\mathrm{T}}(\boldsymbol{Ad}-\boldsymbol{y})=\boldsymbol{0}$、$\boldsymbol{d}=(X_d,Y_d,Z_d)^{\mathrm{T}}$ 成立，所以 $\boldsymbol{d}=\boldsymbol{W}$，即空间异面同名直线公垂线的中点等于均方误差最小意义下的最小二乘解。

4. 不确定性定量计算与直观显示

采用概率描述法，将空间重建点看作正态分布的随机向量，对它的不确定性的计算可转化为对随机变量的运算，并用基于 Mahalanobis 距离的椭圆显示。

定义 2.1　设随机试验的样本空间是 Q，$X_1=X_1(\omega),X_2=X_2(\omega),\cdots,X_n=X_n(\omega)$ 是定义在 Q 上的随机变量，由它们构成的向量 $\boldsymbol{X}=(X_1,X_2,\cdots,X_n)$，称为 n 维随机向量。

定义 2.2　若 $F(x_1,x_2,\cdots,x_n)=\int_{-\infty}^{x_1}\int_{-\infty}^{x_2}\cdots\int_{-\infty}^{x_n}f(x_1,x_2,\cdots,x_n)\mathrm{d}x_1\mathrm{d}x_2\cdots\mathrm{d}x_n$ 表示 n 维随机向量 $\boldsymbol{X}$ 落在以 $(x_1,x_2,\cdots,x_n)^{\mathrm{T}}$ 为中心的微分空间 $\mathrm{d}x_1\mathrm{d}x_2\cdots\mathrm{d}x_n$ 里的概率，则 $f(x_1,x_2,\cdots,x_n)$ 作为 $(x_1,x_2,\cdots,x_n)^{\mathrm{T}}$ 的函数，称为 n 维随机向量 $\boldsymbol{X}$ 的联合概率密度函数（简记为 $f(\boldsymbol{X})$）。

定义 2.3　随机向量的数学期望定义为：$E[\boldsymbol{X}]=\int_{-\infty}^{\infty}\boldsymbol{X}f(\boldsymbol{X})\mathrm{d}\boldsymbol{X}\equiv\bar{\boldsymbol{X}}$，随机向量的协方差矩阵定义为：$\Lambda_{\boldsymbol{X}}=E[(\boldsymbol{X}-\bar{\boldsymbol{X}})(\boldsymbol{X}-\bar{\boldsymbol{X}})^{\mathrm{T}}]=\int_{-\infty}^{\infty}(\boldsymbol{X}-\bar{\boldsymbol{X}})(\boldsymbol{X}-\bar{\boldsymbol{X}})^{\mathrm{T}}f(\boldsymbol{X})\mathrm{d}\boldsymbol{X}$。

定义 2.4　若 x、μ 为两个随机变量，则称测度 $\delta^M=(x-\mu)^{\mathrm{T}}(\Lambda_x+\Lambda_\mu)^{-1}(x-\mu)$ 为随机变量 x、μ 之间的 Mahalanobis 距离。

定理 2.1　给定一高斯向量 $\boldsymbol{p}$（均值 $\bar{\boldsymbol{p}}$，协方差矩阵 Λ_p）和一变换方程 $\boldsymbol{p}'=\boldsymbol{h}(\boldsymbol{p})$，那么变换后向量 $\boldsymbol{p}'$ 的不确定性的一阶近似为

$$\begin{cases}\bar{\boldsymbol{p}}'=\boldsymbol{h}(\bar{\boldsymbol{p}})\\ \Lambda_{p'}=\boldsymbol{J}\Lambda_p\boldsymbol{J}^{\mathrm{T}}\end{cases}$$

其中，$\boldsymbol{J}$ 是雅可比矩阵 $\partial\boldsymbol{h}/\partial\boldsymbol{p}$。

在概率描述法中，将实际图像上的像点 p 当做二维随机向量 $\boldsymbol{p}=(u,v)^{\mathrm{T}}$，并用其协方差矩阵 Λ_p 表示精度和不确定性。同样，将空间重建点 P 当做三维随机向量

$\boldsymbol{W}=(X,Y,Z)^{\mathrm{T}}$，也用其协方差矩阵 $\Lambda_{\boldsymbol{W}}$ 表示不确定性，并且合理地假设概率密度函数是正态的，即随机向量服从高斯分布。在双目立体视觉中，每个像平面上的对应点由向量 $\boldsymbol{p}_i=(u_i,v_i)^{\mathrm{T}}$ 来表示，设 $\boldsymbol{p}=(\boldsymbol{p}_1^{\mathrm{T}},\boldsymbol{p}_2^{\mathrm{T}})^{\mathrm{T}}$，对应点 p_1 和 p_2 相互独立，因而有协方差矩阵 $\Lambda_{\boldsymbol{p}}=\mathrm{diag}(\Lambda_{\boldsymbol{p}_1},\Lambda_{\boldsymbol{p}_2})$[22]。式（2.32）表明 $\boldsymbol{W}$ 是 $\boldsymbol{p}$ 的函数：$\boldsymbol{W}=\boldsymbol{h}(\boldsymbol{p})$，根据定理 2.1，可推出 $\boldsymbol{W}$ 的协方差矩阵为

$$\Lambda_{\boldsymbol{W}}=\boldsymbol{J}\Lambda_{\boldsymbol{p}}\boldsymbol{J}^{\mathrm{T}}=\frac{\partial\boldsymbol{h}(\boldsymbol{p})}{\partial\boldsymbol{p}}\Lambda_{\boldsymbol{p}}\left(\frac{\partial\boldsymbol{h}(\boldsymbol{p})}{\partial\boldsymbol{p}}\right)^{\mathrm{T}}$$

因为　$\boldsymbol{p}=(\boldsymbol{p}_1^{\mathrm{T}},\boldsymbol{p}_2^{\mathrm{T}})^{\mathrm{T}}$

所以
$$\frac{\partial\boldsymbol{h}(\boldsymbol{p})}{\partial\boldsymbol{p}}=\left(\frac{\partial\boldsymbol{h}(\boldsymbol{p})}{\partial\boldsymbol{p}_1},\frac{\partial\boldsymbol{h}(\boldsymbol{p})}{\partial\boldsymbol{p}_2}\right)=\left(\frac{\partial\boldsymbol{h}(\boldsymbol{p})}{\partial u_1},\frac{\partial\boldsymbol{h}(\boldsymbol{p})}{\partial v_1},\frac{\partial\boldsymbol{h}(\boldsymbol{p})}{\partial u_2},\frac{\partial\boldsymbol{h}(\boldsymbol{p})}{\partial v_2}\right)\tag{2.33}$$

又

因为　$(\boldsymbol{A}^{\mathrm{T}}\boldsymbol{A})^{-1}(\boldsymbol{A}^{\mathrm{T}}\boldsymbol{A})=\boldsymbol{I}$

所以
$$\frac{\partial(\boldsymbol{A}^{\mathrm{T}}\boldsymbol{A})^{-1}}{\partial u_i}(\boldsymbol{A}^{\mathrm{T}}\boldsymbol{A})+(\boldsymbol{A}^{\mathrm{T}}\boldsymbol{A})^{-1}\frac{\partial(\boldsymbol{A}^{\mathrm{T}}\boldsymbol{A})}{\partial u_i}=0$$

所以
$$\frac{\partial(\boldsymbol{A}^{\mathrm{T}}\boldsymbol{A})^{-1}}{\partial u_i}=-(\boldsymbol{A}^{\mathrm{T}}\boldsymbol{A})^{-1}\frac{\partial(\boldsymbol{A}^{\mathrm{T}}\boldsymbol{A})}{\partial u_i}(\boldsymbol{A}^{\mathrm{T}}\boldsymbol{A})^{-1}=-(\boldsymbol{A}^{\mathrm{T}}\boldsymbol{A})^{-1}\left(\left(\frac{\partial\boldsymbol{A}}{\partial u_i}\right)^{\mathrm{T}}\boldsymbol{A}+\boldsymbol{A}^{\mathrm{T}}\frac{\partial\boldsymbol{A}}{\partial u_i}\right)(\boldsymbol{A}^{\mathrm{T}}\boldsymbol{A})^{-1}\tag{2.34}$$

由式（2.21）可推出

$$\begin{cases}\dfrac{\partial\boldsymbol{A}}{\partial u_1}=\begin{bmatrix}\boldsymbol{m}_3^1\\\boldsymbol{0}\\\boldsymbol{0}\\\boldsymbol{0}\end{bmatrix}=\begin{bmatrix}\boldsymbol{m}_{31}^1&\boldsymbol{m}_{32}^1&\boldsymbol{m}_{33}^1\\0&0&0\\0&0&0\\0&0&0\end{bmatrix}\\[2ex]\dfrac{\partial\boldsymbol{A}}{\partial u_2}=\begin{bmatrix}\boldsymbol{0}\\\boldsymbol{0}\\\boldsymbol{m}_3^2\\\boldsymbol{0}\end{bmatrix}=\begin{bmatrix}0&0&0\\0&0&0\\\boldsymbol{m}_{31}^2&\boldsymbol{m}_{32}^2&\boldsymbol{m}_{33}^2\\0&0&0\end{bmatrix}\\[2ex]\dfrac{\partial\boldsymbol{y}}{\partial u_1}=\begin{bmatrix}-m_{34}^1\\0\\0\\0\end{bmatrix},\quad\dfrac{\partial\boldsymbol{y}}{\partial u_2}=\begin{bmatrix}0\\0\\-m_{34}^2\\0\end{bmatrix}\end{cases}\tag{2.35}$$

由式（2.32）可推出

$$\begin{aligned}\frac{\partial \boldsymbol{h}(\boldsymbol{p})}{\partial u_i} &= \frac{\partial\left((\boldsymbol{A}^{\mathrm{T}}\boldsymbol{A})^{-1}\boldsymbol{A}^{\mathrm{T}}\boldsymbol{y}\right)}{\partial u_i} \\ &= \left[\frac{\partial(\boldsymbol{A}^{\mathrm{T}}\boldsymbol{A})^{-1}}{\partial u_i}\boldsymbol{A}^{\mathrm{T}}\boldsymbol{y} + (\boldsymbol{A}^{\mathrm{T}}\boldsymbol{A})^{-1}\left(\frac{\partial \boldsymbol{A}}{\partial u_i}\right)^{\mathrm{T}}\boldsymbol{y} + (\boldsymbol{A}^{\mathrm{T}}\boldsymbol{A})^{-1}\boldsymbol{A}^{\mathrm{T}}\frac{\partial \boldsymbol{y}}{\partial u_i}\right]\end{aligned} \tag{2.36}$$

将式（2.34）和式（2.35）代入式（2.36）中，可计算出 $\frac{\partial \boldsymbol{h}(\boldsymbol{p})}{\partial u_i}$，可用同样的方法推出 $\frac{\partial \boldsymbol{h}(\boldsymbol{p})}{\partial v_i}$。

$$\begin{aligned}&\text{因为}\quad (\boldsymbol{A}^{\mathrm{T}}\boldsymbol{A})^{-1}(\boldsymbol{A}^{\mathrm{T}}\boldsymbol{A}) = \boldsymbol{I} \\ &\text{所以}\quad \frac{\partial(\boldsymbol{A}^{\mathrm{T}}\boldsymbol{A})^{-1}}{\partial v_i}(\boldsymbol{A}^{\mathrm{T}}\boldsymbol{A}) + (\boldsymbol{A}^{\mathrm{T}}\boldsymbol{A})^{-1}\frac{\partial(\boldsymbol{A}^{\mathrm{T}}\boldsymbol{A})}{\partial v_i} = 0 \\ &\text{所以}\quad \frac{\partial(\boldsymbol{A}^{\mathrm{T}}\boldsymbol{A})^{-1}}{\partial v_i} = -(\boldsymbol{A}^{\mathrm{T}}\boldsymbol{A})^{-1}\frac{\partial(\boldsymbol{A}^{\mathrm{T}}\boldsymbol{A})}{\partial v_i}(\boldsymbol{A}^{\mathrm{T}}\boldsymbol{A})^{-1} \\ &\qquad\qquad\qquad\; = -(\boldsymbol{A}^{\mathrm{T}}\boldsymbol{A})^{-1}\left(\left(\frac{\partial \boldsymbol{A}}{\partial v_i}\right)^{\mathrm{T}}\boldsymbol{A} + \boldsymbol{A}^{\mathrm{T}}\frac{\partial \boldsymbol{A}}{\partial v_i}\right)(\boldsymbol{A}^{\mathrm{T}}\boldsymbol{A})^{-1}\end{aligned} \tag{2.37}$$

由式（2.21）可推出

$$\begin{cases}\dfrac{\partial \boldsymbol{A}}{\partial v_1} = \begin{bmatrix}\boldsymbol{m}_3^1 \\ \boldsymbol{0} \\ \boldsymbol{0} \\ \boldsymbol{0}\end{bmatrix} = \begin{bmatrix}0 & 0 & 0 \\ m_{31}^1 & m_{32}^1 & m_{33}^1 \\ 0 & 0 & 0 \\ 0 & 0 & 0\end{bmatrix} \\ \dfrac{\partial \boldsymbol{A}}{\partial v_2} = \begin{bmatrix}\boldsymbol{0} \\ \boldsymbol{0} \\ \boldsymbol{m}_3^2 \\ \boldsymbol{0}\end{bmatrix} = \begin{bmatrix}0 & 0 & 0 \\ 0 & 0 & 0 \\ 0 & 0 & 0 \\ m_{31}^2 & m_{32}^2 & m_{33}^2\end{bmatrix} \\ \dfrac{\partial \boldsymbol{y}}{\partial v_1} = \begin{bmatrix}0 \\ -m_{34}^1 \\ 0 \\ 0\end{bmatrix},\quad \dfrac{\partial \boldsymbol{y}}{\partial v_2} = \begin{bmatrix}0 \\ 0 \\ 0 \\ -m_{34}^2\end{bmatrix}\end{cases} \tag{2.38}$$

由式（2.32）也可推出

$$\frac{\partial \boldsymbol{h}(\boldsymbol{p})}{\partial v_i}=\frac{\partial\left((\boldsymbol{A}^{\mathrm{T}}\boldsymbol{A})\boldsymbol{A}^{\mathrm{T}}\boldsymbol{y}\right)}{\partial v_i}$$

$$=\left[\frac{\partial(\boldsymbol{A}^{\mathrm{T}}\boldsymbol{A})^{-1}}{\partial v_i}(\boldsymbol{A}^{\mathrm{T}}\boldsymbol{y}+(\boldsymbol{A}^{\mathrm{T}}\boldsymbol{A})^{-1}\left(\frac{\partial \boldsymbol{A}}{\partial v_i}\right)^{\mathrm{T}}\boldsymbol{y}+(\boldsymbol{A}^{\mathrm{T}}\boldsymbol{A})^{-1}\boldsymbol{A}^{\mathrm{T}}\frac{\partial \boldsymbol{y}}{\partial v_i}\right] \tag{2.39}$$

将式（2.37）和式（2.38）代入式（2.21）中，可计算出 $\partial \boldsymbol{h}(\boldsymbol{p})/\partial v_i$，至此可计算出 $\Lambda_{\boldsymbol{W}}$。根据上面计算出的空间重建点 P 所对应的三维随机向量 $\boldsymbol{W}=(X,Y,Z)^{\mathrm{T}}$ 的协方差矩阵 $\Lambda_{\boldsymbol{W}}$，可求出 $\Lambda_{\boldsymbol{W}}$ 的三个特征值（分别记为 λ_1^2、λ_2^2、λ_3^2）及对应的特征向量 $\boldsymbol{v}_1$、$\boldsymbol{v}_2$、$\boldsymbol{v}_3$（设所有的特征向量都已规一化）。令 $\boldsymbol{V}=[\boldsymbol{v}_1,\boldsymbol{v}_2,\boldsymbol{v}_3]$，则有 $\boldsymbol{V}$ 是一正交矩阵，并有

$$\boldsymbol{V}^{\mathrm{T}}\Lambda_{\boldsymbol{W}}\boldsymbol{V}=\begin{bmatrix}\lambda_1^2 & 0 & 0\\ 0 & \lambda_2^2 & 0\\ 0 & 0 & \lambda_3^2\end{bmatrix}\Leftrightarrow$$

$$\Lambda_{\boldsymbol{W}}=\boldsymbol{V}\begin{bmatrix}\lambda_1^2 & 0 & 0\\ 0 & \lambda_2^2 & 0\\ 0 & 0 & \lambda_3^2\end{bmatrix}\boldsymbol{V}^{\mathrm{T}}$$

所以 $$(\Lambda_{\boldsymbol{W}})^{-1}=\boldsymbol{V}\begin{bmatrix}1/\lambda_1^2 & 0 & 0\\ 0 & 1/\lambda_2^2 & 0\\ 0 & 0 & 1/\lambda_3^2\end{bmatrix}\boldsymbol{V}^{\mathrm{T}}$$

所以 $$\left((\boldsymbol{V}\boldsymbol{W}')^{\mathrm{T}}\right)(\Lambda_{\boldsymbol{W}})^{-1}(\boldsymbol{V}\boldsymbol{W}')=\boldsymbol{W}'^{\mathrm{T}}\begin{bmatrix}1/\lambda_1^2 & 0 & 0\\ 0 & 1/\lambda_2^2 & 0\\ 0 & 0 & 1/\lambda_3^2\end{bmatrix}\boldsymbol{W}' \tag{2.40}$$

因为 $(\boldsymbol{W}-\bar{\boldsymbol{W}})^{\mathrm{T}}(\Lambda_{\boldsymbol{W}})^{-1}(\boldsymbol{W}-\bar{\boldsymbol{W}})$ 为随机变量 $\boldsymbol{W}$、$\bar{\boldsymbol{W}}$ 之间的 Mahalanobis 距离[1]，服从自由度为 n 的 χ^2 分布，其中 n 为 $\Lambda_{\boldsymbol{W}}$ 的秩，所以有

$$(\boldsymbol{W}-\bar{\boldsymbol{W}})^{\mathrm{T}}(\Lambda_{\boldsymbol{W}})^{-1}(\boldsymbol{W}-\bar{\boldsymbol{W}})=k^2$$

令 $\boldsymbol{V}\boldsymbol{W}'=\boldsymbol{W}-\bar{\boldsymbol{W}}$，则有 $\left((\boldsymbol{V}\boldsymbol{W}')^{\mathrm{T}}\right)(\Lambda_{\boldsymbol{W}})^{-1}(\boldsymbol{V}\boldsymbol{W}')=k^2$，所以

$$\boldsymbol{W}'^{\mathrm{T}}\begin{bmatrix}1/\lambda_1^2 & 0 & 0\\ 0 & 1/\lambda_2^2 & 0\\ 0 & 0 & 1/\lambda_3^2\end{bmatrix}\boldsymbol{W}'=k^2 \tag{2.41}$$

因为 $(\boldsymbol{W}-\bar{\boldsymbol{W}})^{\mathrm{T}}(\Lambda_{\boldsymbol{W}})(\boldsymbol{W}-\bar{\boldsymbol{W}})=k^2$ 表示中心在 $\bar{\boldsymbol{W}}$ 的超椭球体，则正交矩阵 $\boldsymbol{V}$ 将原椭

球体变换到主轴上。令 $\boldsymbol{W}'=(X',Y',Z')^{\mathrm{T}}$，将其代入式（2.41），则可得到变换后的椭球体的直角坐标方程：

$$\frac{X'^2}{\lambda_1^2}+\frac{Y'^2}{\lambda_2^2}+\frac{Z'^2}{\lambda_3^2}=k^2$$

图 2.4 显示了一个三维重建点经过正交变换 $\boldsymbol{V}$ 后的不确定性，图 2.4(a)为 k 等于 2.37 的椭球体，图 2.4(b)表示 k 等于 11.34 的椭球体，这个三维重建点落在这些椭球体内的概率分别为 50%、99%。原椭球体即可通过 $\boldsymbol{W}=\boldsymbol{V}\boldsymbol{W}'+\bar{\boldsymbol{W}}$ 得到。

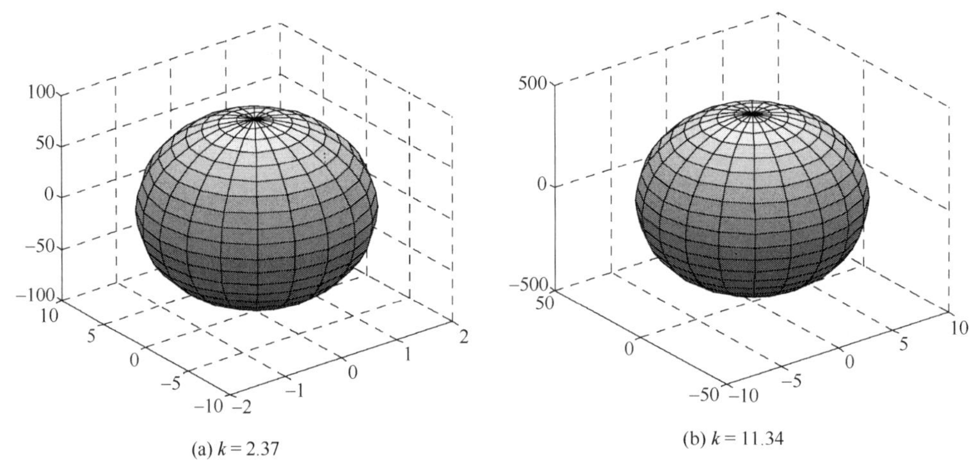

(a) $k=2.37$　　(b) $k=11.34$

图 2.4　三维重建点不确定性直观显示

2.3　三维激光扫描

三维激光扫描技术是 20 世纪 80 年代中期出现的一项高新技术，它通过高速激光扫描测量的方法，大面积、高分辨率地获取被测对象表面的三维坐标数据，在获取空间信息方面提供了一种全新的技术手段，使传统的单点采集数据变为连续自动获取数据，提高了测量的效率，为快速建立目标的三维模型提供了一种全新的技术手段。

三维激光扫描系统的应用范围与摄影测量大致相同[23]，从小型的零件、模型，到人体雕塑，从大型的建筑物、街道，到城市，地表地貌，利用激光测距技术，均可获取目标的三维信息，实现目标的三维建模，以便对目标模型进行进一步的分析和数据处理。同时，与传统的测绘方法相比，在测量的速效方面，激光扫描系统有着较大的优越性[24]。

激光扫描技术的发展日新月异，相对于其他的三维测量方法，它在作业速度、灵活性及精度上，有着无可比拟的优势。近年来，随着硬件水平的提高和应用软件的不断发展，三维激光扫描技术已成为国内外研究的热点。

2.3.1　激光扫描分类

激光测距从一维测距发展到二维、三维激光扫描，实现了测量距离和角度的自动采集与传输，使人们从传统的人工单点空间数据的获取变为连续自动数据的获取。三维激光扫描技术属于主动式视觉测量方法，是非接触光学测量的一个重要形式。依据不同的分类标准，三维激光扫描有一个庞大的分类系统。本节将根据不同的分类标准，对现有的激光扫描仪做简要的归纳和总结，具体如图 2.5 所示。

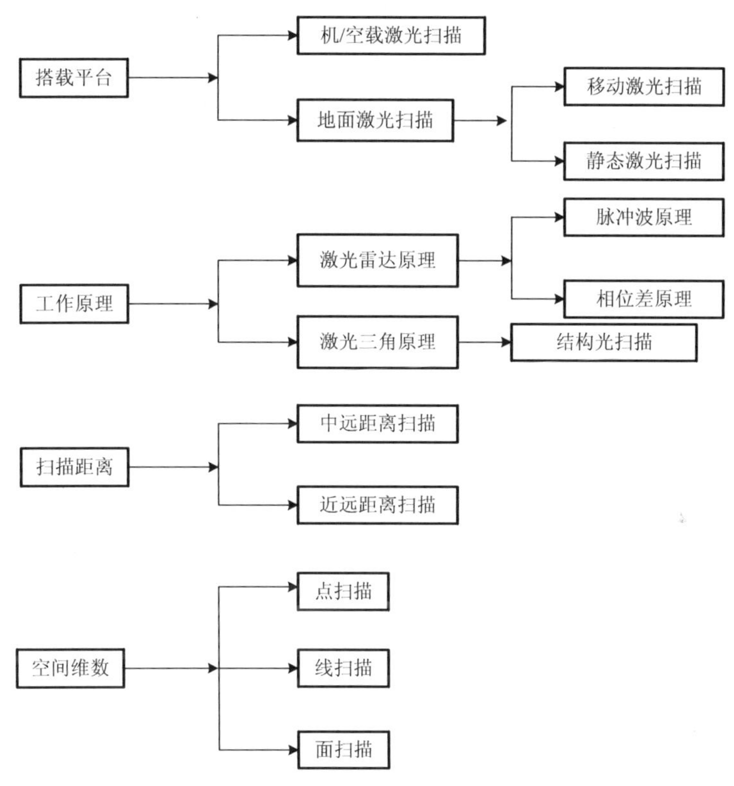

图 2.5　三维激光扫描分类

三维激光扫描按照工作原理可以分为两种：基于雷达原理的方式和基于三角测距原理的方式。用雷达可测量空中目标的距离，其基本原理[1]是向空中发射电磁波（或其他波，如超声波），电磁波在三维空间碰到目标并被反射回来，传感器接收反射电磁波，并测量从发射到接收的时间间隔，便可计算出发射器到目标的距离。电磁波向三维空间不同方向扫描，可测量出位于不同空间位置的目标表面点的距离。按照时间差测量的原理，基于雷达原理的方式又可分为：直接测量时间差的脉冲波距离传感器（也称为基于飞行时间的传感器），以及测量幅度调制相位差的距离传感器。

基于脉冲法测距的激光扫描仪测程较长，但精度较低，一般为毫米级，如 Leica

公司生产的 HDS3000 激光扫描仪，最大测程 100m，测距精度 4mm，曲面精度优于 2mm。因此基于脉冲法测距的激光扫描仪主要应用于土木工程测量、文物和建筑物的三维测绘等领域。相位法测距的精度与调制频率有关，一般全站仪的测距频率最高为 50～100MHz，但美国 Metric Vision 公司推出的激光雷达扫描仪（laser radar scanner）LR200 则可达到 100GHz，它在 10m 距离内的绝对测距精度可达到 0.1mm，测量范围 2～60m。

基于激光三角法测距原理的扫描仪又称为结构光扫描仪（structured light canner）。以半导体激光器作光源，使其产生的光束照射被测表面，经表面散射（或反射后），用面阵 CCD 摄像机接收，光点在 CCD 像平面上的位置将反映出表面在法线方向上的变化，即点结构光测量原理，基于三角测距原理的工作方式将在 2.3.3 小节中作详细阐述。

按照空间位置分类，三维激光扫描可分为机/空载激光扫描和地面激光扫描。机载激光扫描系统由激光扫描仪（LS）、飞行惯导系统（IMU）、动态差分 GPS 定位系统、成像装置（UI）、计算机和数据采集器、记录器、处理软件及电源构成。动态差分 GPS 定位系统给出成像系统和扫描仪精确的空间位置坐标，惯导系统给出空中的姿态参数，由激光扫描仪进行空对地式的扫描来测定成像中心到地面采样点的精确距离，再根据几何原理计算出采样点的三维坐标[25]。机载激光扫描的过程如图 2.6 所示。

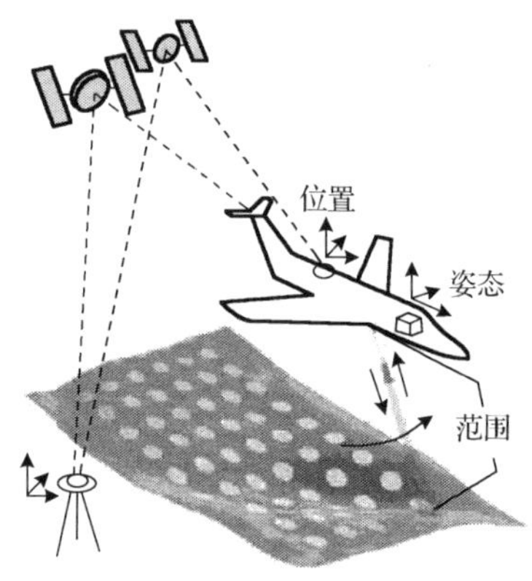

图 2.6　机载激光扫描示意图[25]

地面三维激光扫描技术作为一项新的测绘技术，它采用非接触式高速激光测量的方式，在复杂的场景和空间对被测物体进行快速扫描测量，通过向物体发射激光信号与接收的反射信号进行相位比较，获取测量目标的三维点位数据。地面激光扫描技术为相应的数字化产品提供了基础数据源，使得测绘技术人员突破传统的测量数据处理方法，找到空间信息获取和三维重建的新思路[26]。

地面三维激光扫描仪经过近几年的发展，已经大量投放到市场。它的测量范围在 1～1000m、测距精度为 0.4～20mm、测量速度为每秒 100～62500 个点。各种不同的厂家和型号的激光扫描仪有不同的技术特点和适用范围，如有些扫描仪适合在室外长距离使用，有些适合在室内或中程距离测量，还有些具有很高精度的扫描仪最大测程只有几米。此外，不同的扫描仪在技术指标和仪器价格等方面都存在一定的区别[27]。地面激光扫描系统按照数据获取的特点，又可以分为静态扫描系统，如 Leica 公司的 Cyrax 系列扫描系统，美国 Cyberware 公司生产的系列扫描系统，以及移动扫描系统，如日本东京大学开发的车载激光扫描系统 VLMS 样车[28]。

根据扫描距离的不同，可以分为近景激光扫描、中远距离激光扫描。本书所采用的硬件系统属于地面近景激光三角扫描。

根据扫描机理和被测目标移动的可能性，共有四种不同的类型[5]，这与根据测量空间的维数分类是一致的。

（1）点测距。即一维测距，沿着成像方向测量目标表面上单一点到视点的距离。

（2）线测距。即二维测距，用于测定一个扫描平面与被测目标的交线上各点的坐标。这类仪器大多由激光测距装置和一个扫描角自动记录装置集成。

（3）面测距。即三维测距，能够测量目标表面上相对于视点或观察方向上可见的区域。这种类型的测距仪可以直接生成一个观察方向上的深度影像。

实际上，这些测距方式彼此之间紧密相关。例如，点测距方式沿着一个方向扫描可以产生线测距方式的效果；线测距方式沿着和平面垂直的方向扫描可以产生面测距方式的效果。点、线测距方式及两者的组合可以产生多面测距的效果。

2.3.2　激光扫描特点与精度

1. 激光扫描特点

由于激光扫描仪（laser scanner）具有快速性、不接触性、穿透性、实时、动态、主动性、高密度、高精度、数字化等显著优势，近年来得到了长足的发展及广泛的应用，其应用对象从小型的零件、模型、人体雕塑，到大型的建筑物、街道、城市和地表地貌。与传统的测量方法相比，在测量的速效方面，激光扫描系统有着较大的优越性[29]。

三维激光扫描测量作为一种新的测量手段，其硬件性能与获取数据方式的特点，大大弥补了传统测量方法的弊端。在硬件方面，激光扫描仪采用半导体激光器，测量仪器的体积相对较小；并且因为激光方向性好，光功率高，所以测量仪器分辨率高，稳定性好，测量精度高。将激光扫描仪器与计算机结合，形成智能的测量和建模系统，有广泛的应用前景。在数据获取方面，激光扫描测量的数据获取方式灵活，不需要接触物体，解决了接触式测量中，接触测头半径较大带来的横向分辨率问题，避免了接触测量可能对被测物体表面带来的损害，提高了检测速度。

与其他非接触式测量方法相比，激光扫描的方法主要有以下优点：该项技术具有较大的偏置距离和测量范围，对某一区域扫描时，采集点位密度大，数据信息丰富，可以真实反映现实环境；测量准确度高，特别适合测量表面复杂的物体及其细节，实现目标的精细化测量；测量速度快，节约大量的时间，使工作效率提高，劳动强度降低，投入费用也有所减少；抗干扰性好，在昏暗的条件下或者夜间都不影响测量。

地面近景激光扫描可以用于中小型目标的三维重建，这是激光扫描技术发展的一个重要方向。同传统的摄影测量手段相比，地面近景激光扫描技术有自己独特的优势。

（1）穿透性，无接触性。三维激光扫描仪在扫描的时候，能够穿透过稀疏的植物扫描到目标实体的表面，从而获取目标物的点云信息。通过向目标物发射脉冲信号并且接收目标物反射回的信号，三维激光扫描仪来对目标物的表面信息进行扫描测量，这一过程中工作人员无需接触目标实物[30]，可以根据需要选择合适的地点进行测量，这也给不方便近距离测量的工作提供了很大的便利。

（2）数据量大，精度较高。激光扫描点云数据的密度虽然依赖于激光扫描系统距离目标的远近及系统自身有关的某些参数如激光脉冲的发射频率、扫描的角度等，但是总体来说，相对于其他手段获取的目标三维点云，仍然具有数据密度高的优势[31]。如本书所采用的地面近景激光系统所获取的点云数据的 Z 方向的精度可以达到 0.10mm，X 方向可以达到 0.22mm，而 Y 方向可以达到 0.16mm。三维激光扫描仪的单点定位精度达到毫米级别，一般 3mm 左右，有的甚至达到了 0.02mm。另外，三维激光扫描的重复扫描精度更高，在同一点上对场景进行两次以上的扫描，得到点云数据进行对比分析，会发现两次点云数据误差在亚毫米级别。

（3）全数字特征，信息处理容易。三维激光扫描仪所获取的数据是离散的三维空间点数据，这些三维空间点云数据中包含了扫描对象完整的空间几何信息[32]，还有扫描对象的反射率、反射强度、扫描角度等衍生的丰富信息。信息传输、加工、表达容易。

（4）数据采集效率高，点云密度大。三维激光扫描仪又称为“疯狂的全站仪”，它能够每秒发出上万激光脉冲信号，采集速度达到每秒上万个点甚至几十万个点，目前最高扫描速度的三维激光扫描仪能每秒记录一百二十万个点数据，这是其他数据采集手段所望尘莫及的。

（5）全天候作业，实时性强。三维激光主动发射激光脉冲信号，根据回波信息进行测量，可以在没有任何光照条件环境中工作，甚至可以在小雨和大风环境下工作，对环境的适应能力比较强。地面三维激光扫描技术能够主动地、动态地实时发射和回收信号，不论白天黑夜，都能够自由进行观测。

（6）小型便捷，易于操作。三维激光扫描仪在向着小型化轻便化发展，目前小的三维激光扫描仪只有 3～4kg，体积小，携带方便。由于许多携带了双轴补偿系统，进行数据采集时候不需要进行整平对中，节约了大量时间。

当然，激光扫描仪也存在缺点：它得到的激光点云是散乱没有拓扑关系的，在目标边缘常没有反射点，表面纹理也无法直接得到；其次，当目标为表面反光的工业零件等物体时，激光投射到此类物体的表面，会产生镜面反射，导致无法获取其三维数据；当激光扫描的投影光打在物体边缘处时，一部分投影光未反射回传感器内，这样产生边缘点的缺失，而边缘恰好是影像中灰度变换剧烈的地方，能方便特征提取。

2. 激光扫描精度

激光三角测距法的测量精度受到测量系统本身非线性误差、被测目标表面特征和环境等多方面的影响。以下将对影响其测量精度的因素进行简要的定性总结和分析[33,34]。激光扫描技术的点位测量精度与角度测量精度和距离测量精度有关。测角系统是个黑箱，角度的测量精度主要由仪器内部元器件的分辨率决定，也与安装的准确性等因素有关，如轴系是否相互垂直。激光扫描测量，对于不同距离、不同材料、不同入射角的物体，其距离测量精度在几毫米至数十毫米之间。

被测物体的材料、表面光泽度和粗糙度、表面颜色、光学性质、形状以及表面的倾斜度等方面的差异导致同一光源入射时，物体表面对光的反射和吸收程度不同，这些因素对距离测量精度均造成不同程度的影响。

（1）物体材料。受到被测目标材料性能的影响，激光能够穿透目标的表面，在目标的内表面发生反射。在这种情况下可能发生 150～250μm 的误差，当然这种误差在一定精度范围内可以不予考虑[34]。但是，对银、玻璃等易发生镜面反射的材质不适宜采用激光扫描的方式获取目标表面的三维信息。

（2）表面光泽度与粗糙度。被测目标表面的光泽度和粗糙度对测量结果的影响与发射光强相似，关系到散射光斑的形状和光强分布。一般情况下，当被测目标表面粗糙度的值较低或光泽度较亮时，会使激光束在产生漫反射的同时发生较强的镜面反射，引起较大测量误差。这种噪声可以通过多点扫描消除。特别是由于物体表面的粗糙度和折射率等引起的成像光斑或光条有像差。研究表明，在其他条件不变的情况下，当被测表面的粗糙度大于 3.0μm 时，对激光扫描传感器的测量精度有较大影响，需考虑数据补偿或对其表面进行预处理。改进的方法有，使测量工作平面（由传感器的入射透镜和接收透镜的光轴决定的平面）平行于待测表面的纹理，可接收足够的光强，将有利于提高测量分辨率[35]。

（3）表面颜色。由于目前常用的发射激光为接近红外部分的红光，不同的被测目标表面对该色光的吸收程度不一，在其他条件不变的前提下，仅表面颜色的变化就会造成测量结果的差异。当表面颜色为蓝色、绿色、黑色时，吸收光能较多，散射光斑光强很弱，位置探测器得到的光能很少，从而测量的非线性误差偏移较大；被测目标表面颜色为红色和灰色时，测量精度较高[26]。

（4）被测物体曲率半径。被测目标曲率半径对测量精度的影响要和发射激光束直径大小结合考虑，在曲率半径小的情况下，表面光斑区域内的高度差相对于光斑直径会比较大，此时已经不满足激光三角法原理，因而会产生较大的非线性误差[25]。在实际测量中，曲面的曲率半径一般都比较大，因此对测量误差的影响不显著。

（5）被测目标表面倾斜度：激光三角测距原理的重要假定是发射光束始终与被测目标表面法线方向一致。约定被测表面上入射光点处的法线与入射光方向不重合时则被测表面发生了倾斜，其夹角称为倾斜角。随着被测表面倾斜角的不同，入射光点所产生的散射光空间分布将发生变化，从而使接收透镜在单位立体角/单位时间内接收到的光能量发生变化。数据表明，误差随着表面的倾角增大而增加。这种情况一般发生在目标边缘。在对激光点云进行拼接时，这些边缘点信息会引起拼接结果的不可靠性，因而，一般避免根据边缘点信息进行点云拼接[29]。如果表面倾斜，误差可达百微米量级。

此外，高度镜面反射会使得像点被散斑噪声腐蚀。解决方法是在金属表面喷上一层不光滑的涂料降低金属表面的反射率。温度、湿度和机械振动等环境噪声，也会影响激光三角测量中的系统参数。

2.3.3 激光三角测距原理

本书采用的激光扫描硬件系统也是基于三角测距原理实现的，因而，将对三角测距原理作详细说明。

基于三角测距原理的距离传感器的原理与立体视觉本质是一样的[1]。图 2.7 所示为激光扫描系统的系统构成，包括激光源、柱面镜和平面镜。在图 2.8 基于三角原理的距离传感器图中，*B* 点为一个摄像机，*A* 点为激光源，点激光束经过柱面镜后变成线激光源，照射在一个可转动的平面镜上，经平面镜反射，在空间形成激光平面，可

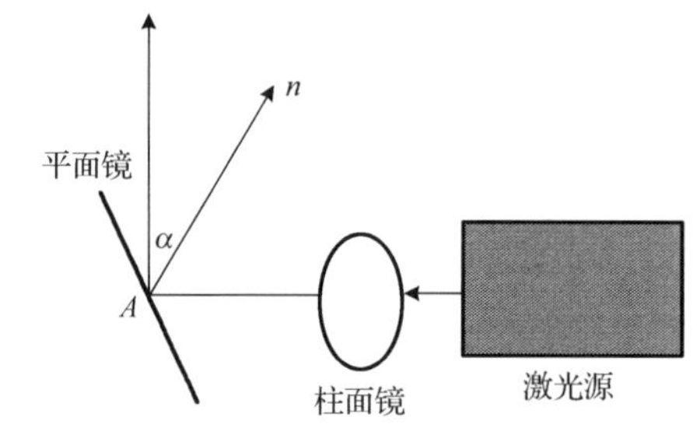

图 2.7 扫描机构与光源[1]

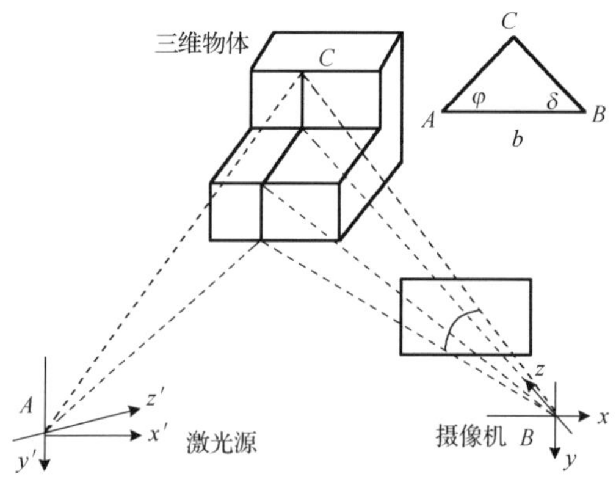

图 2.8 基于三角原理的距离传感器[1]

转动的平面镜使激光平面可以在一定范围内扫描，在扫描过程中的某一个位置φ，激光打在扫描目标上，会产生一个亮条，亮条为一平面曲线，即目标表面与激光平面的交线。在 B 点摄像机的影像上也有一个亮条，对于亮条上任意一点 C，在三角形 ABC 中，AB、δ、φ 也是已知的，故 C 点唯一确定，由此，亮条上的每一点的三维位置都可以确定。因此，基于三角测距原理的距离传感器在获取扫描线上所有点的三维信息时，由 A 点的光学扫描装置给出当时的φ值即可。

简单起见，A、B 处的激光源与摄像机的位置已经固定，且使摄像机坐标系 xyz 轴与光学装置的坐标轴 $x'y'z'$ 分别互相平行，x 与 x' 互相重合，光心与扫描中心分别在两个坐标系的原点，两个坐标系只相差 x 方向轴上的一个平移 b，激光平面在扫描过程中始终与 $x'z'$ 平面垂直（图 2.8）。

在某一扫描位置时，假设激光平面和 $x'z'$ 平面的交线与 x' 轴的夹角为φ，则该平面在 (x',y',z') 坐标系下的方程为 $z'=\tan\varphi x'$，则摄像机坐标系表示为

$$z=\tan\varphi(x+b) \tag{2.42}$$

对于目标表面位于亮条上的任一点 C 的坐标为 $C=(x,y,z)^{\mathrm{T}}$，若它的影像点的位置为 (u,v)，则直线 BC 的方程为

$$\frac{x}{(u-u_0)\mathrm{d}x}=\frac{y}{(v-v_0)\mathrm{d}y}=\frac{z}{f},\quad 即\frac{x}{(u-u_0)}a_u=\frac{y}{(v-v_0)}a_v=z \tag{2.43}$$

其中，$a_u=f/\mathrm{d}x$，$a_v=f/\mathrm{d}y$，u_0、v_0 为摄像机内部参数。直线 BC 与扫描平面的交点即 C 点，由式（2.42）和式（2.43）联立可得

$$\begin{cases} x=\dfrac{(u-u_0)b\tan\varphi}{a_u-(u-u_0)\tan\varphi} \\ y=\dfrac{(v-v_0)b\tan\varphi}{a_v-(v-v_0)\tan\varphi} \\ z=\dfrac{a_u b\tan\varphi}{a_u-(u-u_0)\tan\varphi} \end{cases} \tag{2.44}$$

一般情况下，三维激光扫描仪采用的是内部坐标系统。在三维激光扫描仪内部，一般都有两个相互垂直的轴，而激光测距光束就是以这两个轴系为旋转轴进行旋转测量的，所以一般以这两个旋转轴的交点为内部坐标系的原点，以地面三维激光扫描仪的水平旋转轴为内部坐标系的 X 轴，Y 轴在水平面内与 X 轴垂直，Z 轴与横向扫描面垂直构成右手直角坐标系，对于空间任意点 $\boldsymbol{P}(x_P,y_P,z_P)$，可以根据地面三维激光扫描仪空间点坐标计算原理（图 2.9）推导的计算式（2.45）进行坐标计算。

$$\begin{cases} x_P=L\cos\omega\cos\theta \\ y_P=L\cos\omega\sin\theta \\ z_P=L\sin\omega \end{cases} \tag{2.45}$$

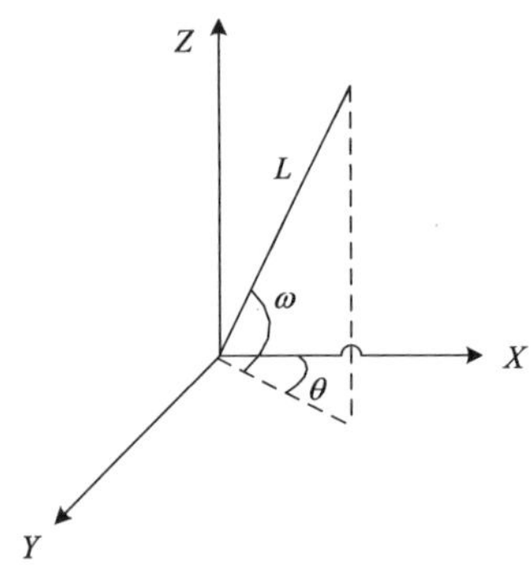

图 2.9　扫描点坐标计算原理

2.3.4　激光点云三维建模流程

近年来，地面三维激光扫描技术也获得了快速的发展，测距仪一般固定在三脚架、固定点或者沿着固定的轨迹移动，获取的数据范围较小，但是精度较高[36]。地面激光扫描技术可用于文物保护、工程测量、虚拟现实和模拟可视化、施工监测等诸多领域。由于能够直接获取被测目标的三维空间数据，三维激光扫描技术在作业速度、灵活性和精度方面，相对于其他三维重建方法有着无可比拟的优势，其建模流程如图 2.10 所示。

利用地面三维激光扫描技术获取到的空间数据对目标物体进行三维建模时，一般需要以下几个步骤[5,34]。

（1）点云数据获取。设置扫描参数，利用三维激光扫描技术从不同的视点获取目标物体局部的三维几何信息；一般以 10°、15°、20°、25°、30°为扫描物体角度间隔。

（2）数据预处理。详见 2.3 节数据预处理。

（3）点云配准。要获得目标完整的三维模型，需要完成不同视点获取的包含三维信息的点云数据配准（拼接），把不同坐标系中的三维激光数据统一到一个固定的坐标系中。

（4）数据后处理。完成点云配准后，还要进行拓扑错误检查、伪洞检测与填充、模型平滑、数据融合等后续处理工作。

（5）区域分割。实现目标体完整几何模型深度成像形成的深度图像区域分割，利用二维深度点与三维空间点之间的一一映射关系把曲面物体表面分割成曲面片。

（6）曲面片拟合。对每个曲面片进行参数方程拟合，获得曲面片函数表示。

（7）特征提取。提取曲面片微分不变量和矩不变量特征参数，将目标模型用特征关系图表示，并将特征值存储在文本文件中作为模型库。

其中，不同视点的三维点云配准、点云分割、曲面代数拟合与特征提取是地面激光数据处理中最基础也是最关键的研究工作，它直接影响最后模型的合成结果和精度，而特征提取能够得到目标表面的几何特征信息，使目标体得到准确的表达。因此本书将重点阐述这些章节。

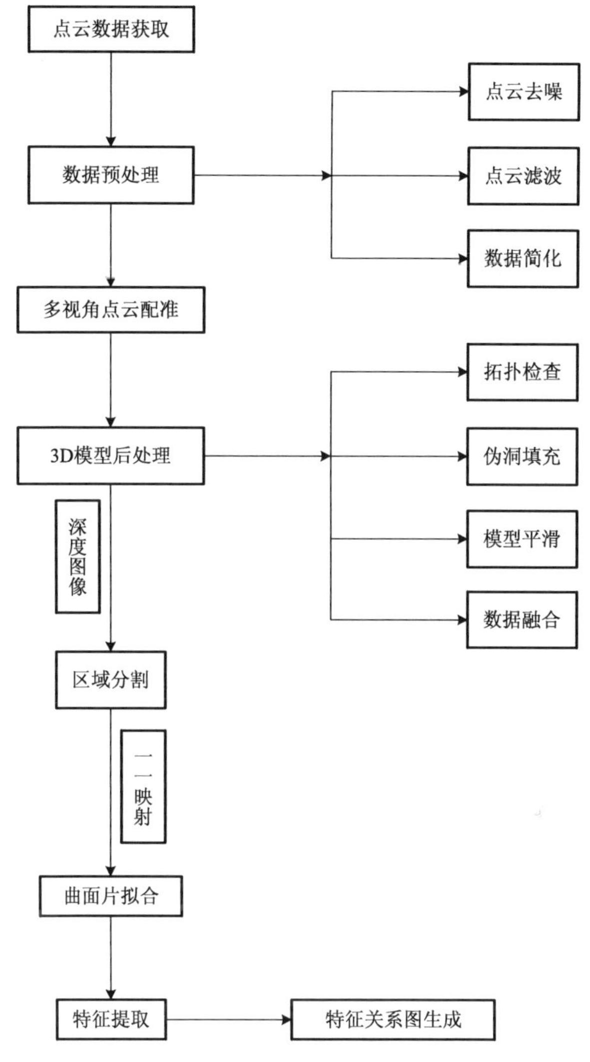

图 2.10　激光点云 3D 建模流程图

2.3.5　扫描点误差分析

1. 误差来源

目前，地面型三维激光扫描系统因具有分辨率高、速度快、准确度高等技术特点，在众多领域得到广泛应用，但是，正如任何东西都不可能达到完美一样，任何精密的系统和仪器也都有自身的不足和缺陷，三维激光扫描系统也不例外，它也存在数据获取时的精度和误差问题。利用三维激光扫描仪进行扫描时，不但会受到仪器本身缺陷带来的影响，而且不可避免地会受到外界各种不可控因素的影响，这些因素的综合作用将决定获取的点云数据的质量[37]。因此，为了提高获取数据的质量和可靠性，使得经过数据处理后构建的三维模型更加逼近实体本身，这里首先对利用三维激光扫描系统获取数据时的误差来源、误差规律进行分析研究。

从误差产生理论分析，三维激光扫描系统的测量误差可分为粗差、系统误差和偶然误差。系统误差具有累积性，会使得三维激光扫描点发生坐标偏移，而偶然性误差是指由人力所不能控制或无法估计的一些随机误差综合作用的结果。利用三维激光扫描系统进行扫描时，许多因素会导致测量所得的数据中含有误差，总体而言，这些因子一般可以分为以下三类：扫描仪本身的系统误差、与扫描目标相关的误差、外界环境作用产生的误差。

1）激光扫描仪系统误差

仪器本身性能的缺陷和不足导致的测量误差称为仪器系统误差[38]。任何测量仪器，不管如何精密，都具有一定的测量精度，都存在一定的缺陷和不足，因此，不管用任何仪器进行测量，所得数据必然存在一定的系统误差。三维激光扫描仪的系统误差主要包括两部分：激光测距误差和扫描角测量误差。

激光测距信号处理的各个环节都会带来一定的误差，特别是光学电子电路中激光脉冲回波信号处理时引起的误差，主要包括扫描仪脉冲计时的系统误差和测距技术中不确定间隔的缺陷引起的误差。脉冲计时的系统误差造成循环、混淆现象与测距的凸角误差相类似，测距技术中不确定间隔更可能造成数据突变。目前，可运用频率倍乘、微调作用等技术处理这种突变误差。激光测距误差综合体现为测距中的固定误差和比例误差，可以通过仪器检定确定测距误差的大小。

三维激光扫描仪的角度测量包括水平扫描角度测量和竖直扫描角度测量，因此角度测量误差也包括这两个方向上的角度误差。扫描角度误差的产生是三维激光扫描镜转动时的微小震动、各个轴系之间的不平衡、扫描电机的非均匀转动、仪器自身轴系之间的非均匀摩擦、控制误差等因素的综合作用的结果。

2）与扫描目标相关的误差

这类误差主要指由目标物体反射面倾斜度、物体表面的纹理、颜色、物体表面的粗糙程度等引起的与目标物体反射面有关的误差。三维激光扫描系统中，测距单元一般主要由置于具有一定孔径大小的窗口中的激光发射器和激光接收器两部分组成，其中，窗口孔径的大小决定了激光光束原始直径的大小。基于三维激光扫描仪的激光发射和接收都是共用同一条光路，再加上激光光束具有一定的发散角和回波信号的多值性特征，激光光束到达目标物体表面后会形成光斑，随着激光光束的垂直度、被测物体表面的纹理、粗糙程度等的变化，光斑的形状和大小也会发生相应的变化，这必然会引起激光焦点位置的变化，进而会导致测量后的点云数据带有误差。

3）外界环境条件的影响

温度、光照、气压、风力、空气湿度和密度等是引起原始的三维激光扫描数据具有误差的主要的外界环境条件因子。温度和气压对三维激光扫描仪测量精度的影响主要体现在：随着温度、气压的变化，三维激光扫描仪内部的精密机械结构和部件之间的相互位置关系会发生细微的变化，从而会影响扫描精度；扫描过程中，风向、风速、空气质量等会使得大气折射率发生变化，导致激光在空气中传播的方向和实际速率发生改变，进而引起相应的测量误差。

2. 误差计算

1）理论误差

根据误差传播定律，对三维激光扫描仪的原理公式（2.45）中的参数 L、ω、θ 分别求偏导：

$$\begin{cases}\sigma_X^2=(\cos\omega\cos\theta)^2\sigma_L^2+(L\sin\omega\cos\theta)^2\sigma_\omega^2/\rho^2+(L\sin\omega\sin\theta)^2\sigma_\theta^2/\rho^2\\ \sigma_Y^2=(\cos\omega\sin\theta)^2\sigma_L^2+(L\sin\omega\sin\theta)^2\sigma_\omega^2/\rho^2+(L\cos\omega\cos\theta)^2\sigma_\theta^2/\rho^2\\ \sigma_Z^2=\sin\omega^2\sigma_L^2+(L\cos\omega)^2\sigma_\beta^2/\rho^2\end{cases}\tag{2.46}$$

其中，σ_L 为测距中误差，σ_θ 为水平角中误差，σ_ω 为竖直角中误差，ρ 为三维激光扫描仪测距范围，则地面三维激光扫描仪的理论点位误差为

$$\sigma_P=\pm\sqrt{\sigma_X^2+\sigma_Y^2+\sigma_Z^2}=\pm\sqrt{\sigma_L^2+L\sigma_\omega^2/\rho^2+(L\cos\omega)^2\sigma_\theta^2/\rho^2}\tag{2.47}$$

2）实际扫描误差

一般情况下，仪器的标称精度都是在苛刻的实验环境下检校得到的，但由于实际扫描环境的复杂性，受各种因素的影响，实际测量时的精度一般不等于标定精度。

对于地面三维激光扫描仪，测定其工程应用中的实际精度时，一般分两种情况进行。一种是存在某些已知点，则将其真值与利用三维激光扫描仪所获得的该点的点位坐标进行比较，得出其实际精度。另一种是任何点的坐标值都不知道，这时，通常利用全站仪或 GPS 进行精密测量，得到某个点的点位坐标，然后把它当做理论值或真值，认为它不存在任何的误差，将其与利用地面三维激光扫描仪得到该点的三维坐标数据进行比较，得三维激光扫描仪的实际精度。

对于某点 $\boldsymbol{P}$：

$$\begin{cases}\Delta x=X-x\\ \Delta y=Y-y\\ \Delta z=Z-z\end{cases}\tag{2.48}$$

其中，X、Y、Z 为理论坐标，x、y、z 为实际坐标，Δx、Δy、Δz 为三个轴系方向的真误差，则

$$\sigma_x^2 = \pm\sqrt{\frac{\sum_{i=1}^{n}\Delta x_i^2}{n}},\quad \sigma_y^2 = \pm\sqrt{\frac{\sum_{i=1}^{n}\Delta y_i^2}{n}},\quad \sigma_z^2 = \pm\sqrt{\frac{\sum_{i=1}^{n}\Delta z_i^2}{n}},\quad \sigma_P' = \pm\sqrt{\sigma_x^2+\sigma_y^2+\sigma_z^2} \tag{2.49}$$

其中，σ_x、σ_y、σ_z 分别为三个坐标轴方向的分量误差，σ_P' 为实际点位误差。

2.4　数据预处理

受各种因素的影响，采用激光扫描获取的数据，不可避免地在真实数据点中混有不合理的噪声点，其结果将直接影响计算精度，因此在进行数据点集配准之前，首先应进行数据预处理。

2.4.1　点云平滑

1. 点云噪声分类

无论采用何种测量方法，点云数据中含有大量噪声是不可避免的，点云噪声一般指的是与被扫描目标没有任何关系的点云数据。噪声的产生是各种因素综合作用的结果，按照不同的标准，分类也不相同。按其产生的原因，一般分为四类：第一类是仪器系统误差，它是指因仪器内部本身系统上的缺陷、性能上的不足等导致的误差，这些因素主要包括扫描仪测距精度的高低、扫描角的大小、扫描分辨率的大小、仪器的抗震性能大小等，在这些因素的综合影响下，扫描所得的点云数据中含有系统误差和随机误差；第二类是受被测目标影响产生的误差，这些影响因素包括扫描实体外轮廓面的材质构成、对激光的吸收强度、外表面的粗糙程度、纹理、颜色、反射率等；第三类是指受偶然因素或不可预测因素影响产生的误差，如扫描时受车辆或行人、树木等遮挡引起的误差；除了噪声，测量过程还可能带来飞点，即明显不属于模型表面的测量点。第四类是由于拼接产生的误差，当拼接精度较低时，会产生大量的误差点。

2. 点云数据去噪

所谓点云数据去噪就是去掉点云数据中的错误数据和误差数据。通常，根据噪声产生原因的不同，相应的去噪方法也不相同。对于第一类噪声，在条件允许时，通常通过选用测量精度高、系统误差小、性能好的仪器扫描来去噪；在条件不允许时，一般通过选择最适扫描时间、温度天气、调整扫描参数、调配扫描间隔、改变扫描角度或进行平滑、滤波等去噪。对于第二类噪声，通常通过增加反射率、选择阳光照度、改变扫描距离等去噪。对于第三类噪声，一般通过人工操作直接删除体外孤点或通过人机交互，设置阈值去噪，对于飞点手工去除是比较有效的方法。对于第四类噪声，拼接时要尽量保证精度，然后再经滤波处理去噪。

散乱点测量数据的噪声信号一般采用数据平滑方法进行去除。数字信号处理中数据平滑方法主要有邻域平均法、多次测量平均等。在散乱点测量数据中，数据点之间缺乏明显的拓扑关系，并且数据点分布空间不均匀，其数据平滑不宜直接运用这些方法。可以利用 Hardy 插值函数（复合二次函数插值）实现对“点云”数据的平滑[39]。复合二次函数插值是 Hardy 于 1971 年提出的一种散乱数据插值函数，它将复杂曲面看作由多个二次曲面叠加的结果，即

$$S(x,y)=\sum_{i=0}^{n}C_i\left[(x-x_i)^2-(y-y_i)^2\right]^{1/2} \tag{2.50}$$

将数据点代入式（2.50）可得系数 C_i。对任一数据点 $\boldsymbol{P}$，其邻域点为 $N_i(i=0,1,\cdots,m)$，m 为点 $\boldsymbol{P}$ 邻域内点的个数；用 N_i 构造一张曲面 $S(x,y)$，然后，将点 $\boldsymbol{P}$ 的 (x,y) 代入曲面方程求得函数值，用此值修正点 $\boldsymbol{P}$。当对所有的点都进行了修正后，就实现了数据的平滑去噪。

2.4.2　点云滤波

点云数据的滤波方法是通过模仿数字影像去噪的过程来实现点云去噪的。其基本原理是将点云数据的 x 和 y 坐标看作影像的行列号，同时点云数据中的 z 值看做图像的灰度值[40]。

1. 有序点云滤波方法

对有序点云，通常的滤波方法主要有：中值滤波、均值滤波和高斯滤波[41]。

1）中值滤波

中值滤波是指采样点的值为各个数据点的统计中值，此法是在取值滤波范围窗口内将相邻的 3 个点取平均值以代替原始点实施滤波。这种方法在消除数据毛刺方面效果较好，并对边缘数据有较好的保持，对彼此靠近的脉冲噪声滤除效果却不是很理想[42]，如图 2.11(b)所示。

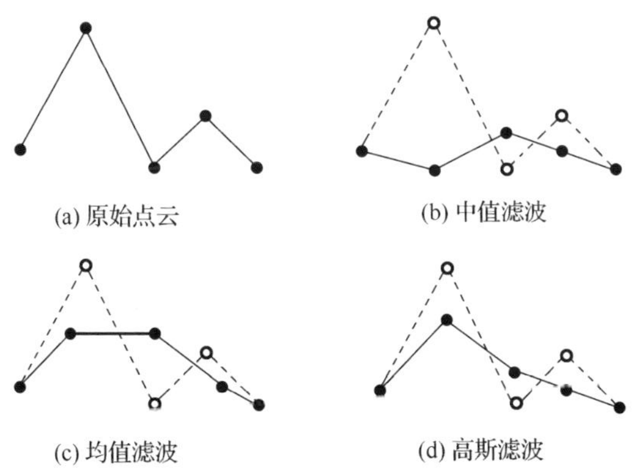

图 2.11　有序点云三种基本滤波方法效果图

中值滤波器是通过顺序进行统计的。可以用式（2.51）来表示[43]：

$$O(x,y)=\underset{(x,y)\in f(x,y)}{\text{median}}\{I(x,y)\} \tag{2.51}$$

其中，$O(x,y)$ 为中值滤波输出；$f(x,y)$ 表示以 (x,y) 为中心，滤波窗口可见的坐标点区域；$I(x,y)$ 表示坐标点 (x,y) 的灰度值。

中值滤波特点是，信号频谱在滤波前后均保持稳定。但由于其排序并取中间值的复杂过程，使它比模板卷积运算过程要慢，这种滤波器也会对不是噪声的像素点统一进行平滑处理，从而在细节上造成了一些不必要的损失[41]。

2）均值滤波

均值滤波采样点的值为各数据点的统计平均值，该方法将采样点取值滤波窗口内各个数据点的统计平均值来取代原点，以此来改变点云的位置并使其平滑。均值滤波对高斯噪声有比较好的平滑能力，但容易造成边缘失真[42]，如图 2.11(c)所示。

设 $G(m,n)$ 表示一幅图像的灰度值，经过中值滤波后的输出为 $F(x,y)$，窗口选择的邻域为 S_{xy}，窗口包括 M 个点，则 $F(x,y)$ 可由式（2.52）决定[41]：

$$F(x,y)=\frac{1}{M}\sum_{(m,n)\in S_{xy}}[G(m,n)] \tag{2.52}$$

式(2.52)说明，均值滤波后的图像 $F(x,y)$ 中的每个像素的灰度值均是由包括 (x,y) 在内的预定邻域 $G(x,y)$ 中的几个像素的灰度值平均值来决定的[41]。

3）高斯滤波

高斯滤波法是指采样点的权重分布为高斯分布，滤波时以高斯滤波器在指定域内将高频的噪声滤除。高斯滤波的平均效果较小，其滤波的同时能较好地保持数据的原貌，却不能对噪声点做到完全的消除[42]，如图 2.11(d)所示。

高斯滤波器是一种线性平滑滤波器，能够很好地除去正态分布的噪声。一维零均值高斯函数的表达式为

$$g(x)=\mathrm{e}^{\frac{-x^2}{2\sigma^2}} \tag{2.53}$$

一般操作过程中，常用二维零均值离散高斯函数来作为图像的滤波器，其函数表达[41]为

$$g(i,j)=\mathrm{e}^{\frac{-(i^2-j^2)}{2\sigma^2}} \tag{2.54}$$

从式（2.53）中看出，二维高斯函数具有旋转对称性的特点，即其对各方向的平滑效果一样。这就说明在后续的图像处理中，高斯滤波器不偏向任一方向[41]。

2. 散乱点云滤波方法

对散乱点云的基本滤波，目前有两种方式：直接处理和间接处理。直接处理是指用相关滤波器对散乱点云直接进行滤波，从而达到去噪效果；间接处理是指先将散乱点云数据格网化，然后再用相关滤波器对格网模型进行滤波处理。散乱点云常见滤波算法如下。

1）双边滤波算法

“双边滤波”是指通过平滑数据点的区域位置来达到去除噪声的目的，它使得每个数据点沿着其法向的方向移动。它的不足之处在于：对于高梯度的区域降噪的效果比较差；将特征变化比较剧烈的几何信息（尖锐部分）平滑掉了[48]。

2）拉普拉斯滤波

拉普拉斯滤波就是通过多次迭代的方法将点移动到其邻域的几何重心处，其实质就是通过把噪声能量转移到其邻域的其他点上而最终达到滤波的目的，拉普拉斯滤波算法的基本原理是对每个数据点运用拉普拉斯算子[48]。拉普拉斯算子表示如下：

$$\Delta f = \frac{\partial^2}{\partial x^2} + \frac{\partial^2}{\partial y^2} + \frac{\partial^2}{\partial z^2} \tag{2.55}$$

作为一种各向同性的滤波方法，拉普拉斯滤波还是有一些缺陷：当点云分布不是很均匀时，待处理点的邻域的几何重心一般不与邻域的中心点完全重合，这会使该点向点云密集的区域移动而偏离原来的位置，在多次迭代后会使得点云模型产生扭曲现象[44]。

3）平均曲率移动算法

这种方法首先将三维点云网格化，然后在网格顶点法线方向以平均曲率的速度移动顶点位置来改善格网顶点局部位置的几何变形。在调整网格顶点位置的时候，可以将它在切向和法向的两个方向进行正交分解，从而可以有效地实现格网模型的光顺和去噪处理。在三维理论中，微小曲面的平均曲率可以视为零，所以它的分解方向还是在法线方向上，由于在法线方向上以平均曲率的速度移动可以滤除该区域的噪声，从而实现该区域的滤波处理[45]。

2.4.3　数据简化

激光扫描设备在精度和高速获取数据方面有很大的优势，但获取的数据非常密集存在大量冗余。如果直接对点云进行存储和处理，将降低模型重建的速度，使整个过程难以控制。在进行模型重建时，过密的点云不但计算量大还会影响曲面的光顺性，实际上并不是所有点的数据对模型重建都有用，这就需要在保证一定精度的前提下进行数据精简[46]，即在曲率大的区域保留足够的数据点，在曲率小的区域保留较少的数据点，能够在满足一定的精度条件下保证数据的形状特征。

针对激光测量产生的点云数据，不同类型的点云可采取不同的精简方式，如散乱点云可选择随机采样、均匀网格[47]、非均匀网格[48]、三角网格方法[49]；扫描线和多边形点云可采用等间距缩减、倍率缩减、等量缩减、弦高差等方法；网格化点云可采用等分布密度法和最小包围区域法等[50]。数据平滑和精简存在的问题是有时会丢失有用的数据信息，特别是尖锐角、棱线以及曲率变化大的区域的数据[51]。

均匀压缩采用类似图像处理中的中值滤波方法，将空间点云按照空间八叉树进行均匀分割，然后取每个小立方体中有代表的一个点来代替该小立方体中所有的点，完成点云压缩。设点云数据点为 $\{\boldsymbol{P}_i | i=0,1,2,\cdots,n\}$，其包围盒 Cube，按照八叉树分割原理，经过第一次分割，八个子包围盒为 Cube_0、Cube_1、Cube_2、Cube_3、Cube_4、Cube_5、Cube_6、Cube_7。根据压缩的比率对子包围盒进行细分，直至每个细分包围盒中点云点平均数满足压缩比，或者细分包围盒的边长满足压缩比。例如，当压缩比为 1∶5 时，即细分包围盒中平均点数为五个点，或者细分包围盒的边长为点云中点平均距离的 5 倍，取其中一个点为压缩后的点，该点一般取为细分包围盒的中心点。设某个细分包围盒为 $\text{Cube}_{\text{last}}$，其内的点云点为 $\{\boldsymbol{P}_k \mid k \in \{0,1,2,\cdots,n\}\}$，个数满足压缩比，又细分包围盒中心附近点为 $\boldsymbol{P}_m$，取其为压缩后点云中的点，将所有细分包围盒中心附近的点提取出来，构成压缩后点云 $\{\boldsymbol{P}_j \mid j \in \{0,1,2,\cdots,n\}\}$。

均匀压缩方式简单易行，计算速度块，但是其最大的缺点就是容易造成特征丢失。非均匀压缩可以克服这个缺点，非均匀压缩基本原理也是八叉树分割，但是在分割过程中不是采用均匀分割而是根据点云的估计曲率决定是否对某一个子立方体进行再分割，点云的曲率估计方法较多，采用对测量误差和噪声数据敏感程度小、计算步骤简单的 CT（coordinate transformation）法[52]。CT 法的基本思想是对数据点的邻域数据进行局部抛物面拟合，通过计算抛物面的主曲率和主方向来确定该数据点的曲率特性。

平面和抛物面拟合计算中，采用了常用的最小二乘法。在平面拟合中，需要计算表达式

$$\sum_i [(\boldsymbol{x}_i - \boldsymbol{q}) \cdot \boldsymbol{n}]^2 \tag{2.56}$$

的最小值，其中 $\boldsymbol{n}$ 表示平面法矢的单位向量，$\boldsymbol{q}$ 表示平面上一点，$\boldsymbol{x}_i$ 表示拟合数据点. 在抛物面拟合中，需要计算表达式

$$\sum_i [h_i - (qu_i^2 + bu_i v_i + cv_i^2)]^2 \tag{2.57}$$

的最小值，其中 (a,b,c) 表示抛物面方程的系数，(u_i,v_i,h_i) 表示拟合数据点的局部坐标值。由于这两个拟合计算均属于线性拟合，在具体计算中可以使用特征向量估计法和奇异值分解法进行求解。

2.5 本章小结

本章首先分析了由2D灰度图像恢复物体的3D几何信息存在的困难和局限性以及激光扫描的优点，从不同的角度总结了点云数据获取方式的分类；然后描述了立体视觉生成点云中摄像机定标与空间点三维重建的一般方法及步骤；最后对激光扫描原理进行较详细的分析和阐述，总结了地面激光扫描的特点与影响激光扫描精度的因素、对扫描点进行误差分析，并分别描述了对有序和散乱激光点云数据进行平滑与滤波预处理的技术与数据简化的一般方法，从而为后续的多视角点云拼接等激光点云数据处理工作奠定基础。

参考文献

[1] 马颂德, 张正友. 计算机视觉: 计算理论与算法基础[M]. 北京: 科学出版社, 2003.
[2] 史文中, 李必军, 李清泉. 基于投影点密度的车载激光扫描距离图像分割方法[J]. 测绘学报, 2005, 34(2): 95-100.
[3] 栾悉道, 应龙, 谢毓湘, 等. 三维建模技术研究进展[J]. 计算机科学, 2008(2): 208-210.
[4] 王亚平, 郭敏. 非接触式激光测量点云数据预处理[J]. 现代机械, 2005, (3): 42-44.
[5] 张宗华. 多视场深度图像的计算机辅助造型[D]. 天津: 天津大学, 2000.
[6] 邱茂林, 马颂德, 李毅. 计算机视觉中摄像机定标综述[J]. 自动化学报, 2000, 26(1): 43-55.
[7] Zhang Z Y, A flexible camera calibration by viewing a plane from unknown orientations[R]. Technical Report, Microsoft Research, 1998.
[8] Faig W. Calibration of close range photometric system: Mathematical formulation, photogrammetric eng[J]. Remote Sensing, 1975, 42: 1479-1486.
[9] Tsai R Y. An efficient and accurate camera calibration technique for 3D machine vision[J]. Proc of IEEE Conference of Computer Vision and Pattern Recognition, 1986: 364-374.
[10] 贾云得. 机器视觉[M]. 北京: 科学出版社, 2000.
[11] Brown D C. Decentering distortion of lenses[J]. Journal of Photogram Metric Engineering & Remote Sensing, 1966, 32 (3): 444-462.
[12] 谭晓军, 余志, 李军. 一种改进的立体摄像机标定方法[J]. 测绘学报, 2006, 35(2): 138-142.
[13] 张祖勋, 张剑清. 数字摄影测量[M]. 武汉: 武汉大学出版社, 2000.
[14] 谢文寒, 张祖勋. 基于多像灭点的相机定标[J]. 测绘学报, 2004 , 33(4): 335-340.
[15] Marr D. 视觉计算理论[M]. 姚国正, 刘磊, 汪云九译. 北京: 科学出版社, 1988.
[16] Forsyth A D, Ponce J. 计算机视觉: 一种现代方法[M]. 林学訚, 王宏, 等, 译. 北京: 电子工业出版社, 2004.
[17] 王萼芳, 石生明. 高等代数[M]. 北京: 高等教育出版社, 2003.

[18] 王心介. 高等代数与解析几何[M]. 北京: 科学出版社, 2002.
[19] 张光澄. 实用数值分析[M]. 成都: 四川大学出版社, 2004.
[20] 刘宏友, 彭锋. MATLAB 6.x 符号运算及其应用[M]. 北京: 机械工业出版社, 2003.
[21] 杨高波. 精通 MATLAB 7.0 混合编程[M]. 北京: 电子工业出版社, 2006.
[22] 常伯林. 概率论与数理统计[M]. 北京: 高等教育出版社, 1993.
[23] 张远智, 胡广洋, 刘玉彤, 等. 基于工程应用的三维激光扫描系统[J]. 测绘通报, 2002(1): 34-36.
[24] 余明, 丁辰, 过静珺. 激光三维扫描技术用于古建筑测绘的研究[J]. 测绘科学, 2004, 29(10): 69-70.
[25] 邓非. LIDAR 数据与数字影像的配准和地物提取[D]. 武汉: 武汉大学, 2006.
[26] 刘洁. 基于数字影像和激光点云的馆藏文物三维重建关键技术研究[D]. 武汉: 武汉大学, 2008.
[27] 马立广. 地面三维激光扫描测量技术研究[D]. 武汉: 武汉大学, 2005.
[28] 蒋晶珏. Lidar 数据基于点集的表示与分类[D]. 武汉: 武汉大学, 2006.
[29] 翟瑞芳. 激光点云和数字影像结合的小型文物重建研究[D]. 武汉: 武汉大学, 2006.
[30] 于海霞. 基于地面三维激光扫描测量技术的复杂建筑物建模研究[D]. 徐州: 中国矿业大学, 2014.
[31] 李必军. 从激光扫描数据中进行建筑物特征提取研究[J]. 武汉大学学报(信息科学版), 2003, 1: 65-70.
[32] 王举. 基于激光扫描技术的水库大坝三维变形动态监测方法研究[D]. 郑州: 郑州大学, 2015.
[33] 吴剑锋, 王文, 陈子辰. 激光三角法测量误差分析与精度提高研究[J]. 机电工程, 2003, 20(5): 89-91.
[34] 陈楚. 基于激光扫描的深度影像配准方法的研究[D]. 武汉: 武汉大学, 2005.
[35] 王晓嘉. 激光三角法综述[J]. 仪器仪表学报, 2004(8): 601-604.
[36] 吴华意, 章汉武. 地理信息服务质量(QoGIS): 概念和研究框架[J]. 武汉大学学报(信息科学版), 2007, 32(5): 385-388.
[37] 张维强. 地面三维激光扫描技术及其在古建筑测绘中的应用研究[D]. 西安: 长安大学, 2014.
[38] 方伟. 融合摄影测量技术的地面激光扫描数据全自动纹理映射方法研究[D]. 武汉: 武汉大学, 2014.
[39] 石晓敬. 基于商空间的视景仿真模型构建[D]. 太原: 中北大学, 2010.
[40] 王琳琳. 三维激光扫描技术在古建筑测绘中的应用与问题分析[D]. 长春: 长春工程学院, 2015.
[41] 郭超. 三维激光扫描数据处理及在矿区大坝沉陷监测中的应用研究[D]. 长春: 吉林大学, 2014.
[42] 陈治睿. 基于地面激光扫描的建筑物三维模型重建[D]. 南昌: 东华理工大学, 2012.
[43] 周华伟. 地面三维激光扫描点云数据处理与模型构建[D]. 昆明: 昆明理工大学, 2011.
[44] 沈剑. 三维激光扫描重建技术探讨与分析[D]. 南昌: 东华理工大学, 2012.
[45] Desbrun M, Meyer M, Alliez P. Intrinsic parameterizations of surface meshes[J]. Computer GraPhics Forum, 2002, 21(3): 209-218.
[46] 洪军, 丁玉成, 曹亮, 等. 逆向工程中的测量数据精简技术研究[J]. 西安交通大学学报, 2004,

38(7): 661-664.

[47] Lee K H, Woo H, Suk T. Data reduction methods for reverse engineering[J]. International Journal of Advanced Manufacturing Technology, 2001, 17(10): 735-743.

[48] Lee K H, Woo H, Suk T. Point data reduction using 3D grids[J]. International Journal of Advanced Manufacturing Technology, 2001, 18: 201-210.

[49] Hamman B. A data reduction scheme for triangulation surfaces[J]. Computer Aided Geometric Design, 1994, 11: 197-214.

[50] Lin A C, Chen C F. Point-data processing and error analysis in reverse engineering[J]. International Journal of Advanced Manufacturing Technology, 1998, 14(11): 824-834.

[51] 金涛, 陈建良, 童水光. 逆向工程技术研究进展[J]. 中国机械工程, 2002, 13(l6): 1430-1437.

[52] Milroy M J, Brdaley C, Vickers G W. Segmentation of a wrap-around model using an active contour[J]. Computer-Aided Design, 1997, 29(4): 299-320.

第 3 章　多视角激光点云配准与融合

利用激光扫描仪获取到的点云数据进行物体的三维建模与识别在机器人视觉、自动导航、工业零件的自动检测和自动装配等领域具有广阔的应用前景。近年来，随着激光扫描技术的发展及成本的降低，这方面吸引了越来越多的研究者[1]。然而，真实物体的复杂性，使得重建出一个逼真而准确的三维模型依然存在着许多的问题和挑战，其中之一便是点云度数据的配准。由于激光扫描原理的限制，当用其扫描实际物体时，每次的扫描都只能获取物体某一部分的点云数据，为了构建物体完整的三维模型，就必须选择不同的视点对物体进行扫描。因为每次扫描得到的点云模型上的三维点坐标都是相对于由该扫描视点定义的一个坐标系而言的，即不同扫描视点获取的点云模型中点的三维坐标处在不同的坐标系下。因此，必须将所有深度图像中的三维点放到一个公共的坐标系下，才能真正得到完整一致的三维数据，这一过程即为点云配准[2]。

多幅点云模型的配准可转化成依次进行的两两配准，对于两视点的配准问题，一直以来存在两种解决策略。一种是利用离散的特征进行匹配的方法[3,4]，该类方法的优势在于它可以直接求解刚性变换而不需要一个初始的位姿估计，不足则在于对于那些找不到明显特征的地方显得无能为力；另一种方法是 20 世纪 90 年代初提出的著名的 ICP（iterative closest point）算法[5,6]，此类方法首先假设得到一个初始的位姿估计，然后从一个视图中选取一定数量的控制点，并在另外一个视图中寻找出这些点的近邻点作为对应点；接着通过对这些对应点对间的距离最小化来求得一个变换，最后不断地迭代该过程直到满足收敛条件。当多片扫描得到的激光点云数据配准到同一坐标系后，其重合的部分必然会有多层数据，这就带来了数据的冗余和不一致。于是，就需要将这多片数据融合成一片。

本章针对工业零件多视角点云模型配准问题，详细阐述了用四元数和线性最小二乘法进行刚体变换参数估计的原理和方法。在剖析传统迭代最近点算法的基础上，对其作了改进并提出用基于离散对应特征的方法和改进的迭代最近点算法相结合的方法进行多视角点云模型配准：先利用基于特征点的方法求出一个初始的位姿，用点与三角形所夹的空间三棱锥体积作为误差相似性测度精确寻找最近对应点对，再使用改进的迭代最近点 ICP 算法迭代求精，可以快速而稳定地解算出点云模型配准所需的各种坐标变换参数，从而将多视点云配准到同一参考坐标系下。3.4 节探讨了归一化互相关系数和迭代最近曲面片点云配准，3.5 节研究自适应距离函数与迭代最近曲面片精细配准。3.6 节阐述多片点云数据融合、伪洞检测与填充点云数据后处理，将配准到同一参考坐标系下的多片点云数据融合成一片没有冗余数据的完整曲面模型。

3.1　刚体变换估计

两个激光点云数据集之间的配准即计算其中一个点集到另一个点集的刚体变换，欧氏空间中的刚体变换保持角度、距离不变。一个刚体变换能唯一地分解成一个绕坐标原点的旋转和一个平移。三维旋转的常用表示方法有下列 4 种：①旋转矩阵表示法；②欧拉角表示法；③旋转向量表示法；④四元数表示法。本节先介绍四元数，它能为从点和平面的对应中估计刚体变换提供一个线性的方法，然后阐述在单位四元数表示三维旋转的前提下估计刚体变换的原理和方法。

3.1.1　四元数

四元数的概念最早由英国的数学家哈密尔顿提出，一个四元数 q 是由一个标量 a 和一个向量 $\boldsymbol{\alpha}$ 共同组成的，记为 $q=a+\boldsymbol{\alpha}$，其中，a 是实数，$\boldsymbol{\alpha}$ 则是三维向量 $(b,c,d)^{\mathrm{T}}$。一个实数 a 用四元数表示为 $(a,0,0,0)$，而一个三维向量 $\boldsymbol{\alpha}$ 则对应于四元数 $(0,\boldsymbol{\alpha})$。

两四元数的乘运算定义如下（用 $\otimes$ 来表示两四元数的乘法）：

$$(a+\boldsymbol{\alpha})\otimes(b+\boldsymbol{\beta})=(ab-\boldsymbol{\alpha}\cdot\boldsymbol{\beta})+(a\boldsymbol{\beta}+b\boldsymbol{\alpha}+\boldsymbol{\alpha}\times\boldsymbol{\beta}) \tag{3.1}$$

四元数的乘法满足结合律，但不满足交换律。四元数 q 的共轭定义为

$$\overline{q}=a+(-\boldsymbol{\alpha}) \tag{3.2}$$

四元数 q 的模定义为

$$|q|^2=\|q\|^2=q\otimes\overline{q}=a^2+|\alpha|^2=a^2+b^2+c^2+d^2 \tag{3.3}$$

其中，$\|q\|^2$ 表示向量 q 的欧氏范数，对于模为 1 的四元数，称为单位四元数。这样，一个旋转（写成旋转矩阵形式 R）可以用一个唯一的单位四元数 q 来表示[7]。而三维旋转矩阵 R 和三维向量 $\boldsymbol{v}$ 的乘积可以写成四元数相乘的形式：

$$R\boldsymbol{v}=q\otimes\boldsymbol{v}\otimes\overline{q} \tag{3.4}$$

实际上，式（3.4）应写为

$$(0,R\boldsymbol{v})=q\otimes(0,\boldsymbol{v})\otimes\overline{q} \tag{3.5}$$

于是，就可得到旋转矩阵 R 和其相应的单位四元数 q 之间的关系为

$$\boldsymbol{R}=\begin{bmatrix} a^2+b^2-c^2-d^2 & 2(bc-ad) & 2(bd+ac) \\ 2(bc+ad) & a^2-b^2+c^2-d^2 & 2(cd-ab) \\ 2(bd-ac) & 2(cd-ab) & a^2-b^2-c^2+d^2 \end{bmatrix} \tag{3.6}$$

3.1.2　估计刚体变换

每一个刚性变换可以分成两步，先作一个旋转，然后进行平移。对变换的计算分

成两步，首先利用最近对应点求解出旋转矩阵 $\boldsymbol{R}$，再结合重心求解出平移向量 $\boldsymbol{t}$。在由 $\boldsymbol{R}$ 和 $\boldsymbol{t}$ 确定的刚体变换下，点集 $\boldsymbol{P}$ 被映射到点集 $\boldsymbol{P}'=\boldsymbol{RP}+\boldsymbol{t}$。给定 n 对最近对应点 $\boldsymbol{P}_i$ 和 $\boldsymbol{P}_i'(i=1,2,\cdots,n)$，可以找到使误差 E 最小的 $\boldsymbol{R}$ 和 $\boldsymbol{t}$，误差定义为

$$E=\sum_{i=1}^{n}\left|\boldsymbol{P}_i'-\boldsymbol{RP}_i-\boldsymbol{t}\right|^2 \tag{3.7}$$

为了找到使 E 最小的 $\boldsymbol{t}$，E 对 $\boldsymbol{t}$ 的导数必须为 0，即使 E 最小的 $\boldsymbol{t}$ 应满足

$$\frac{\partial E}{\partial t}=-2\sum_{i=1}^{n}(\boldsymbol{P}_i'-\boldsymbol{RP}_i-\boldsymbol{t})=0 \tag{3.8}$$

由式（3.8）可推导出

$$\boldsymbol{t}=\overline{\boldsymbol{P}}'-\boldsymbol{R}\overline{\boldsymbol{P}} \tag{3.9}$$

其中，$\overline{\boldsymbol{P}}'=\dfrac{1}{n}\sum_{i=1}^{n}\boldsymbol{P}_i'$、$\overline{\boldsymbol{P}}=\dfrac{1}{n}\sum_{i=1}^{n}\boldsymbol{P}_i$ 分别表示两个点集合 $\boldsymbol{P}$ 和 $\boldsymbol{P}'$ 的质心。引入中心化的点 $\boldsymbol{C}_i=\boldsymbol{P}_i-\overline{\boldsymbol{P}}$ 和 $\boldsymbol{C}_i'=\boldsymbol{P}_i'-\overline{\boldsymbol{P}}'(i=1,2,\cdots,n)$，并将其与式（3.9）代入式（3.7）可以推出

$$\begin{aligned}E&=\sum_{i=1}^{n}\left|\boldsymbol{P}_i'-\boldsymbol{RP}_i-\boldsymbol{t}\right|^2\\&=\sum_{i=1}^{n}\left|\boldsymbol{P}_i'-\boldsymbol{RP}_i-(\overline{\boldsymbol{P}}'-\boldsymbol{R}\overline{\boldsymbol{P}})\right|^2\\&=\sum_{i=1}^{n}\left|\boldsymbol{P}_i'-\overline{\boldsymbol{P}}'-\boldsymbol{R}(\boldsymbol{P}_i-\overline{\boldsymbol{P}})\right|^2\\&=\sum_{i=1}^{n}\left|\boldsymbol{C}_i'-\boldsymbol{RC}_i\right|^2\end{aligned} \tag{3.10}$$

这是一个非线性最优化的问题，Faugeras 和 Horn 等[4,8]用了四元数表示旋转矩阵，从而给出了此问题的解析解。另外，Arun 等[9]使用了奇异值分解的方法也解决了这个最优化。本书采用单位四元数进行如下的步骤来最小化 E：令 q 表示与旋转矩阵 $\boldsymbol{R}$ 对应的单位四元数。根据 $|q|^2=1$ 以及四元数范式的可乘属性（见式（3.4）），有

$$\begin{aligned}E&=\sum_{i=1}^{n}\left|\boldsymbol{C}_i'-\boldsymbol{q}\otimes\boldsymbol{C}_i\otimes\overline{\boldsymbol{q}}\right|^2|\boldsymbol{q}|^2\\&=\sum_{i=1}^{n}\left|\boldsymbol{C}_i'\otimes\boldsymbol{q}-\boldsymbol{q}\otimes\boldsymbol{C}_i\right|^2\\&=\sum_{i=1}^{n}\left|\boldsymbol{A}_i\boldsymbol{q}\right|^2=\sum_{i=1}^{n}\boldsymbol{q}^{\mathrm{T}}\boldsymbol{A}_i^{\mathrm{T}}\boldsymbol{A}_i\boldsymbol{q}\end{aligned} \tag{3.11}$$

其中，$\boldsymbol{A}_i$ 是一个 4×4 的非对称矩阵（秩为 3），且

$$\boldsymbol{A}_i=\begin{bmatrix}\boldsymbol{0} & \boldsymbol{C}_i^{\mathrm{T}}-\boldsymbol{C}_i'^{\mathrm{T}}\\ \boldsymbol{C}_i'-\boldsymbol{C}_i & [\boldsymbol{C}_i+\boldsymbol{C}_i']_{\times}\end{bmatrix} \tag{3.12}$$

$[\boldsymbol{v}]_{\times}$ 表示由向量 $\boldsymbol{v}$ 定义的反对称矩阵，更具体地，对于一个三维列向量 $\boldsymbol{v}=(x,y,z)^{\mathrm{T}}$ 有

$$[\boldsymbol{v}]_{\times}=\begin{bmatrix} 0 & -z & y \\ z & 0 & -x \\ -y & x & 0 \end{bmatrix} \tag{3.13}$$

设 $\sum_{i=1}^{n}\boldsymbol{A}_i^{\mathrm{T}}\boldsymbol{A}_i=\boldsymbol{A}$，则 $\boldsymbol{A}$ 为一对称矩阵，且式（3.11）最后可化为

$$E=\boldsymbol{q}^{\mathrm{T}}\boldsymbol{A}\boldsymbol{q} \tag{3.14}$$

$\boldsymbol{q}$ 为单位四元数，因此有 $\boldsymbol{q}^{\mathrm{T}}\boldsymbol{q}=1$ 约束。利用拉格朗日乘子法[10,11]，使得 E 最小的 $\boldsymbol{q}$ 应该满足

$$\frac{\partial}{\partial \boldsymbol{q}}\left(E+\lambda(1-\boldsymbol{q}^{\mathrm{T}}\boldsymbol{q})\right)=0$$

即

$$\frac{\partial}{\partial \boldsymbol{q}}\left(\boldsymbol{q}^{\mathrm{T}}\boldsymbol{A}\boldsymbol{q}+\lambda(1-\boldsymbol{q}^{\mathrm{T}}\boldsymbol{q})\right)=0$$

因此，有

$$\boldsymbol{A}\boldsymbol{q}=\lambda\boldsymbol{q} \tag{3.15}$$

可见 $\boldsymbol{q}$ 是 $\boldsymbol{A}$ 的一个特征向量，再将式（3.15）代入式（3.14）中，可推导出

$$E=\lambda$$

因此，E 能取到的最小值实际上就是 $\boldsymbol{A}$ 的最小特征值，而此时，$\boldsymbol{q}$ 应该取这个最小特征值对应的特征向量。计算出 $\boldsymbol{q}$，就可以方便地求出与之对应的旋转变换矩阵 $\boldsymbol{R}$（参见式（3.6）中 $\boldsymbol{q}$ 和 $\boldsymbol{R}$ 之间的关系）。一旦 $\boldsymbol{R}$ 已知，$\boldsymbol{t}$ 可由式（3.9）获得。

3.2　迭代最近点（ICP）算法

ICP 算法是一个传统的经典算法，主要用于一个目标表面上的两个点集之间的拼接。下面将对该算法做详细的介绍。假定来自一个目标上的两个点集（或两个网面）分别表示为 A 和 B，其中 A 和 B 在目标表面上有足够的重叠，以便实现可靠的拼接[12]。点集 B 中的一点 $\boldsymbol{b}$ 和点集 A 的距离是

$$d(\boldsymbol{b},A)=\min_{\boldsymbol{a}\in A}\|\boldsymbol{b}-\boldsymbol{a}\| \tag{3.16}$$

点集 B 中的一个子集 $Q=\{\boldsymbol{b}_i\}$ 与点集 A 中的一个子集 $\boldsymbol{P}=\{\boldsymbol{a}_i\}$ 构成最近欧氏距离点对，形成这些共轭对集 $\{(\boldsymbol{a}_1,\boldsymbol{b}_1),(\boldsymbol{a}_2,\boldsymbol{b}_2),(\boldsymbol{a}_3,\boldsymbol{b}_3),\cdots,(\boldsymbol{a}_n,\boldsymbol{b}_n)\}$，这个共轭对集可用来求解绝对定位问题。如果这些点集不是真正的共轭对，也可以获得两个网面之间变换的逼近

解法。两个网面变换以后，重新求解最近共轭点集，使得该共轭点对集更接近真正的共轭对集，这样的一个过程可以重复进行，直到最临近点之间的距离均方差低于某一阈值。

ICP 算法中，初值的选取和每一步迭代过程中两组激光点云对应点的确定是至关重要的两步，如果所给初值不当，算法就会形成局部最小化，造成迭代不能收敛到正确的结果。对应顶点的确定方法影响迭代方法的收敛速度，而保证对应点对的有效性则决定了最后所得转换参数的精确程度[13]。因而，在 ICP 算法提出以后的十几年中，大量的研究人员从初值获取、临近点对应关系的确定及如何提高精度等方面对该算法进行了改进[13-18]。下面将从初值获取和对应点的确定两个方面进行详细阐述。

3.2.1 初值获取

主要有下面几种方法来获取刚体变换参数的初值。

（1）用基于几何特征的视觉技术得到初值[4]，如拐角、折痕、平面、椭圆、双曲线、曲面片、轮廓线、中心点、曲率不连续等特征。但这些几何特征难以可靠地定位，特别是在有噪声的情况下，此种方法往往失败[13]。

（2）依靠系统本身提供初值。在完全自动的系统中，目标和摄像机之间的相对移动依靠计算机来控制，不同点云之间的变换值可直接得到而作为迭代方法的初值。但这需要额外的控制设备[19]。

（3）操作者给出初值。首先把从不同视点得到的三维点云显示出来，操作者在两组点云数据中选取 3 个或 3 个以上的点对，每个点对对应目标表面上的同一点。由这些点来确定两组激光点云之间的转换初值[20]。该方法需要人工干预。无论是野外作业还是室内作业，量测控制点都是一项耗费人力、物力及时间的繁杂工作，而且在某些情况下无法准确测量。同时，由于扫描分辨率、扫描角度、遮挡等因素的影响，有时利用人工量测的方式很难或不可能找到二者真正意义上的同名点[21]。

（4）此外，张宗华提出了一种利用两组激光点云中所有信息（包括形状信息、着色信息和纹理信息）的可视化匹配方法，得到两组激光点云间变换参数初值。该方法必须已知采样点之间的拓扑关系，法向量以及每组激光点云所对应的纹理影像[13]。实际中并非每组离散点云都能够提供这些信息，所以，该方法具有较大的局限性。

3.2.2 寻找最近对应点对

利用 ICP 方法拼接激光点云时，每一步迭代过程都需要找到两个点云中的对应点，如果求得对应点对不是对应物体表面的同一点，则得到的两个视图之间的转换参数也是错误的，最终可能导致合成方法的失败。获取初始拼接参数估计的前提是需要在待拼接的离散点云中寻找出合适的对应点，常用的方法如下。

（1）Besl 等直接利用两组离散点集中距离最近的采样点作为相对应的点[5]。它要求网面上的每一个点在另外的网面上均有对应点，也就是说，一个网面是另外一个网面的严格子集。然而深度影像彼此重叠，很多时候的深度数据不能够满足 Besl 等的条件。

（2）Chen 采用一组点集中的采样点和另一组点集中采样点处切平面之间的距离来代替对应点之间的距离[6]。

（3）张爱武等利用两重判据来实现临近点的对应。由于获取目标三维几何数据时，激光扫描仪也得到了采样点的对应纹理 RGB 值。因此，每个采样点有两重属性：三维点位(X, Y, Z)和对应的二维影像的位置（row, col）。为了增加最临近点搜索的可靠性，利用了激光采样点的三维空间属性，同时，也利用了该点对应的二维属性。这样，确保相邻点集内寻找更为精确的最佳对应点[22]。

Turk 等改进了 Besl 的 ICP 算法，在对应点对之间的欧氏距离加入了限制，删除了距离较远的对应点，不允许边界上的点作为对应点[23]。

3.3　改进的迭代最近点算法

传统迭代最近点（ICP）配准算法用两个点云数据集上对应点对或者点面的欧氏距离作为误差测度。本节研究一种基于离散对应特征和表面间平均体积测度的改进（ICP）算法进行多视点云数据配准，通过寻找两幅点云重叠区域内的有效点与对应三角形对，并将这些点与对应三角形对所夹的三维空间三棱锥体积作为误差测度来指导激光点云的拼接；然后将点与对应三角形的质心作为对应点对，估计出新的空间位置转换关系。实验结果表明：该算法具有较高的配准精度，收敛速度快并且具有一定的抗噪声能力。

3.3.1　初始位姿估计

利用离散的对应特征进行粗略拼接以估计初始位姿。基于对应特征的配准方法，就是先设法在两个相邻视图的点云模型 P 和 M（基准点云模型）中找到 $n(n \geqslant 3)$ 组特征对（或称为对应特征），每一组特征对都对应了实际物体的同一特征。利用点云模型 P 中的 n 个特征 $(\boldsymbol{P}_1, \boldsymbol{P}_2, \cdots, \boldsymbol{P}_n)$ 和点云模型 M 中的 n 个特征 $(\boldsymbol{M}_1, \boldsymbol{M}_2, \cdots, \boldsymbol{M}_n)$ 的变换关系 $\boldsymbol{M}_i = \boldsymbol{R}_0 \boldsymbol{P}_i + \boldsymbol{t}_0 (i = 1, 2, \cdots, n)$ 来求解出刚性变换 $(\boldsymbol{R}_0, \boldsymbol{t}_0)$，从而实现粗略配准。

一般地，最常被选作对应特征的几何特征是点[24]，首先手工地在两个相邻视图的点云模型中指定 $n(n > 3)$ 组对应特征点，然后通过一个最优化的过程（参见 3.1.2 节所描述的线性最小二乘法）求解出 $(\boldsymbol{R}_0, \boldsymbol{t}_0)$，最后将变换 $(\boldsymbol{R}_0, \boldsymbol{t}_0)$ 应用到点云模型 P 上得到其刚性变换后的点云模型 $P' = \boldsymbol{R}_0 P + \boldsymbol{t}_0$，从而将两个点云模型 P 和 M 粗略配准到了同一坐标系（M 为基准点云模型）。

3.3.2　自动查找最近点的精确算法

如前所述，P 和 M 分别表示来自一个物体上的两个相邻视图点云模型，其中，P

和 M 在物体表面上有足够的重叠，以便实现精确对准，寻找最近对应点对的精确求解算法可描述如下。

算法 3.1　自动查找最近点的改进算法

开始

（1）对点云模型 P 应用刚性变换 $(\boldsymbol{R},\boldsymbol{t})$ 得到其配准到基准点云模型 M 坐标系下的点云模型 $P'=\boldsymbol{R}P+\boldsymbol{t}$；

（2）在点云模型 M 上搜索与点云模型 P' 中的某一点 $\boldsymbol{P}_i'$ 相似的点 $\boldsymbol{m}_j$，判断条件如下。

① 计算 M 中所有三角形 Δtri 与点 $\boldsymbol{p}_i'$ 所夹空间三棱锥的体积，找到该值最小的三角形 Δtri_j，计算出其质心 $\boldsymbol{m}_j$，即为 M 中与点 $\boldsymbol{p}_i'$ 最近的对应点。

$$V(\boldsymbol{p}_i',\Delta\text{tri})=\frac{1}{3}A_{\text{tri}}\times d(\boldsymbol{p}_i',\Delta\text{tri}) \tag{3.17}$$

$$V(\boldsymbol{p}_i',\Delta\text{tri}_j)=\min_{\Delta\text{tri}\in M}\left(V(\boldsymbol{p}_i',\Delta\text{tri})\right) \tag{3.18}$$

其中，A_{tri} 表示三角形 Δtri 的面积，$d(\boldsymbol{p}_i',\Delta\text{tri})$ 表示顶点 $\boldsymbol{p}_i'$ 到底面三角形 Δtri 的距离，即顶点 $\boldsymbol{p}_i'$ 与三角形 Δtri 所夹三棱锥的高。

② 两点的法矢量接近（顶点法矢量是与该顶点相邻接的三角形面的法矢量的均值[12]）。

③ 如果找到满足条件的顶点 $\boldsymbol{m}_j$，表明在顶点 $\boldsymbol{p}_i'$ 附近有对应点，记录该点 $\boldsymbol{m}_j$；如找不着，该 $\boldsymbol{p}_i'$ 在点云模型 M 上无对应点，转步骤（5）。

（3）在顶点 $\boldsymbol{m}_j$ 相邻接的边上进一步求解精确的对应点 $\boldsymbol{m}_j'$，如距离足够精确，记录该点，转步骤（5）。

（4）在 $\boldsymbol{m}_j'$ 所在边相邻接的三角形中求解更精确的对应点 $\boldsymbol{m}_j''$，如有记录该点。

（5）进行点云模型 P' 中下一个点（转步骤（2））。

结束

3.3.3　改进的迭代最近点（ICP）配准算法

误差测度和有效点对的选择策略对 ICP 算法的配准精度和收敛速度有很大的影响[25]。只有尽可能地排除偏离点的影响，定义一个能够真正反映深度像重叠区域吻合程度的误差测度，才能使算法具有更强的鲁棒性，得到更加准确的配准结果。现有的拼接算法[23,26]在误差测度的选择上始终都没有跳出点对或者点面欧氏距离的范畴。本书提出另外一种衡量拼接误差的概念，即表面间平均体积测度，将 2 个激光点云重叠区域间的三维空间作为误差测度，并采用一种与之相匹配的点对选取策略完成三角网格的精确配准。

1. 平均体积计算

点云模型配准就是要找到输入点云 $P=\{\boldsymbol{p}_i\}$ 和目标点云 $M=\{\boldsymbol{m}_i\}$ 之间的一个空间位置变换关系 T(旋转矩阵 $\boldsymbol{R}$ 与平移向量 $\boldsymbol{t}$)，使得某种形式的误差测度 E 在 T 下最小。目前最常用的一种误差测度就是由 Besl 等提出的对应点欧氏距离平方的均值[5]

$$\min_T E(T)=\frac{1}{N}\sum_{i=1}^{N}\left\|T(\boldsymbol{p}_i)-\boldsymbol{m}_i\right\|^2 \tag{3.19}$$

与式（3.19）中基于距离的误差测度不同，下面提出了一种基于点云数据重叠区域间平均体积的误差测度，如图 3.1 所示。

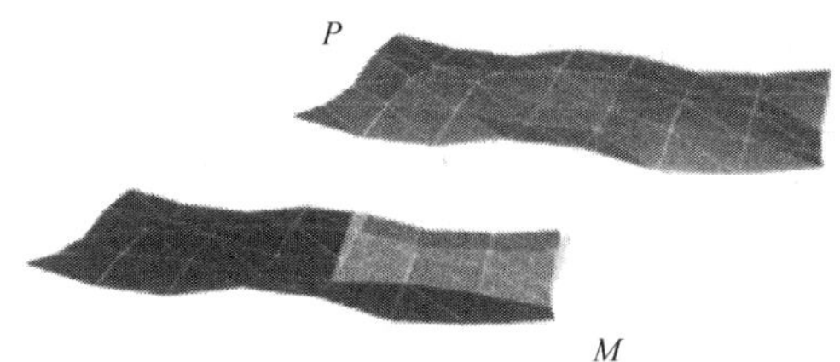

图 3.1 平均体积的误差测度示意图

本节改进算法的目的就是要找到一个合适的空间位置变换关系，使得 2 个点云模型重叠区域间的三维空间最小。2 个点云模型重叠区域间点与对应三角形所夹的体积可以表示为

$$\begin{aligned}V&=\iint_{x\in\{\boldsymbol{R}P+\boldsymbol{t}\}}\frac{1}{3}\mathrm{dis}(M,\boldsymbol{x})\mathrm{d}s\\&\approx\frac{1}{3}\sum_{x\in\{\boldsymbol{R}P+\boldsymbol{t}\}}A_{\mathrm{tri}}\times\frac{d(\boldsymbol{x},m_1)+d(\boldsymbol{x},m_2)+d(\boldsymbol{x},m_3)}{3}\\&\approx\frac{1}{3}\sum_{x\in\{\boldsymbol{R}P+\boldsymbol{t}\}}A_{\mathrm{tri}}\times d_i\end{aligned} \tag{3.20}$$

其中，$\boldsymbol{R}$ 为旋转矩阵，$\boldsymbol{t}$ 为平移向量，$\boldsymbol{x}$ 是点云 $\boldsymbol{R}P+\boldsymbol{t}$ 上的顶点，$\mathrm{dis}(M,\boldsymbol{x})$ 表示点 $\boldsymbol{x}$ 到点云模型 M 上所有顶点欧氏距离的最小值，$\mathrm{d}s$ 是面积积分元，$\Delta\mathrm{tri}$ 是点云模型 M 上的三角形，A_{tri} 是三角形 $\Delta\mathrm{tri}$ 的面积，d_i 是点云 $\boldsymbol{R}P+\boldsymbol{t}$ 上顶点 $\boldsymbol{x}$ 到点云模型 M 上对应三角形 $\Delta\mathrm{tri}$ 的三个顶点距离的均值。由式（3.20）可以定义误差测度为

$$\min_T E(T)=\frac{1}{N}\sum_{i=1}^{N}\frac{1}{3}A_{\mathrm{tri}}\times d_i \tag{3.21}$$

其中，N 是点云模型 P 上顶点的个数。由式（3.21），将点与对应三角形顶点距离的平均 d_i 作为三棱锥的高，很好地利用了三角形的平面性质，它实际上是对点云数据重叠区域间的三维空间进行了离散化。虽然它只是点云模型重叠区域间平均体积的一个逼近，但是实验结果表明，式（3.21）定义的误差测度具有较强的鲁棒性和较高的配准精度。

算法 3.2 基于平均体积的误差测度

（1）根据体积最小原则，利用算法 3.1 找到点云 P 上所有点在点云 M 上的对应三角形。

（2）$E(T)=0$，$N=0$，对点云 P 上的每一个顶点 $\boldsymbol{x}$:

① 找到其对应三角形 Δtri 上的每一个顶点 m_1、m_2、m_3，并计算顶点 $\boldsymbol{x}$ 到三个顶点之间的距离 $d(\boldsymbol{x},m_i)(i=1,2,3)$ 的值。

② 利用海伦公式，根据边长求出 $\Delta\text{tri}(m_1,m_2,m_3)$ 的面积 A_{tri}。

③ $E(T)=E(T)+\frac{1}{3}A_{\text{tri}}\times\frac{d(\boldsymbol{x},m_1)+d(\boldsymbol{x},m_2)+d(\boldsymbol{x},m_3)}{3}$，$N=N+1$。

（3）$E(T)=\frac{1}{N}E(T)$。

2. 基于平均体积误差测度的点云拼接主要步骤

假设两个点云数据集合 P 和 M（将 P 配准到 M），拼接算法是首先利用基于离散对应特征点的方法（见 3.3.1 节）得到刚体变换的初始估计。然后对 P 应用转换矩阵 T（旋转矩阵 $\boldsymbol{R}$ 与平移向量 $\boldsymbol{t}$）生成 P'；从 P' 中拾取一点 $\boldsymbol{p}$，到 M 中寻找与 $\boldsymbol{p}$ 最近的一点 $\boldsymbol{m}$（见 3.3.2 节），构成点对 $(\boldsymbol{p},\boldsymbol{m})$，去除间距特别大的对应点对，去除有顶点位于点云模型边界上的对应点对，最后形成有效点对集合 (P_S,M_S)；利用旋转向量，按照 Gelfand 等方法[25]线性化旋转矩阵 $\boldsymbol{R}$，从而通过求解一个线性系统得到新的变换关系 T。计算 P_s 与 M_s 所夹的三维空间平均体积测度误差，如果小于设定的值则结束，否则进行下次迭代，其具体算法步骤如下。

算法 3.3 改进的最近点迭代配准算法

开始

（1）利用基于离散对应特征点的方法（见 3.3.1 节）计算初始位姿 $(\boldsymbol{R}_0,\boldsymbol{t}_0)$；

（2）$k=0$，迭代开始

① $k=k+1$，对点云模型 P 中的所有点应用转换矩阵 T_{k-1}（旋转矩阵 $\boldsymbol{R}_{k-1}$ 与平移矩阵 $\boldsymbol{t}_{k-1}$）生成 $P=\boldsymbol{R}_{k-1}P+\boldsymbol{t}_{k-1}$。

② 按照算法 3.2 计算 T_{k-1} 下点云模型 M 和 P 所夹三维空间的平均体积误差测度 $E(T_{k-1})$。

③ 按照算法 3.1 找到点云模型 P 中所有点在 M 上的最近对应点，并取所有对应点对中距离最近的 90%作为有效的对应点对。

④ 利用旋转向量，按照 Gelfand 等方法[25]线性化旋转矩阵 $\boldsymbol{R}_k$，从而通过求解一个线性系统得到新的变换关系 T_k。

直到（$E(T_{k-5})-E(T_k)\leqslant 10^{-4}$ 或者 $k=k_{\text{end}}$），迭代终止。

（3）输出最优的变换关系 $T_k = (\boldsymbol{R}_k, \boldsymbol{t}_k)$。

结束

3.4　归一化互相关系数和迭代最近曲面片点云配准

高质量、完整的 3D 点云数据是机器视觉领域物体检测与识别的基础。受观察方向、激光不可穿透性和物体自身形状限制，不可能一次得到扫描物体所有视角点云。不同视角获取的点云数据坐标系不同，需将多个视角获取的点云数据配准到统一坐标系下，形成物体准确的 3D 完整模型，更加符合人类生物视觉的整体感知。从多视角点云数据构造物体表面完整的 3D 几何模型即点云配准（对齐），其在计算机视觉、虚拟现实、逆向工程、文物重建和非接触测量等领域获得了越来越广泛的应用。

国际许多学者进行了大量点云配准研究，比较典型的是 Besl 等[5]提出的 ICP 算法及各种形变[27-29]。ICP 算法轮流在待配准的两片点云上寻找最近点，然后解一个 3D 绝对定向问题。至今，此类算法已经得到了很大改进，但其只能得到 3D 物体表面的局部最优配准。Gressin 等[30]提出了用对邻近区域结构进行优化的方法完成点云配准，根据局部结构张量特征值推导每个 3D 点邻近区域的尺寸，并查找到最优的尺寸，用于分析该邻近区域及其局部维度。此方法能应用于各类 3D 激光雷达点云数据中，提高了激光点云配准精度和速度；Basdogan 等[31,32]采用 K 邻近法估算局部邻近区域点，并采用点-点欧氏距离当做匹配点对选取准则，但此方法对噪声较为敏感。国内，薛耀红等提出一种基于改进 ICP 算法的三维点云自动配准算法[33,34]，取得数目较少匹配点对、精确度比较高，而且能够基于几何信息得到粗略配准参数，改善了配准效率，但其约束匹配的阈值多采用实验或经验值。

针对以上多视角激光点云配准拼接法的缺陷，参考文献[31]和[33]采用归一化零均值互相关系数（normalized zero-mean cross-correlation coefficient，NZCC）作为点的领域相似性测度，衡量邻域深度相似度。文献[34]方法根据孤立点的欧氏距离误差测度进行配准，产生误匹配点对的概率较高，且数目往往很大。本节在考虑配准效率的基础上，提出一种基于 NZCC 和迭代最近曲面片（iterative closest surface，ICS）的激光点云配准方法。该方法分为粗略配准和精确配准：粗略配准阶段，通过引入一种新的 NZCC 基于点的微分不变特征和相似邻域曲率度量准则，构建出有效的一一对应匹配点对初始数组[33]，利用匹配点对的几何信息计算粗略配准参数。精确配准阶段，用局部曲面片代替离散点，构造参与 ICS 算法的基元数目大大减少且得到更有效的初始点集，并用一次近似距离代替点到对应曲面片的几何距离，建立配准的非线性最小二乘优化模型和求解策略。

3.4.1　微分不变特征计算

由表面轮廓几何学知道[35]，曲面上所有点的曲率，是曲面固定特性，不随曲面方向、位置的改变而变化，也与曲线参数化所用方法无关，在三维空间 $\boldsymbol{\Omega}^3$ 向量中，离散的参数曲面可被表达为式（3.22）描述的 Monge 曲面[36]：

$$\boldsymbol{r}(u,v)=[u \quad v \quad \boldsymbol{h}(u,v)]^{\mathrm{T}},\quad u=1,2,\cdots,m;\quad v=1,2,\cdots,n \tag{3.22}$$

可将 $U\text{-}V$ 平面看成三维空间 $\boldsymbol{\Omega}^3$ 的参照平面，此时 $\boldsymbol{h}(u,v)$ 向量代表离散的曲面到参照平面上某点 (u,v) 的距离。曲面在某点 $\boldsymbol{r}(u,v)$ 向量的切平面和 $\boldsymbol{r}_u$ 与 $\boldsymbol{r}_v$ 张成的向量平面平行，因此曲面 $\boldsymbol{r}(u,v)$ 的（单位）法线向量为

$$\boldsymbol{n}=\frac{\boldsymbol{r}_u\times\boldsymbol{r}_v}{\left|\boldsymbol{r}_u\times\boldsymbol{r}_v\right|} \tag{3.23}$$

进一步，根据文献[37]，可以计算出第一基本量 E,F,G 和第二基本量 L、M、N。高斯曲率 K、平均曲率 H，以及主曲率 k_1、k_2 也可用这些参数表示：

$$K=\frac{LN-M^2}{EG-F^2},\quad H=\frac{EN+GL-2FM}{2(EG-F^2)},\quad k_1=H+\sqrt{H^2-K},\quad k_2=H-\sqrt{H^2-K} \tag{3.24}$$

进而平均曲率 H 和高斯曲率 K，以及极大、极小主曲率 k_1、k_2 就表征了曲面的形状信息。其相应的单位主方向向量分别为

$$\lambda=\pm\frac{(\boldsymbol{k}_1\times G-N)\boldsymbol{r}_u+(M-k_1\times F)\boldsymbol{r}_v}{\left|(k_1\times G-N)\boldsymbol{r}_u+(M-k_1\times F)\boldsymbol{r}_v\right|},\quad \boldsymbol{\tau}=\pm\frac{(k_2\times G-N)\boldsymbol{r}_u+(M-k_2\times F)\boldsymbol{r}_v}{\left|(k_2\times G-N)\boldsymbol{r}_u+(M-k_2\times F)\boldsymbol{r}_v\right|} \tag{3.25}$$

3.4.2 NZCC 粗略配准

1. 匹配点对初始数组获取

设定待配准两片扫描相邻视角点云数据[33]依次为 $\boldsymbol{P}=\left\{\boldsymbol{p}_i\left|\boldsymbol{p}_i\in\Omega^3,i=1,2,\cdots,N_P\right.\right\}$ 向量和 $\boldsymbol{M}=\left\{\boldsymbol{m}_i\left|\boldsymbol{m}_i\in\Omega^3,i=1,2,\cdots,N_M\right.\right\}$ 向量（M 为基准点云）。为获得正确匹配点对，本节利用激光点云自身固有的微分不变特征，对 $\boldsymbol{P}$ 和 $\boldsymbol{M}$ 中任一点，先计算它的主曲率、法向量以及相应主方向矢量，选择法向量 $\boldsymbol{n}$ 方向使任意法向量都能够指向曲面同一旁，再选择主方向向量 $\boldsymbol{\lambda}$、$\boldsymbol{\tau}$ 方向使 $\boldsymbol{\lambda}$、$\boldsymbol{\tau}$、$\boldsymbol{n}$ 组成（右手）坐标系。

对 $\boldsymbol{P}$ 和 $\boldsymbol{M}$ 上的任两匹配点对 $\boldsymbol{p}_i\in\boldsymbol{P},\boldsymbol{m}_j\in\boldsymbol{M}$，其邻域的曲面片的类型一定相同，也就是 $\boldsymbol{p}_i$ 和 $\boldsymbol{m}_j$ 的平均曲率、高斯曲率满足

$$\operatorname{sign}(H(\boldsymbol{p}_i))=\operatorname{sign}(H(\boldsymbol{m}_j)),\quad \operatorname{sign}(K(\boldsymbol{p}_i))=\operatorname{sign}(H(\boldsymbol{m}_j)) \tag{3.26}$$

其中，$\operatorname{sign}(\cdot)$ 为符号函数。物体模型中，平面区域的特性不显著，平面点在粗略配准中不考虑，则可设置充分小的阈值 $\delta_1,\delta_2>0$ 使得式（3.27）成立。

$$\left|K(\boldsymbol{p}_i)\cdot H(\boldsymbol{p}_i)\right|\geqslant\delta_1,\quad \left|K(\boldsymbol{m}_j)\cdot H(\boldsymbol{m}_j)\right|\geqslant\delta_2 \tag{3.27}$$

引入文献[34]中的极大、极小曲率的相似度度量对点对进行过滤：

$$\left|k_1(\boldsymbol{p}_i)-k_1(\boldsymbol{m}_j)\right|/\left|k_1(\boldsymbol{p}_i)+k_1(\boldsymbol{m}_j)\right|\leqslant\omega_1,\quad \left|k_2(\boldsymbol{p}_i)-k_2(\boldsymbol{m}_j)\right|/\left|k_2(\boldsymbol{p}_i)+k_2(\boldsymbol{m}_j)\right|\leqslant\omega_2 \tag{3.28}$$

若位于两点云块中的两空间点，精确对应或大约对应物体上同一点，则不但这两点处的曲率近似相等，且这两点各自邻域其他对应点的曲率也应近似相等。因此论文引进了一个度量邻域点对曲率一致性的测度：NZCC[34]。NZCC 作为 2D 灰度图像度量准则，用于衡量位于两图像里的两像素点的邻域灰度相似性。NZCC 数值越大，表示邻域的相似程度越高。本书将 3D 空间点看作像素点，同时将点曲率当做像素点灰度，将 NZCC 引进空间点对的邻域曲率相似性度量中。记 $\mathrm{NZCC}_1(\boldsymbol{p}_i,\boldsymbol{m}_j)$、$\mathrm{NZCC}_2(\boldsymbol{p}_i,\boldsymbol{m}_j)$ 分别衡量对应点对 $(\boldsymbol{p}_i,\boldsymbol{m}_j)$ 的主曲率 k_1 和 k_2 的邻域相似性，可用式（3.29）表示如下：

$$\begin{cases}\mathrm{NZCC}_1(\boldsymbol{p}_i,\boldsymbol{m}_j)=\dfrac{\sum\limits_{l=1}^{L}\left(k_1(\boldsymbol{p}_l)-\overline{k_1^P}\right)\left(k_1(\boldsymbol{m}_l)-\overline{k_1^M}\right)}{\sqrt{\sum\limits_{l=1}^{L}\left(k_1(\boldsymbol{p}_l)-\overline{k_1^P}\right)^2\sum\limits_{l=1}^{L}\left(k_1(\boldsymbol{m}_l)-\overline{k_1^M}\right)^2}}\\ \mathrm{NZCC}_2(\boldsymbol{p}_i,\boldsymbol{m}_j)=\dfrac{\sum\limits_{l=1}^{L}\left(k_2(\boldsymbol{p}_l)-\overline{k_2^P}\right)\left(k_2(\boldsymbol{m}_l)-\overline{k_2^M}\right)}{\sqrt{\sum\limits_{l=1}^{L}\left(k_2(\boldsymbol{p}_l)-\overline{k_2^P}\right)^2\sum\limits_{l=1}^{L}\left(k_2(\boldsymbol{m}_l)-\overline{k_2^M}\right)^2}}\end{cases}\tag{3.29}$$

$\sum\limits_{l}$ 表示在 $\boldsymbol{p}_i$、$\boldsymbol{m}_j$ 的给定邻域内（点数为 L）求和，$\overline{k_1^P}$、$\overline{k_2^P}$ 和 $\overline{k_1^M}$、$\overline{k_2^M}$ 分别表示 $\boldsymbol{p}_i$、$\boldsymbol{m}_j$ 邻域内极大主曲率和极小主曲率的均值。

在产生对应点对过程中，本方法不但考虑了点的曲率相似度，且引进点的邻域曲率相似性测度，具体方案为：给定阈值 $\varepsilon_3>0$，对第一块点云中的任一非平面点 $\boldsymbol{p}_i$，从满足式（3.26）～式（3.28）的点 $\boldsymbol{m}_j$ 构成的集合 $\mathbf{MP}$ 向量中，查找与 $\boldsymbol{p}_i$ 邻域曲率相似性最高，而且高于设定阈值 ε_3 的点 $\boldsymbol{p}_*\in\mathbf{MP}$ 成为 $\boldsymbol{p}_i$ 的唯一对应点，即 $\boldsymbol{p}_*$ 满足

$$\begin{cases}\left(\mathrm{ZNCC}_1(\boldsymbol{p}_i,\boldsymbol{p}_*)+\mathrm{ZNCC}_2(\boldsymbol{p}_i,\boldsymbol{p}_*)\right)/2\geqslant\omega_3\\ \mathrm{ZNCC}_1(\boldsymbol{p}_i,\boldsymbol{p}_*)+\mathrm{ZNCC}_2(\boldsymbol{p}_i,\boldsymbol{p}_*)\geqslant\\ \mathrm{ZNCC}_1(\boldsymbol{p}_i,\boldsymbol{m}_j)+\mathrm{ZNCC}_2(\boldsymbol{p}_i,\boldsymbol{m}_j),\forall\boldsymbol{m}_j\in\mathbf{MP}\end{cases}\tag{3.30}$$

如果 $\boldsymbol{p}_*$ 向量存在，就将 $(\boldsymbol{p}_i,\boldsymbol{p}_*)$ 增加到匹配点对数组 MatchPts 中，将 $\boldsymbol{p}_i$ 增加到有效点集 $\boldsymbol{P}_S$ 向量中，将 $\boldsymbol{p}_*$ 增加到有效点集 $\boldsymbol{M}_S$ 中。

计算 $\mathrm{ZNCC}_1(\boldsymbol{p}_i,\boldsymbol{m}_j)$、$\mathrm{ZNCC}_2(\boldsymbol{p}_i,\boldsymbol{m}_j)$ 的困难在于构造 $\boldsymbol{p}_i$ 和 $\boldsymbol{m}_j$ 邻域内的匹配点集合，本节引用文献[38]中提出的方法确定 $\boldsymbol{p}_i$ 和 $\boldsymbol{m}_j$ 的对应邻域。

2. *初始配准参数估算*

此节用离散的匹配特征点进行初始配准来计算初始位姿参数。在两个邻近视图的有效点云数据模型 $\boldsymbol{P}_S$ 和 $\boldsymbol{M}_S$ 向量（$\boldsymbol{M}_S$ 为基准模型）中选取 $N(N\geqslant3)$ 组特征点对（或对应特征点），任意一组特征点对都与实际物体的同一特征点对应。利用点云模型 $\boldsymbol{P}_S$ 中的 N 特征 $(\boldsymbol{p}_1,\boldsymbol{p}_2,\cdots,\boldsymbol{p}_N)$ 和点云模型 $\boldsymbol{M}_S$ 中的 N 特征 $(\boldsymbol{m}_1,\boldsymbol{m}_2,\cdots,\boldsymbol{m}_N)$ 的变换关系

$\boldsymbol{m}_i = \boldsymbol{R}_0 \boldsymbol{p}_i + \boldsymbol{t}_0 (i=1,2,\cdots,N)$，并采用 3.1.1 节中四元素和线性最小二乘法来求解出刚性变换初值 $(\boldsymbol{R}_0, \boldsymbol{t}_0)$。将变换 $(\boldsymbol{R}_0, \boldsymbol{t}_0)$ 应用到点云模型 $\boldsymbol{P}_S$ 上获得刚性变换后的点云模型 $\boldsymbol{P}_S' = \boldsymbol{R}_0 \boldsymbol{P}_S + t_0$，即将两个点云模型 $\boldsymbol{P}_S$ 和 $\boldsymbol{M}_S$ 粗略配准到了同一坐标系（$\boldsymbol{M}_S$ 为基准点云模型），实现粗略配准。

3.4.3 ICS 精确配准

离散点是对测量曲面的零次近似，三角网格是一次近似[39]。与离散点相比，三角网格以连续表面近似测量曲面，精度有一定提高，但用小平面片表达曲面仍有较大的误差。本书研究基于二次近似的 ICS 有效配准算法。

令函数 f 为映射 $\boldsymbol{\Omega}^3 \to \boldsymbol{\Omega}$，用 f 的零水平集来近似表示曲面 $\boldsymbol{P}_S$ 上任意一点 $\boldsymbol{p}$ 的邻域 $\mathrm{NB}_r(\boldsymbol{p})$ 向量，记为

$$f_{\boldsymbol{p},r}(\boldsymbol{x}) = 0 \tag{3.31}$$

其中，$\mathrm{NB}_r(\boldsymbol{p})$ 为曲面 $\boldsymbol{P}_S$ 在点 $\boldsymbol{p}$ 处的 r 闭球域。对目标模型 $\boldsymbol{M}_S$ 中的任一点 $\boldsymbol{m}_i$ 和 $\mathrm{NB}_r(\boldsymbol{m}_i)$，可构建一个曲面片 $f_{\boldsymbol{m}_i,r}(\boldsymbol{x}) = 0$，其中 $\mathrm{NB}_r(\boldsymbol{m}_i)$ 为定义在模型点集 $\boldsymbol{M}_S$ 上的封闭球域，用一组曲面片 $f_{\boldsymbol{m}_i,r}(\boldsymbol{x}) = 0 (i=1,2,\cdots,N)$ 近似表示曲面 $\boldsymbol{P}_S$。

点 $\boldsymbol{y} \in \boldsymbol{P}_S$ 到 $f(\boldsymbol{x}) = 0$ 的距离近似为[40]

$$\|\boldsymbol{y} - \boldsymbol{x}\|^2 \approx f(\boldsymbol{y})^2 [\nabla f(\boldsymbol{y})^{\mathrm{T}} \nabla f(\boldsymbol{y})]^{-1} \tag{3.32}$$

则 $\|\boldsymbol{y} - \boldsymbol{x}\| \approx |f(\boldsymbol{y})| / \|\nabla f(\boldsymbol{y})\|$ 称做一次近似距离，比代数距离 $|f(\boldsymbol{y})|$ 更接近点 $\boldsymbol{y}$ 到 $f(\boldsymbol{x}) = 0$ 的几何距离。

曲面片 $f(\boldsymbol{x}) = 0$ 并不都是次数越高就越好。随着次数增高，计算量会增大。普通二次曲面已经能够很好地表示曲面局部的区域[39]，因而本书采用普通二次曲面。

在迭代最近点（ICP）算法和对应曲面片配准算法基础上，本节采用了迭代最近曲面片（ICS）配准算法[39]。ICS 配准算法用局部二次曲面片取代离散点作为配准的几何体目标，减少了采样密度对配准精度的影响。与移动数据中的某点 $\boldsymbol{p}$ 匹配的曲面片应该为全部曲面片里到点 $\boldsymbol{p}$ 距离最近的那块曲面片，该距离由式（3.32）近似计算。设定曲面片数量是 P_N，那么仅仅搜索 $\boldsymbol{p}$ 的最近曲面片的（时间）复杂度为 $O(P_N)$。为提升搜索的效率，先搜索目标点云 $\boldsymbol{P}_S$ 中 $\boldsymbol{p}$ 的最近点，其次在此最近点与其相邻点对应的曲面片里选取与 $\boldsymbol{p}$ 最近距离的曲面片。

称 $\boldsymbol{a} = [\boldsymbol{R} | \boldsymbol{t}]^{\mathrm{T}}$ 为状态矢量，表示进行旋转变换 $\boldsymbol{R}$，然后平移 $\boldsymbol{t}$ 的刚体变换。用 $\boldsymbol{Y} = C(\boldsymbol{P}_S, \boldsymbol{M}_S)$ 表达（移动）点集 $\boldsymbol{P}_S$ 在（目标）点集 $\boldsymbol{M}_S$ 里匹配曲面片集[39]，$(\boldsymbol{a}, \boldsymbol{\varepsilon}) = \boldsymbol{P}_S(\boldsymbol{P}_S, \boldsymbol{Y})$ 为点集 $\boldsymbol{P}_S$ 对匹配曲面片集 $\boldsymbol{Y}$ 的变换坐标计算，ε 是相应点与对应曲面匹配产生的误差。赋初值 $\boldsymbol{P}_{S_0} = \boldsymbol{P}_S$，迭代次数 $k = 0$。状态向量 $\boldsymbol{a}$ 的初值依据 3.4.2 节估算。ICS 计算方法第 k 次轮换过程如下。

（1）计算对应曲面片点集：$\boldsymbol{Y}_k = C(\boldsymbol{P}_{S_k}, \boldsymbol{M}_S), \boldsymbol{P}_{S_k}$ 是第 $k-1$ 次循环中获得的变换坐

标 $\boldsymbol{a}_{k-1}$ 作用在移动点集 $\boldsymbol{P}_{S_0}$ 上产生的点集。

（2）计算 $(\boldsymbol{a}_k, \varepsilon_k) = \boldsymbol{P}_S(\boldsymbol{P}_{S_0}, \boldsymbol{Y}_k)$，其中：

$$\varepsilon_k = \varepsilon(\boldsymbol{a}_k) = \frac{1}{N}\sum_{i=1}^{N} f_i(p_i(\boldsymbol{a}_k))^2[\nabla f_i(\boldsymbol{p}_i(\boldsymbol{a}_k))^{\mathrm{T}} \nabla f_i(\boldsymbol{p}_i(\boldsymbol{a}_k))]^{-1}$$

$\boldsymbol{p}_i(\boldsymbol{a}_k)$ 为点 $\boldsymbol{p}_i \in \boldsymbol{P}_S$ 在形位 $\boldsymbol{a}_k$ 时的坐标，f_i 为 $\boldsymbol{Y}_k$ 中 $\boldsymbol{p}_i(\boldsymbol{a}_{k-1})$ 所对应的曲面片[39]。此步时间复杂度是 $O(NT_{\mathrm{LM}})$，T_{LM} 为文献[41]中 LM 算法的迭代次数平均值。

（3）对移动点集 $\boldsymbol{P}_{S_0}$ 进行坐标变换 $\boldsymbol{a}_k$ 得 $\boldsymbol{P}_{S_{k+1}}$，该步（时间）复杂度是 $O(N)$。

（4）对给定的误差值 $\tau > 0$ 或 $N_k > 0$，当 $\varepsilon_k - \varepsilon_{k-1} < \tau$ 或 $k > N_k$，结束循环。否则，进入下一次迭代。

ICS 算法详细流程图如图 3.2 所示。

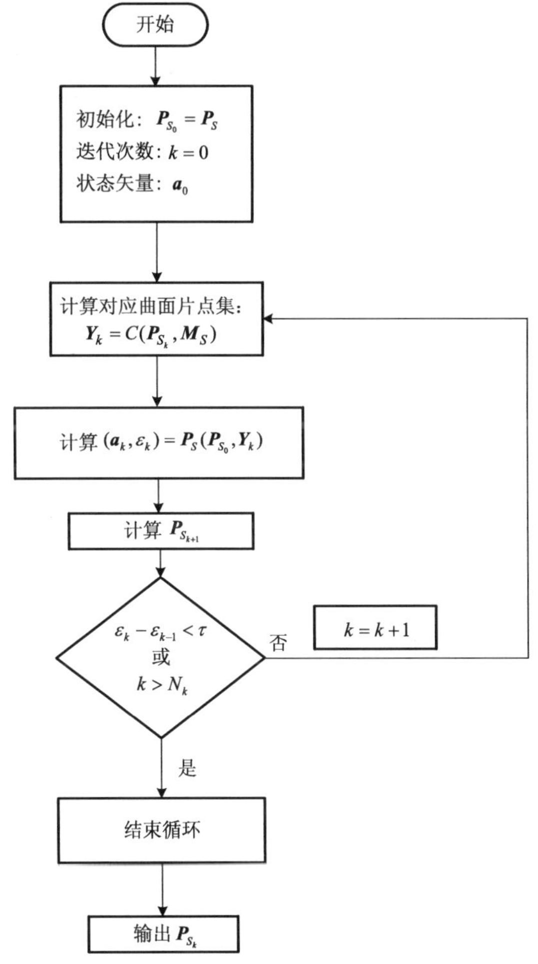

图 3.2　ICS 算法流程图

3.4.4　实验结果

本节对 Bunny 模型 10 视角激光扫描数据（取自于斯坦福大学，从 http://www-graphics.stanford.edu/data/3Dscanrep/下载）进行了配准。由于篇幅限制，只给出视角 1、2 两点云，如图 3.3 所示。对于ω_1和ω_2，参考文献[34]取作 0.005 左右；对于ω_3，此节选用 NZCC 一般的匹配阈值 0.7～0.8。具体计算中，如果选用阈值导致匹配失效，可相应放松限制阈值然后再匹配。

(a) 视角 1

(b) 视角 2

图 3.3　2 视角 Bunny 点云数据

图 3.4(a)是用此算法对图 3.3(a)和图 3.3(b)所示视角 1、2 点云粗略配准结果，对应的初始匹配误差为3.4×10^{-7}。图 3.4(b)所示为图 3.4(a)经 Delaunay 三角化后的光照模型；从图 3.4(a)、图 3.4(b)可知，本节方法粗略配准结果良好，基本能保证两块点云数据配准的正确性。但在一些区域[33]，如兔子的胸部、耳朵、腿部、屁股处，两块点云有轻微的漏洞。通过基于 ICS 算法的精确配准大致可补齐，如图 3.4(c)所示，精确配准误差为2.8×10^{-8}；图 3.4(d)所示为图 3.4(c)经 Delaunay 三角化后的光照模型。

(a) 2 视角初始配准点云

(b) 2 视角初始配准模型

(c) 2 视角精细配准点云

(d) 2 视角精细配准模型

图 3.4　第 1、2 视角下 2 组点云的配准

图 3.5(a)所示为用本书算法得到的 10 视角 Bunny 点云数据的整体配准点云数据；图 3.5(b)所示为图 3.5(a)经 Delaunay 三角化后的光照模型；图 3.5(c)所示为用文献[34]算法得到的 10 视角 Bunny 点云数据的整体配准点云数据；图 3.5(d)所示为图 3.5(c)经 Delaunay 三角化后的光照模型。比较图 3.4 可知，本节配准结果更加准确。

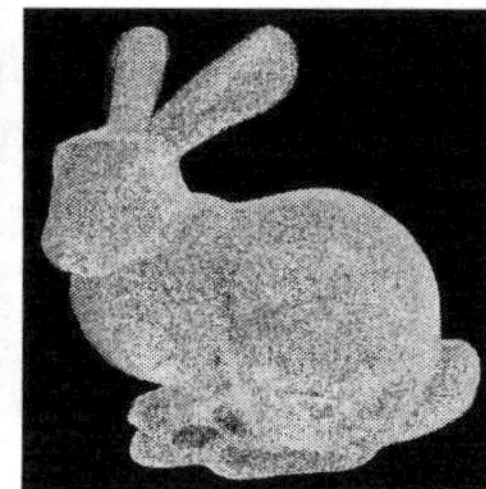

(a) 本节 ICS 配准点云　(b) 本节 ICS 配准模型　(c) 文献[34]ICP 配准点云　(d) 文献[34]ICP 配准模型

图 3.5　10 视角配准结果对比

表 3.1 所示为图 3.5 中配准精度的定量比较，这些结果是在 Pentium Ⅳ、3.10GHz CPU、8GB 内存 PC 上编程计算获得，开发环境是 VC++6.0 和 Matlab7.0。表 3.1 列出了两种算法迭代次数以及配准误差，可以看出，本节算法更加高效精确。

表 3.1　图 3.5 中配准结果的定量比较 $\tau = 10^{-6}$mm

	迭代次数	运行时间/s	平均误差
图 3.5(a)	54	356	7.00τ
图 3.5(c)	119	694	127.0τ

图 3.6 对图 3.5 中两种配准算法的收敛速度进行了比较，显示了两种算法迭代 150 次的误差。因为达到约束条件的曲面片对数目永远小于对应点对数目，所以本算法用较少的时间就能解算出新的空间坐标位置变换关系，控制了每一次迭代的计算时间。两种算法比较差别不大，综合考虑迭代次数，本算法明显具有较快的收敛速度。

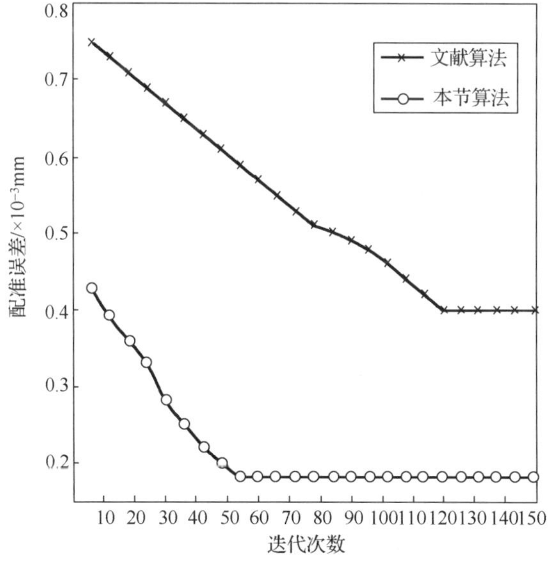

图 3.6　图 3.5 中两种算法配准误差和迭代次数、收敛速度对比

图 3.7 所示为对另外两视角 3、4，视角 1、2、3，视角 1、2、3、4 的 Bunny 数据点云进行配准的实验结果，也可以验证本方法是有效和适用的。

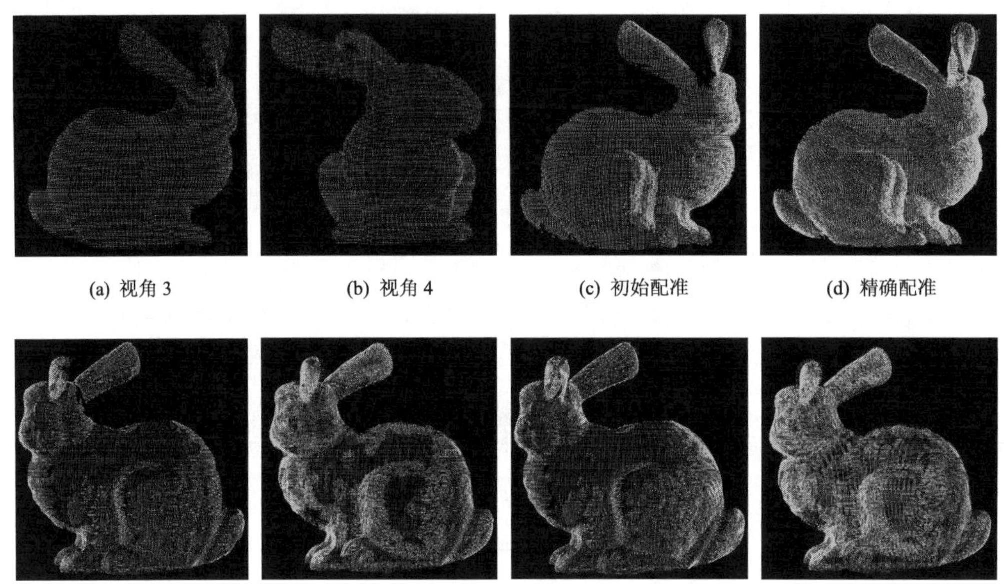

(a) 视角 3　(b) 视角 4　(c) 初始配准　(d) 精确配准

(e) 视角 1、2、3 初始配准　(f) 视角 1、2、3 精确配准　(g) 视角 1、2、3、4 初始配准　(h) 视角 1、2、3、4 精确配准

图 3.7　视角 3、4，视角 1、2、3 和视角 1、2、3、4 点云数据的配准结果

3.5　自适应距离函数与迭代最近曲面片精细配准

随着激光扫描技术的不断成熟与发展，基于点云的 3D 建模技术得到了广泛应用，三维点云数据配准[42]是曲面建模与识别领域的热点研究问题。在复杂自由曲面物体三维扫描中，受测量仪器范围约束或被测实物表面本身遮挡等诸多因素影响，一次扫描难以得到曲面的完整 3D 几何信息。因此需要在多视角下对被测物体表面局部进行测量，获得各自基于自身坐标系下的点云数据，再将其拼接配准，建立被测物体表面的全局精确描述，即点云配准。

目前应用较广泛的配准算法是 Besl 等[5]提出的 ICP 算法及各种变形[28,43,44]。至今，此类算法已经得到了很大改进，但由于其误差测度是定义在点-点、点-切面或者点-曲面距离之上的，所以对应点对中存在不精确对应问题，使得此类算法受偏离点的影响很大。文献[45]通过提取几何特征点，再匹配特征点（FM）以实现粗略拼接，但该方法精度不高，且特征点提取比较耗时；Basdogan 等[31]提出用 K 邻近方法估算局部邻域点，同时采用点-点之间的欧氏距离来选取匹配点对，该方法对噪声较敏感。国内，高鹏东等[46]提出一种利用深度图像重叠区域间的空间体积作为误差度量的精确配准算法，该算法对初始运动参数不敏感，收敛速度较快且具有较强鲁棒性和较高配准精度，抗噪声能力较强，但在海量数据下此算法效率不够高。

本节结合现实复杂三维物体，提出一种基于 ADF 和 ICS 的激光点云精细配准方法。首先根据空间点相对位置在刚体变换下的不变特性，用曲率不变特征和 ZNCC 构造有效的初始匹配点对数组，基于单位四元数对匹配的特征点对进行坐标变换求解，完成数据粗略配准；在此基础上，运用自适应距离函数和改进迭代最近曲面片精细匹配技术，将不同视角点云在三维空间进行最优化匹配，实现点云数据精确配准。结合复杂三维曲面物体对算法进行了验证，实验结果表明，本节提出的精细配准算法，在配准精度和配准速度上都得到了明显提高。

3.5.1 粗略配准

1. 曲率不变特征计算

在三维空间 RS^3 中，离散曲面的典型代表是 Monge 曲面，其参数方程可用式(3.22)描述，曲面 $\boldsymbol{r}(u,v)$ 的单位法线方向矢量为

$$\boldsymbol{n}=\frac{1}{\sqrt{h_u^2+h_v^2+1}}(-h_u,-h_v,1)^{\mathrm{T}} \tag{3.33}$$

$\boldsymbol{r}(u,v)$ 可表示成两种基本量，第一基本量描述曲面的内在性质[47]：

$$\begin{aligned}I(d_u,d_v)&=d\boldsymbol{r}\cdot d\boldsymbol{r}\\&=(\boldsymbol{r}_u d_u+\boldsymbol{r}_v d_v)\cdot(\boldsymbol{r}_u d_u+\boldsymbol{r}_v d_v)\\&=Ed_u^2+2Fd_u d_v+Gd_v^2\end{aligned} \tag{3.34}$$

其中，E、F、G 为第一基本量参数，且有

$$E=1+h_u^2,\quad F=h_u h_v,\quad G=1+h_v^2 \tag{3.35}$$

第二基本量表示曲面的弯曲程度[47]：

$$\begin{aligned}II(d_u,d_v)&=-d_{\boldsymbol{r}}\cdot d_{\boldsymbol{n}}\\&=(\boldsymbol{r}_{uu}d_u^2+2\boldsymbol{r}_{uv}d_u d_v+\boldsymbol{r}_{vv}d_v^2)\cdot\boldsymbol{n}\\&=Ld_u^2+2Md_u d_y+Nd_v^2\end{aligned} \tag{3.36}$$

其中，L、M、N 为第二基本量参数，且有

$$L=\frac{1}{\sqrt{h_u^2+h_v^2+1}}h_{uu},\quad M=\frac{1}{\sqrt{h_u^2+h_v^2+1}}h_{uv},\quad N=\frac{1}{\sqrt{h_u^2+h_v^2+1}}h_{vv} \tag{3.37}$$

可见，由 E、F、G、L、M、N 等 6 个参数唯一地确定了曲面的两种基本量，高斯曲率 K、平均曲率 H，以及主曲率 k_1、k_2 也可用这些参数表示：

$$K=\frac{h_{uu}h_{vv}-h_{uv}^2}{(h_u^2+h_v^2+1)^2},\quad H=\frac{EN+GL-2FM}{2(EG-F^2)}$$
$$k_1=H+\sqrt{H^2-K},\quad k_2=H-\sqrt{H^2-K} \tag{3.38}$$

因而高斯曲率 K 和平均曲率 H，以及最大、最小主曲率 k_1 、k_2 也包含了曲面的形状信息。平均曲率 H，可由曲面函数的微商表示为

$$H=\frac{1}{2}\frac{(1+h_v^2)h_{uu}+(1+h_u^2)h_{vv}-2h_uh_vh_{uv}}{(1+h_u^2+h_u^2)^{3/2}} \tag{3.39}$$

2. 初始匹配点对数组获取

设待配准的两片相邻视角扫描点云数据分别为 $\boldsymbol{P}=\{\boldsymbol{p}_i\mid \boldsymbol{p}_i\in \mathrm{RS}^3,i=1,2,\cdots,N_P\}$ 和 $\boldsymbol{Q}=\{\boldsymbol{q}_i\mid \boldsymbol{q}_i\in \mathrm{RS}^3,i=1,2,\cdots,\boldsymbol{N_M}\}$（$\boldsymbol{Q}$ 为基准点云）。利用点云数据固有的微分不变特征，获取初始匹配点对。对 $\boldsymbol{P}$ 和 $\boldsymbol{Q}$ 中每个点，首先计算其法矢量、主曲率以及相应的主方向矢量，并选取法矢量 $\boldsymbol{n}$ 的方向使得所有法矢量均指向点云曲面的同一侧，同时选取主方向矢量 $\boldsymbol{u}$、$\boldsymbol{v}$ 方向使得 $\boldsymbol{u}$、$\boldsymbol{v}$、$\boldsymbol{n}$ 构成右手坐标系。然后引用文献[48]中提出的方法来确定 $\boldsymbol{p}_i$ 和 $\boldsymbol{m}_j$ 的对应邻域，从而获取初始匹配点数组。

3. 粗略配准参数估算

利用离散的对应特征点进行粗略配准，以估计初始位姿。基于对应特征点的配准方法，就是在两个相邻视图的有效点云模型和 $\boldsymbol{Q}_S$（基准点云模型）中选取 $Nt(Nt\geqslant 3)$ 组特征点对（或称为对应特征点），每一组特征点对都对应了实际物体的同一特征点。利用点云模型 $\boldsymbol{P}_S$ 中的 Nt 个特征点 $(\boldsymbol{p}_1,\boldsymbol{p}_2,\cdots,\boldsymbol{p}_{Nt})$ 和点云模型 $\boldsymbol{Q}_S$ 中的 Nt 个特征点 $(\boldsymbol{q}_1,\boldsymbol{q}_2,\cdots,\boldsymbol{q}_{Nt})$ 的变换关系 $\boldsymbol{q}_i=\boldsymbol{R}_0\boldsymbol{p}_i+\boldsymbol{t}_0(i=1,2,\cdots,Nt)$，并采用四元素和线性最小二乘法来求解出刚性变换初值 $(\boldsymbol{R}_0,\boldsymbol{t}_0)$，将变换 $(\boldsymbol{R}_0,\boldsymbol{t}_0)$ 应用到点云模型 $\boldsymbol{P}_S$ 上得到其刚性变换后的点云模型 $\boldsymbol{P}_S'=\boldsymbol{R}_0\boldsymbol{P}_S+\boldsymbol{t}_0$，从而将两个点云模型 $\boldsymbol{P}_S$ 和 $\boldsymbol{Q}_S$ 粗略配准到同一坐标系（$\boldsymbol{Q}_S$ 为基准点云模型），实现粗略配准。

3.5.2 基于 ADF 和 ICS 的精细配准

1. 自适应距离函数（ADF）

如图 3.8 所示，对于移动测量数据 $\boldsymbol{p}_i\in\boldsymbol{P}_S$，在目标测量数据点集 $\boldsymbol{Q}_S=\{\boldsymbol{q}_1,\boldsymbol{q}_2,\cdots,\boldsymbol{q}_{Nt}\}$ 中搜索最近点 $\boldsymbol{q}_j$，若 $\boldsymbol{n}_j$ 代表 $\boldsymbol{q}_j$ 处的单位外法矢，定义 $\boldsymbol{q}_j$ 处的切平面 $\boldsymbol{T}_P$： $\boldsymbol{T}_P=\{\boldsymbol{x}\mid \boldsymbol{n}_j^{\mathrm{T}}(\boldsymbol{x}-\boldsymbol{q}_j)=0\}$。经过刚体变换参数 $\boldsymbol{g}=(\boldsymbol{t},\boldsymbol{R})$ 作用后，若 $\boldsymbol{p}_i$ 在 3D 空间新坐标点表示为 $\boldsymbol{p}_{i+}$，则连接更新点 $\boldsymbol{p}_{i+}$ 和 $\boldsymbol{q}_j$ 处的曲率圆心 $\boldsymbol{o}_j$，可求得目标数据上的交点 $\boldsymbol{q}_{j+}$。

欧氏空间中，$\left\|\boldsymbol{p}_{i+}\boldsymbol{q}_{j+}\right\|$ 是经过刚体变换后移动点与目标点集最小距离的近似值，

$\|\boldsymbol{p}_{i+}\boldsymbol{q}_{j+}\|^2$ 看做点-曲面之间最小的平方距离来构建目标函数，以优化未刚体运动参数 $\boldsymbol{g}$。然而，$\|\boldsymbol{p}_{i+}\boldsymbol{q}_{j+}\|$ 和顶点主曲率半径相关，不能轻易用平方距离来构造目标函数，关键两点理由如下：其一，主曲率是物体曲面二阶微分信息，容易受噪声干扰；其二，对所有的 $\boldsymbol{p}_i$，都需要计算与曲率半径相关的 $\|\boldsymbol{p}_{i+}\boldsymbol{q}_{j+}\|$，计算过程极其烦琐。

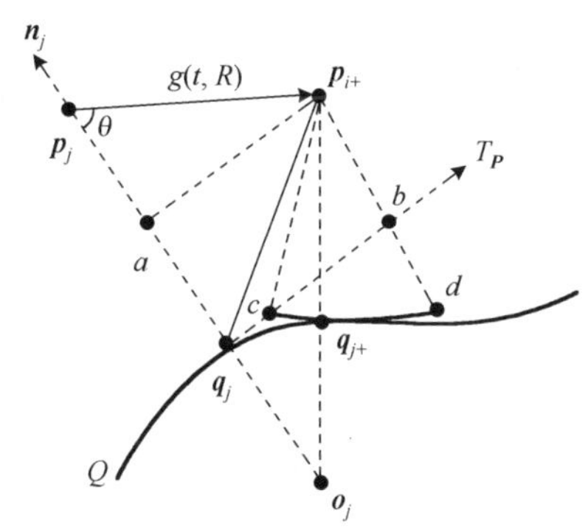

图 3.8　点 $\boldsymbol{p}_i$ 与目标曲面 $\boldsymbol{Q}_S$ 间的自适应距离 $\boldsymbol{p}_{i+}\boldsymbol{c}$

本节给出点-曲面最近距离的一个替代形式——自适应有向距 $\|\boldsymbol{p}_{i+}\boldsymbol{q}_{j+}\|$，将点 $\boldsymbol{p}_{i+}$ 沿 $\boldsymbol{q}_{j+}$ 处的法线 $\boldsymbol{n}$ 和切平面 $\boldsymbol{T}$ 投影到坐标点 $\boldsymbol{a}$、$\boldsymbol{b}$，以 $\boldsymbol{p}_{i+}$ 为圆心，以 $\|\boldsymbol{p}_{i+}\boldsymbol{q}_{j+}\|$ 为半径构造弧 $\widehat{\boldsymbol{c}\boldsymbol{q}_{j+}\boldsymbol{d}}$，则 $\|\boldsymbol{p}_{i+}\boldsymbol{q}_{j+}\|^2=\|\boldsymbol{p}_{i+}\boldsymbol{c}\|^2=\|\boldsymbol{p}_{i+}\boldsymbol{b}\|^2=\|\boldsymbol{bc}\|^2$，切平面 $\boldsymbol{T}_P$ 上的平方距离 $\|\boldsymbol{bc}\|^2$ 可用 $\|\boldsymbol{bc}\|^2=\mu\|\boldsymbol{b}\boldsymbol{q}_j\|^2$ 近似，μ 为修正系数，$\mu\in(0,1)$，修正系数 μ 的确定见 2.2 节。定义基于点-曲面最近距离的自适应距离函数为

$$d_{\mathrm{ADF}}^2(\boldsymbol{g},\boldsymbol{Q}_S)=\|\boldsymbol{p}_{i+}\boldsymbol{c}\|^2+\mu\|\boldsymbol{t}_j^{\mathrm{T}}(\boldsymbol{p}_{i+}-\boldsymbol{q}_j)\|^2,\quad \mu\in[0,1] \tag{3.40}$$

（1）当修正系数 $\mu=0$ 时，自适应距离函数 $d_{\mathrm{ADF}}^2(\boldsymbol{g},\boldsymbol{Q}_S)$ 转变为误差度量 $d_{\mathrm{TDF}}^2(\boldsymbol{g},\boldsymbol{Q}_S)=\|\boldsymbol{n}_j^{\mathrm{T}}(\boldsymbol{p}_{i+1}-\boldsymbol{q}_j)\|^2$。此时，$d_{\mathrm{TDF}}^2(\boldsymbol{g},\boldsymbol{Q}_S)$ 对应图 3.8 中的点-切面距离函数 $\|(\boldsymbol{p}_{i+1}\boldsymbol{b})\|^2$，该距离函数是应用于 POTTMAN 提出的 TDM 算法的度量指标。

（2）当修正系数 $\mu=1$ 时，自适应距离函数 $d_{\mathrm{ADF}}^2(\boldsymbol{g},\boldsymbol{Q}_S)$ 转变为误差度量 $d_{\mathrm{PDF}}^2(\boldsymbol{g},\boldsymbol{Q}_S)=\|(\boldsymbol{p}_{i+1}-\boldsymbol{q}_j)\|^2$。此时，$d_{\mathrm{PDF}}^2(\boldsymbol{g},\boldsymbol{Q}_S)$ 对应图 3.8 中的点-点距离函数 $\|(\boldsymbol{p}_{i+1}q_j)\|^2$，该距离函数是应用于 Besl 和 Mckar 提出的 ICP 算法的度量指标。

（3）如果点 $\boldsymbol{q}_j$ 位于低曲率区域（如平面），则 $d_{\mathrm{TDF}}^2(\boldsymbol{g},\boldsymbol{Q}_S)$ 是描述点-点距离的简单而合理的度量指标，而 $d_{\mathrm{PDF}}^2(\boldsymbol{g},\boldsymbol{Q}_S)$ 将产生距离偏差 $\varepsilon_{\mathrm{PDF}}=\left(\|\boldsymbol{p}_{i+1}\boldsymbol{q}_j\|-\|\boldsymbol{p}_{i+1}\boldsymbol{q}_{j+1}\|\right)^2$。相反，当 $\boldsymbol{q}_j$ 位于某高曲率区域（如半径很小的球），点-切面距离函数 $d_{\mathrm{TDF}}^2(\boldsymbol{g},\boldsymbol{Q}_S)$ 将产生距离

偏差 $\varepsilon_{\text{TDF}}=\|\boldsymbol{bd}\|^2=\left(\|\boldsymbol{p}_{i+1}\boldsymbol{q}_{j+}\|-\|\boldsymbol{p}_{i+1}\boldsymbol{b}\|\right)^2$，偏差的大小与 $\boldsymbol{q}_j$ 处的曲率有关。

因此，$d_{\text{TDF}}^2(\boldsymbol{g},\boldsymbol{Q}_S)$ 和 $d_{\text{PDF}}^2(\boldsymbol{g},\boldsymbol{Q}_S)$ 是自适应距离函数 $d_{\text{ADF}}^2(\boldsymbol{g},\boldsymbol{Q}_S)$ 的两种特殊形式，在描述具有不同曲率特征的点-曲面距离误差时，绝对的点-切面距离和点-点距离可能会出现较大的距离偏差：ε_{PDF} 或 ε_{TDF}。在自适应距离函数中，通过选择适当的修正系数 μ 引入部分切向距离，来反应曲率特征对距离误差的影响。对具有低曲率特征的曲面，采用较小的修正系数 $(\mu\approx 0)$ 来描述点-曲面最近距离；相反，对具有高曲率特征的曲面，采用较大的修正系数 $(\mu\approx 1)$ 来描述点-曲面最近距离。相比传统的点-点距离 $d_{\text{PDF}}^2(\boldsymbol{g},\boldsymbol{Q})$ 误差测度和点-切面距离 $d_{\text{PDF}}^2(\boldsymbol{g},\boldsymbol{Q})$ 误差测度，$d_{\text{ADF}}^2(\boldsymbol{g},\boldsymbol{Q})$ 是更加精确的点-曲面距离误差测度指标。

2. 修正系数μ的确定

确定修正系数μ时，应该从两方面考虑：

（1）不同的移动点，在目标数据中对应不同曲率特征的最近点，必须采用不同的修正系数μ来描述点-曲面最近距离；

（2）因为测量视角的随意性，移动数据与目标数据间相对位置关系是不确定的，必须采用恰当的修正系数μ确保初始阶段的收敛性。但是，在进行配准前，曲面物体曲率特征与初始位置是不知道的。从 LM（Levenberg-MarqUard）优化角度确定修正系数μ，无需考虑曲率特征与初始位置对修正系数μ的影响。

赋初值 $k=0$，μ_0，修正系数μ的确定步骤如下：

① 用修正系数 μ_k 定义自适应距离函数 $d_{\text{ADF}}^2(\boldsymbol{g},\boldsymbol{Q})$；

② 构造目标函数 $F=\dfrac{1}{2}\sum\limits_{i=1}^{N}d_{\text{ADF}}^2(\boldsymbol{g}_i,\boldsymbol{Q})$；

③ 计算 $\Delta\boldsymbol{x}_k=\boldsymbol{p}_{i+}-\boldsymbol{p}_i$ 并更新 $\boldsymbol{p}_i$；

④ 采用 k-d 树[49]查询 $\boldsymbol{p}_i$ 点的最近点 $\boldsymbol{q}_j$；

⑤ 令 $w(\boldsymbol{p}_i)=[\boldsymbol{n}_j^{\text{T}}(\boldsymbol{q}_j-\boldsymbol{p}_i)]$，记 $\boldsymbol{w}_k=\left(w(\boldsymbol{p}_1),w(\boldsymbol{p}_2),\cdots,w(\boldsymbol{p}_N)\right)^{\text{T}}$，$\boldsymbol{A}_k=\nabla\boldsymbol{w}_k$，$\boldsymbol{G}_k=(\boldsymbol{A}_k)^{\text{T}}\boldsymbol{A}_k$；

⑥ 计算均值误差：$\varepsilon_k=\dfrac{1}{Nt}\sum\limits_{i=1}^{Nt}\left\|(\boldsymbol{p}_i-\boldsymbol{q}_j)\right\|^2$；

⑦ 如果 $\varepsilon_k\geqslant\varepsilon_{k-1}$，计算 $\gamma_{k+1}=2+(\varepsilon_k-\varepsilon_{k-1})/((\Delta\boldsymbol{x}_k)^{\text{T}}(\boldsymbol{A}_k)^{\text{T}}\boldsymbol{w}_k)$；如果 $\gamma_{k+1}<2$，设置 $\gamma_{k+1}=2$；如果 $\gamma_{k+1}>10$，设置 $\gamma_{k+1}=10$。如果 $\mu_k\leqslant 0.001$，设 $\mu_{k+1}=\gamma_{k+1}$，否则设 $\mu_{k+1}=\gamma_{k+1}\cdot\mu_k$；

⑧ 如果 $\varepsilon_k<\varepsilon_{k-1}$，计算 $\beta_k=-2(\Delta\boldsymbol{x}_k)^{\text{T}}(\boldsymbol{A}_k)^{\text{T}}\boldsymbol{w}_k+(\Delta\boldsymbol{x}_k)^{\text{T}}\boldsymbol{G}_k\Delta\boldsymbol{x}_k$，$\gamma_{k+1}=(\varepsilon_k-\varepsilon_{k-1})/\beta_k$；如果 $0.75\leqslant\gamma_{k+1}\leqslant 1.2$，设 $\mu_{k+1}=\mu_k/4$；否则设 $\mu_{k+1}=\mu_k$；

⑨ 输出修正系数 μ_{k+1}。

设定 ADF 函数中修正系数μ的取值范围为{0.01, 0.05, 0.10, 0.15, 0.20, 0.40, 0.60, 0.80, 1.0}，不同修正系数下的均值误差计算结果如图 3.9 所示。

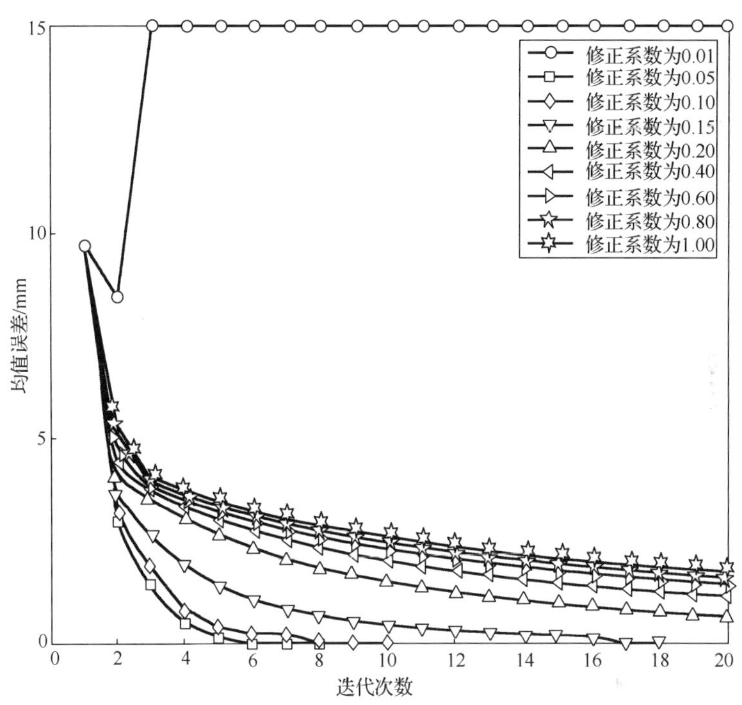

图 3.9　不同修正系数均值误差（等于 15 表示算法发散）

图 3.9 的数据表明，ADF 算法使用不同的修正系数时，收敛均值误差区别很大。当修正系数取值过小时（如 $\mu=0.01$），绝对切向距离不能拟合点-曲面最近距离，导致拼合算法最终发散。当修正系数取值过大时（如 $\mu=0.8$ 或 $\mu=1.0$），虽然算法稳步收敛，但收敛的速度非常缓慢。本实验的最佳修正系数 $\mu=0.05$。在实际应用中，采用 3.2 节介绍的方法自适应地改变修正系数，连续提高法向距离比例，加快收敛速度。

3. ICS 精细配准

设函数 f 为映射 $\mathrm{RS}^3 \to \mathrm{RS}$。用 f 的零水平集近似表示曲面 $\boldsymbol{P}_S$ 上一点 $\boldsymbol{p}$ 的邻域 $\mathrm{NB}_r(\boldsymbol{p})$，记为

$$f_{\boldsymbol{p},r}(\boldsymbol{x})=0 \tag{3.41}$$

其中，$\mathrm{NB}_r(\boldsymbol{p})$ 为曲面 $\boldsymbol{P}_S$ 在点 $\boldsymbol{p}$ 处的 r 闭球域。对目标数据 $\boldsymbol{Q}_S$ 中的任一点 $\boldsymbol{q}_i$ 和 $\mathrm{NB}_r(\boldsymbol{q}_i)$，都可以构造曲面片 $f_{\boldsymbol{q}i,r}(\boldsymbol{x})=0$，其中 $\mathrm{NB}_r(\boldsymbol{q}_i)$ 是定义在点集 $\boldsymbol{Q}_S$ 上的闭球域。将曲面 $\boldsymbol{P}_S$ 近似表示成一组曲面片 $f_{\boldsymbol{q}i,r}(\boldsymbol{x})=0(i=1,2,\cdots,Nt)$。

本节在对应曲面片配准基础上，提出了 ICS 配准算法，即迭代对应曲面片配准算法。ICS 配准算法用局部二次曲面片代替离散点作为配准的目标几何体，减少了采样密度对配准精度的影响。与移动数据中的一点 $\boldsymbol{p}$ 对应的曲面片应为所有曲面片中到点 $\boldsymbol{p}$ 的距离最近的曲面片，其中的距离由式（3.40）近似。定义 ICS 算法中的目标函数为

$$F=\frac{1}{2}\sum_{i=1}^{N}d_{\mathrm{ADF}}^{2}(\boldsymbol{g},\boldsymbol{Q}) \tag{3.42}$$

用 $\boldsymbol{Y}=C(\boldsymbol{P}_S,\boldsymbol{Q}_S)$ 表示移动点集 $\boldsymbol{P}_S$ 在目标点集 $\boldsymbol{Q}_S$ 中的对应曲面片的集合，$(\boldsymbol{g},\varepsilon)=\boldsymbol{P}_S(\boldsymbol{P}_S,\boldsymbol{Y})$ 表示点集 $\boldsymbol{P}_S$ 向对应曲面片集 $\boldsymbol{Y}$ 坐标变换计算，ε 是对应点和曲面匹配的误差。初始化 $\boldsymbol{P}_{S_0}=\boldsymbol{P}_S$，迭代次数 $k=0$。状态矢量 $\boldsymbol{g}$ 的初始值根据 1.3 节来估计。则 ICS 算法的第 k 次迭代过程如下。

（1）计算最近曲面片集 $\boldsymbol{Y}_k=C(\boldsymbol{P}_{S_k},Q_S)$，其中 $\boldsymbol{P}_{S_k}$ 是第 $k-1$ 次迭代中得到的坐标变换 $\boldsymbol{g}_{k-1}$ 作用于移动点集 $\boldsymbol{P}_{S_0}$ 生成的点集；

（2）构造目标函数 $F_k=\frac{1}{2}\sum_{i=1}^{N}d_{\mathrm{ADF}}^{2}(\boldsymbol{g}_k,\boldsymbol{Q}_S)$；

（3）建立非线性优化模型

$$\begin{aligned}&\min\quad F_k=\frac{1}{2}\sum_{i=1}^{N}d_{\mathrm{ADF}}^{2}(\boldsymbol{g}_{k+1},\boldsymbol{Q}_S),\boldsymbol{g}_{k+1}=(\boldsymbol{t}_{k+1},\boldsymbol{R}_{k+1}),\quad \boldsymbol{Q}_{S_0}=\{\boldsymbol{q}_1^k,\boldsymbol{q}_2^k,\cdots,\boldsymbol{q}_N^k\}\subset\boldsymbol{Q}_S\\&\text{s.t.}\quad \boldsymbol{q}_j^k=\left\{\boldsymbol{q}\middle|\min\left\|\boldsymbol{p}_i^k-\boldsymbol{q}\right\|\right\}\end{aligned}$$

（4）计算变换 $(\boldsymbol{g}_k,\varepsilon_k)=\boldsymbol{P}_S(\boldsymbol{P}_{S_0},\boldsymbol{Y}_k)$，其中

$$\varepsilon_k=\varepsilon(\boldsymbol{g}_k)=\frac{1}{Nt}\sum_{i=1}^{Nt}f_i(\boldsymbol{p}_i(\boldsymbol{g}_k))^2[\nabla f_i(\boldsymbol{p}_i(\boldsymbol{g}_k))^{\mathrm{T}}\nabla f_i(\boldsymbol{p}_i(\boldsymbol{g}_k))]^{-1}$$

$\boldsymbol{p}_i(\boldsymbol{g}_k)$ 为点 $\boldsymbol{p}_i\in\boldsymbol{P}_S$ 在形位 $\boldsymbol{g}_k$ 时的坐标，f_i 为 $\boldsymbol{Y}_k$ 中 $\boldsymbol{p}_i(\boldsymbol{g}_{k-1})$ 所对应的曲面片。这一步的时间复杂度为 $O(NT_{\mathrm{LM}})$，其中 T_{LM} 为文献[41]中 LM 算法的平均迭代次数。

（5）对移动点集 $\boldsymbol{P}_{S_0}$ 进行坐标变换 $\boldsymbol{g}_k$ 得 $\boldsymbol{P}_{S_{k+1}}$；

（6）对给定的误差值 $\tau>0$ 或 $N_k>0$，当 $\varepsilon_k-\varepsilon_{k-1}<\tau$ 或 $k>N_k$，终止迭代并输出最优变换 $\boldsymbol{g}_*=\boldsymbol{g}_0\cdot\boldsymbol{g}_1\cdots\boldsymbol{g}_k$。否则，令 $k=k+1$ 返回步骤（1）。

3.5.3 实验结果

本节对斯坦福大学提供的 Armadillo 模型的 36 视角激光扫描数据进行了配准，限于篇幅，只显示 2 视角（图 3.10）。根据图 3.9 可知，本实验最佳修正系数 $\mu=0.05$。

图 3.10(a)所示点云包含 32142 个数据点，图 3.10(b)所示点云包含 25656 个数据点。

(a) 视角 1

(b) 视角 2

图 3.10　2 个视角 Armadillo 点云数据

图 3.11(a)为用本书算法对图 3.10(a)、图 3.10(b)所示第 1、2 个视角点云粗略配准结果图，相应的初次配准误差为 4.5×10^{-7} 。图 3.11(b)所示为图 3.11(a)经 Delaunay 三角化后的光照模型；从图 3.11(a)、图 3.11(b)可以看出，本书方法粗略效果良好，基本上实现了两片点云数据的正确配准。但在某些区域，如 Armadillo 的脚、胸部、嘴巴处，配准点云出现轻微的漏洞。经过基于 ADF 和 ICS 算法的精细配准后大致可补齐，如图 3.11(c)所示，相应的精细配准误差为 2.1×10^{-7} ；图 3.11(d)所示为图 3.11(c)经 Delaunay 三角化后的光照模型。

(a) 前 2 视角粗略配准点云

(b) 前 2 视角粗略配准模型

(c) 前 2 视角精细配准点云

(d) 前 2 视角精细配准模型

图 3.11　第 1、2 个视角下 2 组点云的配准

将多视角点云数据的配准转化成依次进行的两两配准。图 3.12(a)所示为用本书算法得到的 36 个视角 Armadillo 点云数据的整体配准结果；图 3.12(b)所示为图 3.12(a)经 Delaunay 三角化后的光照模型；图 3.12(c)所示为用文献[34]算法得到的整体配准点云数据；图 3.12(d)所示为图 3.12(c)经 Delaunay 三角化后的光照模型。比较图 3.12(b)和图 3.12(d)可以看出，本节配准结果更加精确。

表 3.2 所示为图 3.12 中配准结果的定量比较，这些结果是在 Pentium Ⅳ、3.10GHz CPU、8GB 内存的 PC 上计算得到的，开发平台是 VC++6.0 和 Matlab7.0。表 3.2 列出了两种算法迭代次数以及配准误差，可以看出，本节算法更加高效精确。

(a) 本节配准点云

(b) 本节配准模型

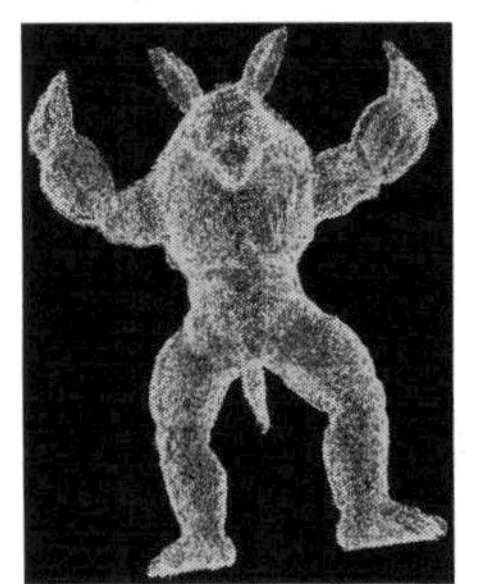
(c) 文献[34]配准点云

(d) 文献[34]配准模型

图 3.12　36 个视角配准结果对比

表 3.2　图 3.12 中配准结果的定量比较 $\tau=10^{-6}$mm

	迭代次数	运行时间/s	平均误差	标准差
图 3.12(a)	60	359	0.23τ	0.08τ
图 3.12(c)	126	698	0.38τ	0.09τ

图 3.13 所示为图 3.12 中两种配准算法收敛速度的比较，显示了两种算法迭代 150 次的误差分布。由于满足条件曲面片对的数量要远远小于对应点对的数量，所以本书算法只需较少的时间就可以计算出新的空间位置变换关系，从而保证了每一次迭代的运行时间和文献[34]算法相比差距不大，再考虑迭代次数，显然本节算法具有更快的收敛速度。

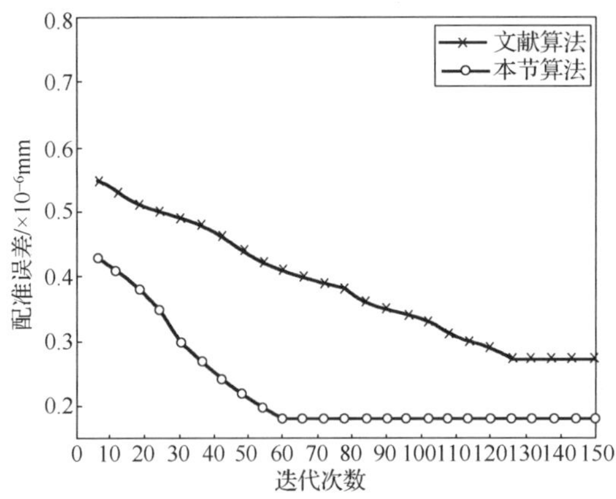

图 3.13　图 3.12 中两种算法配准误差和迭代次数、收敛速度对比

3.6　点云数据后处理

3.6.1　多片点云数据融合

在完成激光点云数据的配准之后，就可以把不同视角的点云数据变换到统一的坐标系下，然而相邻两片点云数据间重叠区域的存在，使得配准后数据出现严重的冗余，如图 3.14 所示。如何自动消除这些冗余，构造完整的无冗余的三维几何模型，这就是激光点云融合所要解决的问题。

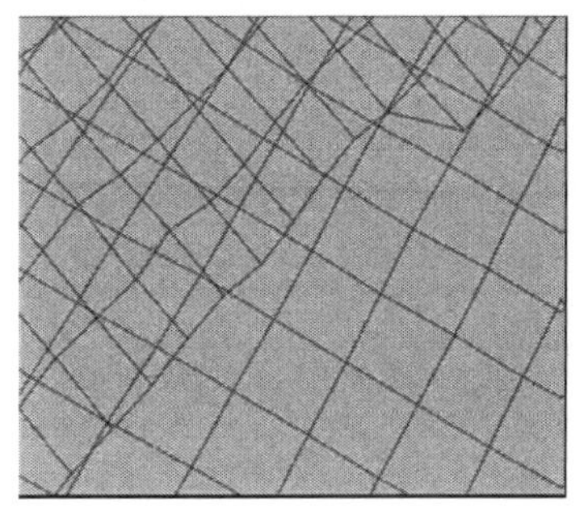

(a) 两来自不同视角已配准点云模型间的重叠区域

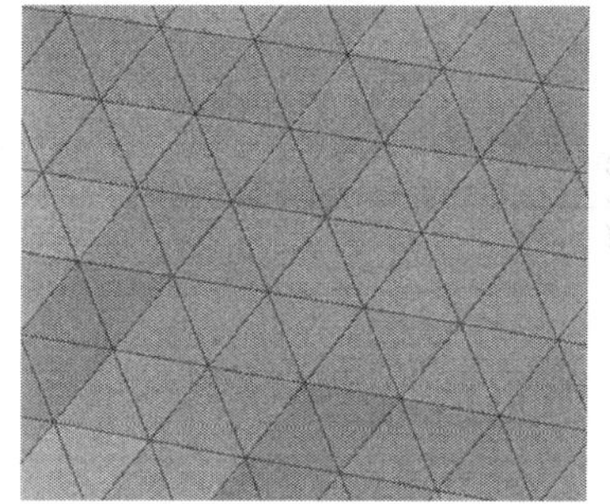

(b) 融合后顶点之间的密度基本上是一个常量

图 3.14　激光点云融合[50]

1. Zippered 算法

通过高密度采样的深度图像进行物体表面的重建迄今已经有几十年了。从研究的方法上大致有两类：一类把深度数据作为结构化的点集数据进行重建；一类把深度数据作为散乱点集进行重建。深度图像的融合有很多方法，选用 Turk 等提出的 Zippered 算法[23]，该算法主要由以下几步构成。

（1）构造每一个点云数据的原始三角形网格。

（2）删除相邻原始三角形网格的重叠三角形。如图 3.15 所示，首先去掉两个网格中的重叠部分，然后对网格裁剪并去掉裁剪产生的小三角形，假设有两个相邻的三角形网格 A 和 B。对 A 中每一个三角形，如果这三角形的三点都能在 B 中找到理想的最近点，即三点到 B 表面的距离小于给定的阈值，而且这三点在 B 中的位置都不在 B 的边缘上，就认为这个三角形是多余的，从 A 中删除；删除完所有可以删除的三角形后更新二角形网格 A；用同样的方法删除 B 中多余的三角形，重复这一过程直到 A 和 B 中的三角形不变[17]。

（3）连通性检查。在深度图像中，由于受到各种因素的影响，原始三角形网格边缘上的一些三角形可能严重偏离了真实物体的表面。在通过第二步删除冗余三角形的过程中很难被删除掉，因为删除冗余三角形的过程实际上是在删除那些到另一个原始三角形网格距离较近的三角形。而这些相对于真实物体表面具有较大偏差的三角形，一般情况下，都不大可能离另一个原始三角形网格的距离太近。但这些三角形对于后续的工作会产生较大影响。

在实验过程中，在进行第二步之后，对于左右深度影像中每一个三角形网格，检查它的每一个点是否处在影像的边界，如果有一个点是边界点，则删除这一个三角形。

（4）缝合相邻三角形网格的边缘。

2. 边缘平滑连接

当删除掉那些冗余部分之后，在左右两幅深度图像的边缘上就可能留下很多狭小的缝隙，需要平滑地连接这两个三角形网格的边缘。根据图 3.15，分以下几步。

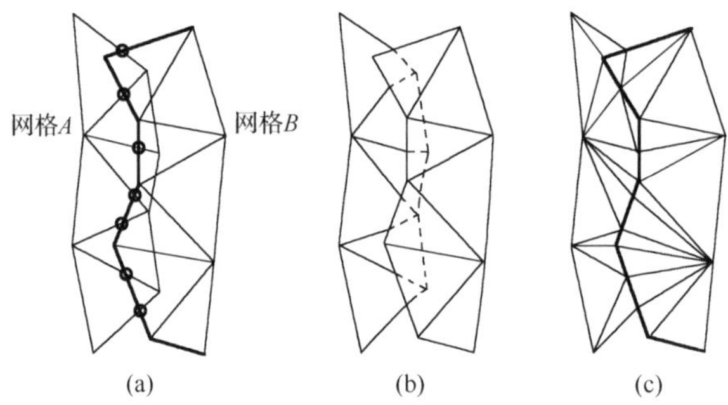

图 3.15　删除相邻原始三角形网格的重叠三角形[17]

(a)用网格 B 的边界裁剪网格 A，圆圈表示边界与网格 A 的边的焦点，会成为新的顶点；(b)图中虚线部分表示网格 A 经裁剪后要舍去的部分；(c)裁剪后的结果，引入了新的顶点

（1）在网格 B 的边缘上增加一些新的顶点，计算那些网格 B 的边缘和网格 A 的每一个三角形边的交点，它们的集合假设表示为 P。在计算新增的交点时，首先在网格 B 边缘的每一条边上构造一个垂直于它所在三角形的“墙”，即把一个网格 B 边缘加厚，求网格 A 三角形的边与墙的交点，然后把交点移至网格 B 边缘中的最近点，该点即为所求点 P，如图 3.16 所示。

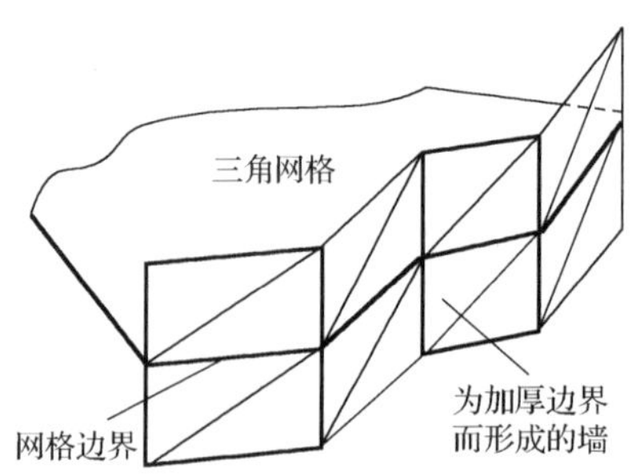

图 3.16　为了实现三维融合而将边界加厚[17]

（2）判断网格 A 的边缘三角形，根据是否在网格 B 中，把网格 A 边缘的三角形分为两部分，一部分将被抛弃，而另一部分保留。

（3）根据新加的顶点和原有的且在第二步没有被抛弃的顶点，把网格 A 和网格 B 边缘的每一个三角形分裂为一系列的小三角形。

3.6.2　伪洞检测与填充

在实际情况中，通常会受到测量条件和测量环境的限制，从而会产生由于轮廓遮挡（扫描盲区）引起的表面点云空洞，所以需要检测哪些洞是物体表面上实际存在的真洞或重构过程中生成的伪洞，并对伪洞进行填充[51]。伪洞的存在不仅会影响曲面物体的外部形态，而且也不利于后续曲面拟合编辑以及加工的处理，使得最终生成的物体表面点云模型不完整[52]。对于模型快速原形制造这样的工作，必须要求模型是具有封闭结构的，当需要对模型进行快速原形制造时，若三角形曲面模型上有伪洞存在，那样将难以实现目标。不仅如此，在对曲面进行分析的时候，伪洞的存在会使伪洞的周围出现应力突变，这会致使分析出现粗大误差。所有这些由于伪洞存在而引起的给研究工作造成的阻力，都突显了对三角形网络模型进行伪洞检测与填充工作的必要性以及重要性。

1. 伪洞检测

对于重构后的结果，已经利用文献[48]点云配准的相关方法对其进行了三角化的处理。如果一个网络三角化模型是封闭的，那么在这样的一个三角化模型中任取一条边，这条边应该同时属于也只能属于两个三角形，即网络模型中的任意一条边都应该是两个三角形的公共边。否则，即在三角化网络模型中出现了只属于一个三角形的边，那么网络模型封闭这一假定就不成立了，在这样的一个三角化模型中出现了边界边，这也暗示有孔洞出现在了该三角化网络模型之中。而对于这样的只属于一个三角形的边，定义为边界边。相应地，那些属于且仅属于两个三角形的边，定义为内部边。边界边的出现破坏了三角化网络的封闭性，边界边的存在同时也伴随伪洞的存在，而对于伪洞，它的边界就是由首尾相连且最终能组成封闭区域的边界边围成的。前述基本思想可以为寻找三角化网络模型中伪洞提供思想方法上的帮助。

为了更好地进行伪洞检测，需要针对重构后的三角形网构建三角网的四张表，即点表、边点面表、点边表和面边表。为了能够帮助阐述，给出图 3.17 以帮助直观理解伪洞检测相关的过程。如图 3.17 所示，顶点 P_1、P_2、P_3、P_4、P_5、P_6 以及 P_6、P_7、P_8 分别围成了两个独立封闭的洞。下面以此为例，详细描述伪洞检测的步骤过程[53]。

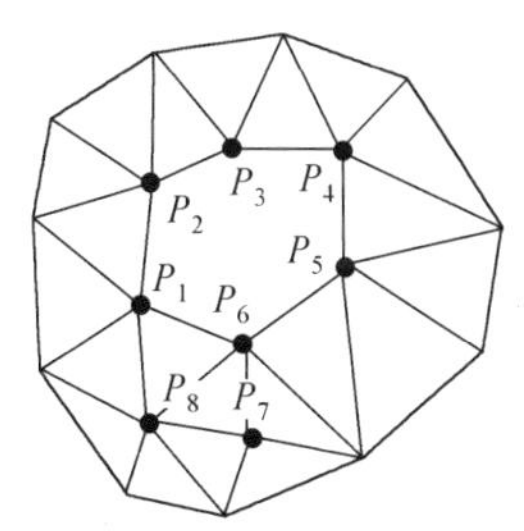

图 3.17　伪洞检测

在建立好点边面表之后，接下来遍历这样的一张表，假使与某一条边相关联的面只有一个，那么我们认定这样的一条边是属于边界上的一条边。结合图 3.17，设边 P_1P_2 作为边界上的第一条起始边，与此同时，我们将这条边 P_1P_2 标记为已经访问过的边，然后再在与顶点 P_2 所相关联的全部的还暂未访问的边中去寻求能够确定满足边界条件的边[54]。此时情况分两种：一是顺利找到了这样的满足条件的边；二是未能成功找到。那么根据两种情况的不同，下面要进行的工作也有差异。如果结果是前者，那么继续类似的查找工作并进行下去；如果为后者，也即并没有能成功找到满足边界条件的边，那么需要判断当前在处理的这条边与设定的起始边界边是否相邻，如果答案是肯定的，那么就可以判定刚才所遍历的边已经组成了一个孔洞，相反地，如果当前处理的这条边与设定的边界边并不相邻，那么则需要继续遍历边点面表中尚未访问的边，直到最后找到与设定的边界起始边相邻接的边。就这样重复这部分工作，就能顺利地找到网络中的孔洞了[55]。

使用上述方法对图 3.17 进行遍历，首先设边 P_1P_2 作为第一条边界起始边，并同时将 P_1P_2 标记为已访问，下一步则是在与 P_2 相连的所有边中寻找满足边界条件的边，由图易知，与顶点 P_2 相连的边总共有 5 条，剔除一条已被标记访问的 P_1P_2，则剩余 4 条，我们需要在这 4 条边中验证哪些边是满足边界条件的以及哪些边是不能满足边界条件的，经验证，结果只有 P_2P_3 是满足边界条件的。下面将 P_2P_3 标记为已访问，再继续在与顶点 P_3 所相邻接的边中寻求满足边界条件的边，也就是重复上述的类似工作。对于图 3.17，经过上述的寻解，我们得到的最终遍历结果是 $P_1P_2\ P_3\ P_4P_5\ P_6P_7P_8\ P_6\ P_1$。在得到遍历结果之后，我们需要在这样的一个结果中寻求最近的两个重复点，不难发现，对于该结果，最近的两个重复点是 P_6，然后再取出重复点之间的所有点以及重复点中的一个，此处也即取出 P_7、P_8 以及重复点 P_6 中的一个来组成一个独立的孔洞[56]，同时，将这些取出的点从先前的结果中剔除，然后再在剔除重复点之后的新序列中继续刚才寻找独立孔洞的工作，并将边界序列中有无重复点的出现作为判断是否结束工作的依据。对图 3.17 而言，我们可以找到两个孔洞，即 $P_6P_7P_8$ 与 $P_1P_2\ P_3\ P_4P_5\ P_6$。

对于曲面物体多视点云的三维重建而言，在对输入模型进行相关处理与三角化之后，它的数据是基于顶点的拓扑结构的。由此就也可以通过运用顶点的 1-环相邻边以及 1-环相邻三角形来达到孔洞检测的目的。其可以通过验查所有顶点的 1-环相邻三角形以及 1-环相邻边的数目来鉴定边界点，这种方法很容易实现，并且能够轻松地查找出所有的边界点，继而继续跟踪已查找确定的边界点来跟踪其附近周围的边界点，通过这样一种方式就可以最终确定检验出孔洞的存在了。为了展示清晰，下面分步骤给出孔洞检测的具体方法。

（1）遍历模型，找出模型中的全部顶点，然后再在这些顶点中找出一部分作为边界种子顶点。其具体判别方法是：若某顶点的 1-环相邻边的数目与它 1-环三角形的数目不一致，那么就将该顶点锁定为边界种子顶点。

（2）对于这些已被锁定的种子顶点，重点关注跟踪它们周围的边界点，通过这样的方法继续发现寻找种子边界顶点，直到最终这些被锁定找出的边界种子顶点能够围成一个封闭的环形。

（3）如果不能继续找出更多的边界点，那么结束工作；否则，转回步骤（1）继续循环。

通常按照与真实 3D 物体对比判断哪些是真洞，哪些是伪洞。

2. 伪洞填充

1）伪洞填充基本理论

伪洞填充的相关理论，Leong 等[57]提出了利用伪洞周边的三角形本身来对伪洞进行填充的方法。该方法设法利用构成伪洞本身的边界三角形中的边界顶点来生成新的三角形小片面，以此来对该伪洞进行填充修补。这一填充方法通过对伪洞边界上的边界顶点直接相连，以此来达到三角网络划分的目的。此方法简单易用而且易于理解，但对于一些比较大的孔洞而言存在这样一个问题：孔洞的某些边界距离将会比较大，当出现这种情况时，Leong 等所提出的这一填充方法并不能对这种情况进行有针对性的优化，它并不会在有必要的时候在边界间新增添一些新的顶点来优化填充效果。所以，对于那些边界距离较大的伪洞，这种方法往往难以得到适当的用来填充孔洞的三角形片面，所以也就难以得到适应该模型的填充效果。

为了更好地完成伪洞的填充修补工作，我们要先将孔洞的类型区分好，然后再有针对性地对其施行相应的填充修补。孔洞可以分为两种，即简单孔洞和复杂孔洞。一个孔洞是简单孔洞还是复杂孔洞是根据其孔洞边界边在一个平面上的投影来判定的。设定一个平面，将孔洞的边界边投影到上面。由于所研究的对象都是客观存在的真实物体，所以采集到的点云数据也是有界的，而不是无穷大无界的。结合实际情况，假设孔洞的边界多边形在投影到该平面上之后也是有界的，接下来需要进行的工作就是求解各个被检测出的孔洞的法矢量，记为 N_P，其计算公式如

$$N_P = \sum_{i=1}^{s} \omega_i n_i \tag{3.43}$$

其中，n_i 的含义是第 i 个三角网格的向量，而求和符号上面的 s 表示的则是在三角化网格的总数，为了更准确描述以及考虑到孔洞的影响，引入权重参数 ω_i，参数 ω_i 引入后就能较好地描述孔洞所涵盖区域三角化网络的投影面积等一系列因素的影响。

为了使绝对坐标系中的 x-y 平面能够与待投影的平面平行，需要待投影的平面和三角化网格的顶点进行一定的旋转才能使得孔洞的边界顶点更好地投影在投影平面上。这也意味着我们需要寻求一个旋转法则，并根据这一旋转法则旋转，以达到待投影的平面的法向量 N_P 与绝对坐标系中的纵轴 Z 轴相平行的目的，用旋转矩阵的方式来描述这一旋转法则，并设该旋转矩阵为 T。对于孔洞的边界边上的顶点而言，我们可以分别用 R_{before} 和 R_{after} 来描述边界顶点在经过旋转矩阵 T 作用之前与作用之后的位置向量。孔洞边界上的边界顶点都需要经过旋转矩阵 T 的作用来实现位置旋转。它们的旋转作用可以表达为

$$R_{\text{after}} = R_{\text{before}} \cdot T \tag{3.44}$$

将孔洞的边界多边形顺利投影到投影平面上之后，就可以借由孔洞在投影平面上所呈现的形状来判断该孔洞的类型。之后就可以因材施教对这些孔洞实施有差异的填充修补。

2）简单伪洞填充

在对检测到的伪洞填充之前必须要做的一件事就是要对先前投影到投影平面上的孔洞边界区域施行三角化处理，这是后续填充工作的前提条件。至于对该边界区域施行哪种三角化处理，在综合多方面因素考虑之后决定选择二维平面上的 Delaunay[58] 三角剖分。选择它是因为它能够实现最小内角最大准则的三角化剖分，而且它也是平面上的最优剖分。不仅如此，Delaunay 三角剖分已经被大众所熟知接受，它已经发展成为最成熟也是被用得最广泛的三角剖分算法，我们要对前述投影到投影平面上的那些无规则的离散顶点进行 Delaunay 的三角剖分。另外一个有必要提及的概念就是 Dirichlet 域分割，Dirichlet 域分割能够将二维平面或者三维空间中若干散乱但却不重合的点各自构造一个不相重合的域，并且使得构造出的这个域中的任意一点离该点的距离较其他的散乱点的距离都更近。在经过这样的一个域构造与域分割之后，我们将那些占有公共的域边界的散乱点连接起来之后所形成的三角剖分就是所谓的 Delaunay 三角剖分。在进行这样的一个剖分之后，可以使得每一个 Dirichlet 域的域中都包含且仅仅包含一个散乱点。由此可见，在进行了 Delaunay 剖分之后，就可以将先前投影下来的平面孔洞区域填充完成了。工作到此并还没有结束，最后还需要将这样的三角网格再逆向地映射回原曲面模型，这才完成了伪洞的填充修补工作[59]。但需要特别提醒的一点就是，孔洞边界投影到平面之后的平面孔洞边界也是不能自交的，这是 Delaunay 剖分的使用条件。由此也可知，这种方法仅能适用于简单孔洞的填充修补。

由于空间模型表达的特殊性，三维点云数据的采集量非常大，如果数据量采集不够，那么就没有办法在计算机中足够准确地表述实际物体的空间构造，所以点云数据的采集量越大就越有助于更为准确地表述还原实际物体的原貌；但同时，如果采集的数据量太大，就又会给计算机带来压力，可能会使计算机的处理效率大打折扣。所以在选择采集数据规模与精准度的时候还要结合实际情况做出一个比较科学的选择。尽管如此，一般点云数据的采集还是比较大的，所以对于那些存在伪洞的模型，在它们伪洞周围一般都会有相当规模的散乱点云数据的存在。想要对这些伪洞进行填充，就要求我们对这些散乱在伪洞周围的点云数据进行进一步提取采样，以便曲线插值拟合时所用。

关于前述伪洞周围的点云数据的提取采样，现介绍一种被普遍接受且已经广泛应用在图像处理的方法，那就是 Martin 等[60]所提出的利用均匀网格来减少数据的方法，该方法主要应用于图像处理过程中的中值滤波。它的原理是：在与扫描方向垂直的方向上设立一个平面，并在该平面上设立一系列均匀的小方格，建立的每一个小方格都将分配得到一系列由扫描而得的点，然后计算这些扫描点与对应小方格之间的距离，之后再以某一个小方格为单位按照从大到小的顺序排列与该小方格所对应的那些点，然后在这些以距离大小为顺序排列好的点中取距离该小方格为大小中间值的点来代表所有那些与该方格所对应的点，剩余的其他的点顺势删除。简单而言，这样的一个过程就是试图在与某一个小方格所对应的所有点中选取与方格距离排在中间值的那个点去代表其他点，这样一方面所选取的点能够具有一定的代表性，而且还能较大程度地筛除掉其他的扫描点。上面的过程可以由图 3.18 来表述。

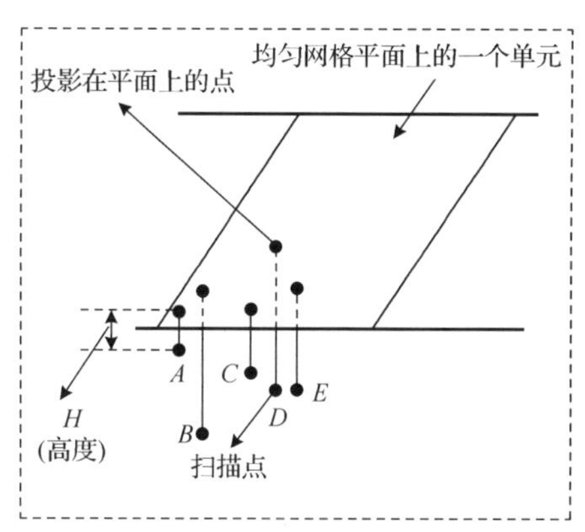

图 3.18　均匀网络法示意图

在图 3.18 中，距离网格距离排在中间的 E 点将会被选中，而其他的距离更长或者距离更短的点都将会被删除。落实到从伪洞周围提取采样点云数据可以这样来实施：假使在平面上所建立的网格共有 $p\times q$ 个，那么总共就会有 $p\times q$ 个待用的小方格，这也意味着此时我们也即有了 $p\times q$ 个筛选单元，运用上述的均匀网格法之后，对于每一个小方格而言，最终将会有不超过一个采样点与其相对应，故此这些采样点的总数不会超过 $p\times q$ 个。为了存放这样筛选出来的采样点，可以用 p 个 q 维数组来存放它们。将这些经过筛选的点依次存放到相应的数组中，虽然数组的维度为 q，最终在每个数组中都将存放不多于 p 个的规则化采样点。

在经过从点云模型伪洞附近的大量点云数据中提取到一定的采样点之后，接下来就要试着利用这些样本点来进行曲线的拟合。即在某种特定的数学模型中，试图来利用这些采样点求解出能够在比较大程度上反映孔洞边界的这样一种曲线。在曲线顺利生成之后，再去将该曲线离散化以此生成一系列的点列，最后用这些生成的点列将空白的区域填充修补起来[55]。为了保证提高在对原模型反求实的精度，我们在利用那些采样点进行拟合的时候，应尽可能地使得拟合的曲线能够贴近满足它对原模型的拟合性，也就是说，应该尽量选择求取靠近甚至落在测量曲面上的曲线作为最终的拟合曲线。在曲线或者曲面的构造方面，NURBS 方法能够显现出很明显的优越性，关于它的详细构造方法在此不再赘述。

简单孔洞填充修补算法的流程示意如图 3.19 所示。

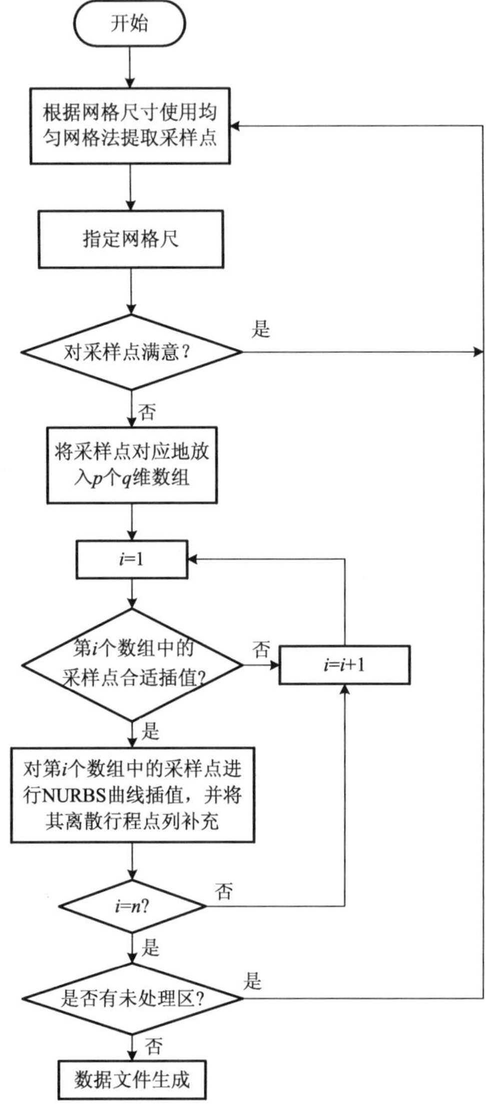

图 3.19　简单孔洞填充修补算法的流程图

3）复杂伪洞填充

前面已经较为详细地探讨了关于简单伪洞填充修补的一些知识，但是，在实际情况中，往往会遇到远比简单伪洞要复杂的情况。要求处理的模型很可能有一个甚至多个复杂伪洞需要填充修补，或者多个简单伪洞与多个复杂伪洞并相存在的情况，那么这个时候前面所述的关于简单伪洞填充修补的方法就不能满足需要了。这时已经对简单伪洞的填充修补胸有成竹，而需要将复杂伪洞作为此时的重点研究对象。关于简单伪洞的填充修补的方法已经有所掌握，所以很自然地，这会引发思考：能不能通过一定的方式方法把简单伪洞填充的修补方法同样应用到复杂伪洞的填充修补中？经过研究学习，其实，答案是肯定的。

由于简单孔洞与复杂孔洞的鉴别方式是将孔洞的边界多边形投影到一个平面上，然后通过观察孔洞多边形的投影在投影平面上有无自交的情况来判定该孔洞是简单孔洞还是复杂孔洞[61]。那么，就从孔洞在投影平面上的投影入手寻求复杂孔洞与简单孔洞填充修补的差别与联系。根据复杂孔洞边界大多都具有的扭曲多变且曲率变化较大这一特点出发，我们针对复杂伪洞的填充修补提出这样的一种求解思路：既然关于简单孔洞的填充修补已经解决，如果能够顺利将复杂孔洞的填充修补问题转化成为简单孔洞的填充修补问题，那么关于复杂孔洞填充修补的难题就能够迎刃而解了。所以简单来讲，就是要看我们能否将复杂伪洞的填充修补先通过化大为小做减法的方式来转为简单伪洞填充修补的问题，重要的是，在将复杂问题分解后，还要考察能否将分解后所求出的解用再积小成大做加法的方式还原为原来大问题的解。

上面已经论述了一些将复杂孔洞填充修补转化为简单孔洞填充修补求解方法的思想逻辑，其主要思想以及重要步骤为：先进性由复杂孔洞到简单孔洞的转化。即可以根据复杂孔洞的复杂程度不同来对该复杂孔洞进行不同程度的分段，设法使得分段后的复杂孔洞在每一个小分段上呈现的都是简单孔洞，这样就可以对该复杂孔洞的每一个小的子部分进行简单孔洞式的填充修补了，最后将分段填充修补后的结果进行相连返回到复杂孔洞，这样就完成对这个复杂孔洞的填充修补。现假设某个待处理的点云模型上检测到有总数为 N 的伪洞需要填充修补，然后可以对这些伪洞进行从编号为 0 开始的排序，设 i 为计数器，那么 i 的取值范围则被限定在 0 与 $N-1$ 之间。

对复杂孔洞进行填充的一般算法见文献[61]，这种方法不仅可能会影响与伪洞邻接部分的三角化网络部分被波及，还可能导致整个实体的三角化网格都受到破坏，最终导致整个曲面一个整体都需要重新网格化。很显然这对于图像处理来说是难以接受的，所以应该避免这种现象的发生。但考虑到这种算法又具有它自己的优越性，所以需要对这种算法因地制宜地进行改进。

对于上述算法的改进的一个重要思路就是试图精确地选择出一个边界多边形作待填充区域的边界边，或者是将待填充区域的边界假想为实体边界。这个算法的核心思想是试图通过优化待填充区域的边界这一方式去得到能够满足条件的三角化网格，最终以此再来达到将网格细化的目的。而其试图得到满足条件也能令用户满意的三角化网格的途径则是应用函数 $R(p)$ 以及用增量来达到约束 Delaunay 三角化网格的目的。关于这个算法的主要实操步骤和思想可以描述如下。

（1）将待填充修补区域的边界锁定下来，即将孔洞区域或者它的边界通过一定的方式转化为实体边界。

（2）在三角化网络中，将那些与待填充区域所邻接相连的三角形的曲率求算出来，然后利用这些曲率信息估计能够满足条件的三角形网格，即用它们的曲率信息去用户许可的三角形网格。

（3）对于那些不能满足条件、用户所不能许可的三角网格的边界，再试图将它们应用起来。方法就是将这些不能满足条件的边界对分，给其增加新边界和增加新顶点，试图通过这种增加新元素的方法来刺激那些不能满足条件的边界使其有效化。

（4）检验经过第三步操作之后的边界结果。如果可以满足条件，那么流程继续执行下一步；如果经过上一步的操作，那些不能满足用户许可条件的边界仍然不能满足条件，那么说明还需要对其进行对分、新添元素等方法对其进行下一轮的优化，即重复步骤（3）的操作，直到它们能够满足用户的许可条件。

（5）在经过上述的过程之后，我们需要对待填充修补的区域进行再一次的处理，即对孔洞区域进行再一次的网格化，通过这样的一些操作来最终实现将待填充修补区域的网络细化的目的。

由于从复杂孔洞到简单孔洞的转化是通过对复杂孔洞进行分割的方式来完成的，而且最终的复杂孔洞的填充修补结果也是由分割后的简单孔洞的填充结果拼接映射返回去的，所以必须要对新产生的三角化网格和顶点，以及存放它们数据信息的列表进行更新。

在新网格以及顶点的信息得到更新之后，顶点与三角化网格之间的拓扑信息以及三角化网格与三角化网格之间的信息也将一并得到更新。为了想要达到用户所要求的质量，我们对待填充修补区域的填充结果进行了再三的细化与光顺等操作，但是这样还是不一定能满足用户许可的条件。原因是我们在孔洞的边界周围新增添了一些顶点，这样会使得待填补的孔洞区域的三角形网格的质量劣于它周围的三角形网格的质量。但是这并不是不可解决的，我们可以通过继续对填充区域进行再一次的三角网格化处理的方式来满足用户的许可条件。因为通过再一次的三角网格化可以使原先劣质甚至是无效的三角形有效化，这样有利于在原来物体的孔洞区域产生最大程度还原以及贴近与原来实际物体的拓扑信息。

3. 实验结果

由于扫描采样的质量等因素的影响，配准后的结果常常出现伪洞。对配准后结果进行伪洞填充后续工作处理，其实验结果如图 3.20 所示。

(a) 伪洞初始状态

(b) 伪洞填充中间状态

(c) 伪洞填充完成最终状态

图 3.20　Bunny 点云模型伪洞填充过程

3.7 实验结果

3.7.1 实验数据格式简介

本章部分实验数据是从三维激光扫描仪 VIVID910 自带的软件 Polygon Editing Tool 中导出的 OBJ 文件。常见的*.obj 文件有两种：第一种是基于 COFF（common object file format）格式的 OBJ 文件（也称目标文件），这种格式用于编译应用程序；第二种是 Alias/Wavefront 公司推出的 OBJ 模型文件。本章中 OBJ 文件格式是指第二种 OBJ 模型文件。OBJ 文件是一种标准的 3D 模型文件格式，很适合用于 3D 软件模型之间的互导。本节首先介绍 OBJ 文件的特点和基本结构，然后在 VC++6.0 平台下结合 OpenGL 完成了 OBJ 格式文件的读取和点云模型的三维显示、变换功能。

OBJ 文件格式是非常简单的。这种文件以纯文本的形式存储了模型的顶点、法线和纹理坐标和材质使用信息，其主要有以下特点：①OBJ 是一种 3D 模型文件，因此不包含动画、纹理路径、动力学、粒子等信息；②OBJ 文件主要支持多边形（polygons）模型；③OBJ 文件支持三个点以上的面，这一点很有用。很多其他的模型文件格式只支持三个点的面；④OBJ 文件支持法线和纹理坐标。

1. OBJ 文件基本结构

OBJ 文件不需要任何文件头（fileheader），尽管经常使用几行文件信息的注释作为文件的开头。OBJ 文件由一行行文本组成，注释行以一个#号为开头。有字的行都由一两个标记字母也就是关键字（keyword）开头，关键字可以说明这一行是什么样的数据。OBJ 文件的每一行，都有极其相似的格式。在 OBJ 文件中，每行的格式如下：

前缀　参数 1　参数 2　参数 3　…

其中，前缀（关键字）标识了这一行所存储的信息类型。参数则是具体的数据。OBJ 文件的关键字很多，下面只列举常用的关键字，如表 3.3 所示，详细细节参见文献[62]。

表 3.3　OBJ 文件中的前缀（关键字）

前缀(关键字)	具体含义
v	此前缀后跟着 3 个单精度浮点数，分别表示该定点的 X、Y、Z 坐标值
vt	此前缀后跟着两个单精度浮点数。分别表示此纹理坐标的 U、V、W 值
vn	此前缀后跟着 3 个单精度浮点数，分别表示该法向量的α、β、γ 坐标值
f	表示本行指定一个表面（face）。一个表面实际上就是一个三角形图元。此前缀行的参数格式后面将详细介绍
usemtl	前缀后只跟着一个参数。该参数指定了从此行之后到下一个以 usemtl 开头的行之间的所有表面所使用的材质名称。该材质可以在此 OBJ 文件所附属的 MTL 文件中找到具体信息
mtllib	此前缀后只跟着一个参数。该参数指定了此 OBJ 文件所使用的材质库文件（*.mtl）的文件路径

例如，OBJ 文件记录一个长方体的代码：

```
# mtllib ./Box.mtl
v -46.508743 -45.052959 50.796341
v 49.442947 -45.052959 50.796341
v -46.508743 -45.052959 -48.019585
v 49.442947 -45.052959 -48.019585
v -46.508743 48.034504 50.796341
v 49.442947 48.034504 50.796341
v -46.508743 48.034504 -48.019585
v 49.442947 48.034504 -48.019585
vt 0.000000 0.000000 0.000000
vt 1.000000 0.000000 0.000000
vt 0.000000 1.000000 0.000000
vt 1.000000 1.000000 0.000000
f 1/2  2/1  3/4  4/3
f 5/1  6/2  7/3  8/4
f 1/2  2/1  5/1  6/2
f 4/3  3/4  7/3  8/4
f 1/2  4/3  5/1  8/4
f 2/1  3/4  6/2  7/3
```

以 f 为前缀的行的格式中，要用到“顶点索引（vertex indices）”[62]。对于每一个三角形，都需要用 3 个顶点来表示。例如，在上面的立方体模型中，一共有 $6\times2\times3=36$ 个顶点。在这 36 个顶点中，有相当数量的顶点是重复的。如果把这些重复的顶点都一一表示出来，就太浪费存储空间了。于是，提出了顶点索引的想法，以解决空间占用问题。顶点索引的思想是建立两个数组，一个数组用于存储模型中所有的顶点坐标值，另一个数组则存储每一个表面所对应的三个顶点在第一个数组中的索引。建立顶点索引后显然更加节约存储空间。以此类推，可以为模型中所有的法线、纹理坐标都建立起相应的索引，以节省更多的空间。而事实上，OBJ 文件就是这么做的。

现在，再来看一下 OBJ 文件的结构。在一个 OBJ 文件中，首先有一些以 v、vt 或 vn 前缀开头的行指定了所有的顶点、纹理坐标、法线的坐标。然后再由一些以 f 开头的行指定每一个三角形所对应的顶点、纹理坐标和法线的索引。在顶点、纹理坐标和法线的索引之间，使用符号“/”隔开的。一个 f 行可以以下面几种格式出现：

```
f 1 2 3
```

这样的行表示以第 1、2、3 号顶点组成一个三角形。

```
f 1/3 2/5 3/4
```

这样的行表示以第 1、2、3 号顶点组成一个三角形，其中第一个顶点的纹理坐标的索引值为 3，第二个顶点的纹理坐标的索引值为 5，第三个顶点的纹理坐标的索引值为 4。

f 1/3/4 2/5/6 3/4/2

这样的行表示以第 1、2、3 号顶点组成一个三角形，其中第一个顶点的纹理坐标的索引值为 3，其法线的索引值是 4；第二个顶点的纹理坐标的索引值为 5，其法线的索引值是 6；第三个顶点的纹理坐标的索引值为 6，其法线的索引值是 2。

f 1//4 2//6 3//2

这样的行表示以第 1、2、3 号顶点组成一个三角形，且忽略纹理坐标。其中第一个顶点的法线的索引值是 4；第二个顶点的法线的索引值是 6；第三个顶点的法线的索引值是 2。

2. OBJ 文件的读入、绘制与变换

在点云的拼合过程中，为便于点云的数据处理，应将得到的大量被测物体表面上的点云数据在计算机屏幕上三维显示出来，并且能够实现对点云从不同角度和位置、局部的细节和全体概貌进行观察。对点云进行旋转、平移、缩放、拼合等坐标变换需要用到大量的矩阵运算和向量运算，若采用在 Visual C++6.0 中 MFC 环境下利用开放性图形库 OpenGL 来编程可以简单快捷地解决上述问题。

OpenGL（即开放性图形库）是一个工业标准的二维和三维计算机图形硬件的软件接口，它源于 SGI 公司为其图形工作站开发的 IR IS GL，在跨平台移植过程中发展成为 OpenGL，于 1992 年 7 月发布 1.0 版，后来成为一个高性能的三维图形和交互式视景处理的工业标准[63]。以其开放性、独立性和兼容性的特点已充分应用于科学计算可视化、计算机动画和虚拟现实等计算机图形学领域。OpenGL 编程类似于 C 或 C++编程，但更像 C 或 C++的运行库，它提供大量预封装的函数。OpenGL 是一种应用程序编程接口（application programming interface，API），使用某种编程语言（如 C++）编写程序时，可以像调用其他 API 函数那样调用 OpenGL 的库函数。

点云文件数据的读取函数的部分代码如下[64]：

```
CFileDialog filedlg(true,NULL,NULL,OFN_HIDEREADONLY,"点云文件(*.obj)");
CStdioFile cf;
L1= filedlg1DoModal( )= = DOK;
L2= cf.Open(filedlg.GetPathName( ),CFile::modeRead);
if(L1&&L2)
{    static int position=0;
     cf1Seek (position,CFile::begin) ;
     while(cf1ReadString (Data) ){……}cf.Close( );
}
```

点云文件数据的绘制函数代码如下(其中 point3D 是点对象)：

```
glBegin(GL_POINTS);
    glVertex3d (point3D.x, point3D.y, point3D.z);
glEnd( );
```

在点云坐标变换的处理过程中，分别定义了向量类和矩阵类，其中包括向量与向量、向量与矩阵、矩阵与矩阵及矩阵与向量等的计算函数。3D 坐标点由向量类进行处理，同时利用 4×4 矩阵计算和管理旋转、平移矩，并对运算符进行了重载[64]。

向量类的定义：

```
class CVector
{
    friend class CMatrix <double>;
    protected: double a[4];
    CVector (double a[4]);
friend CVector <double> operator * ( CVector <double> &v1, CVector<double>
&v2); //向量相乘
}
```

矩阵类的定义：

```
class CMatrix
{   protected:double a[4][4];
    CMatrix(double a[4][4]);
    friend CMatrix operator +(CMatrix &m1, CMatrix &m2);
    friend CMatrix operator -(CMatrix &m1, CMatrix&m2) ;
    friend CMatrix <double> operator *(CMatrix<double>&m1,CMatrix
<double>&m2);
    //矩阵和矩阵相乘
    friend CVector<double> operator*(CMatrix &m1,CVector<double>&v2);
    //矩阵和向量相乘
    friend CMatrix<double> inv(CMatrix<double>&m);//矩阵求逆
}
```

图 3.21～图 3.24 是利用 OpenGL 开发的点云读取、显示、变换处理程序的运行结果。激光扫描对象为一只玩具米老鼠头部，有效点数 38431。其中，图 3.21 为初始点云图，图 3.12 是图 3.21 中点云在右手笛卡儿坐标系下绕 y 轴逆时针旋转 $20°$ 后的点云图，图 3.13 为图 3.21 中点云缩小 60%所得点云图，图 3.24 为图 3.21 中点云在右手笛卡儿坐标系下沿 y 轴负方向平移 3mm 后的点云图。实验证明，利用 OpenGL 开发的程序可以高效实时地实现点云的平移、旋转、缩放等各种操作。

图 3.21 初始点云图

图 3.22 旋转 20°后的点云图

图 3.23 缩小 60%后的点云图

图 3.24 平移 3mm 后的点云图

3.7.2 基于欧氏距离测度的点云配准

下面是用 3.1 节、3.2 节和 3.3 节部分内容完成的基于欧氏距离测度的 ICP 算法工件多视角点云模型拼接结果。实验中，三维激光扫描仪 VIVID910 每隔 10°扫描一次，共获取 36 幅挂钩点云数据。限于篇幅，只列出初始位置 0°(基准模型)、旋转 10°和旋转 20°三视角的点云模型及其完整的参数计算和拼接结果。多视角点云模型的配准可转化成依次进行的两两配准按照本章的改进算法完成。

图 3.25(a)所示为位于初始位置 0°获取的基准点云模型，含有 51322 个三维数据点；图 3.25(b)所示为旋转 10°后获取的点云模型，含有 51510 个三维数据点；图 3.25(c)所示为旋转 20°后获取的点云模型，含有 52879 三维数据点。

根据 3.3.1 节所描述的初始位姿估计方法，手工地从相邻两视角点云模型图 3.25(a)和图 3.25(b)选取 4 组对应点如下：

$$\boldsymbol{p}_1 = (-57.3719, -46.8460, -908.9444)^{\mathrm{T}}$$

$$\boldsymbol{p}_2 = (-56.7141, -63.8961, -921.1264)^{\mathrm{T}}$$

$$\boldsymbol{p}_3 = (-82.0522, -58.7957, -922.7957)^{\mathrm{T}}$$

$$\boldsymbol{p}_4 = (-36.1953, -14.3814, -883.8267)^{\mathrm{T}}$$

$$\boldsymbol{m}_1 = (-40.2863, -49.6661, -904.0991)^{\mathrm{T}}$$
$$\boldsymbol{m}_2 = (-38.9668, -67.8595, -916.9416)^{\mathrm{T}}$$
$$\boldsymbol{m}_3 = (-66.6690, -64.8425, -914.2780)^{\mathrm{T}}$$
$$\boldsymbol{m}_4 = (-16.1062, -5.7097, -881.6557)^{\mathrm{T}}$$

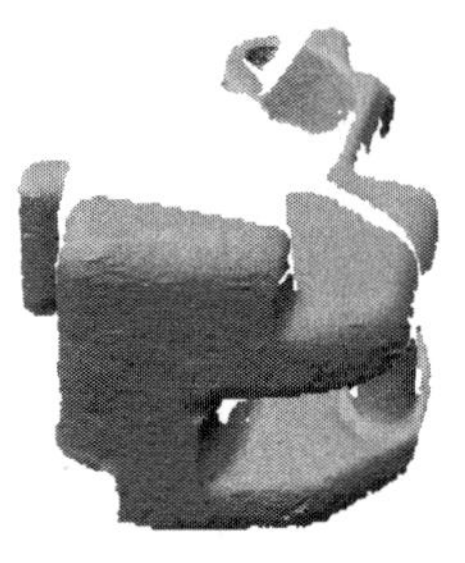
(a) 初始位置 0°

(b) 旋转 10°

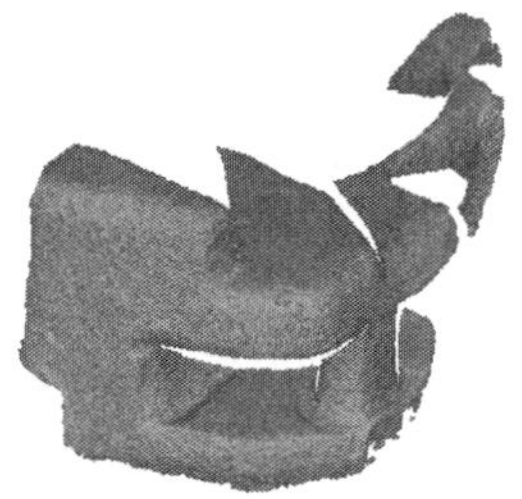
(c) 旋转 20°

图 3.25　三视角点云

用这 4 组对应点对和本章改进的方法计算将图 3.25(b)粗略配准到图 3.25(a)的初始刚体变换参数如下：

$$\boldsymbol{R}_0 = \begin{pmatrix} 0.9817 & -0.1216 & 0.1468 \\ 0.1114 & 0.9909 & 0.0758 \\ -0.1547 & -0.0580 & 0.9863 \end{pmatrix}, \quad \boldsymbol{t}_0 = \begin{pmatrix} 144.3844 \\ 73.9140 \\ -19.2158 \end{pmatrix}$$

将图 3.25(b)粗略配准到图 3.25(a)的结果见图 3.26(a)。设定误差阈值 $\tau = 10^{-4}$，经过 28 次迭代后的精确刚体变换参数如下：

$$\boldsymbol{R}_{28} = \begin{pmatrix} 0.9846 & -0.0990 & 0.1440 \\ 0.0994 & 0.9950 & 0.0047 \\ -0.1438 & 0.0097 & 0.9896 \end{pmatrix}, \quad \boldsymbol{t}_{28} = \begin{pmatrix} 142.7617 \\ 6.2981 \\ -12.9091 \end{pmatrix}$$

迭代后的精确配准结果如图 3.26(b)所示。同理，设定误差阈值 $\tau = 10^{-4}$，图 3.26(b)和图 3.25(c)经过 33 次迭代后的精确配准结果如图 3.26(c)所示。

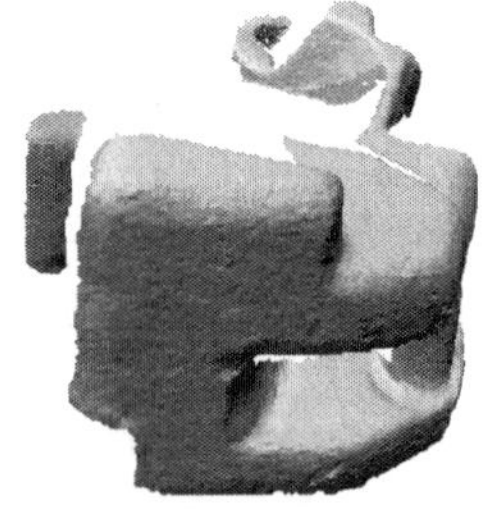
(a) 0°和 10°粗配准

(b) 0°和 10°精配准

(c) 图 3.16(b)与图 3.15(c)精配准

图 3.26　0°、10°和 20°点云模型的配准

3.8 本 章 小 结

在对激光点云数据的处理中，三维点云三角模型的配准算法研究是其中一个非常活跃的领域。由于其在考古、工业制造、逆向工程等许多方面有着广泛的应用，对它的研究受到国内外许多学者的广泛关注。本章首先描述了基于对应点对或点面之间欧氏距离误差测度的传统 ICP 配准算法，及其在刚体变换参数求解过程中用到的旋转矩阵四元数表示法和线性最小二乘法；在分析了现有点云模型配准方法的基础上，提出了一种基于表面间点与对应三角形所夹三棱锥平均体积误差测度的三角网格精确配准算法，与现有 ICP 框架下的迭代配准方法相比，该算法主要有两个贡献：①提出了表面间平均体积测度的概念，该测度衡量的不是对应点对或者点面之间的欧氏距离，而是点与对应三角形所夹三棱锥的平均体积；②采用一种与表面间平均体积测度相匹配的选点策略，通过从点与对应三角形的质心所形成的点对中选取最近对应点对，有效地排除了偏离点的影响，确保了算法的运行稳定。

在分析当前激光点云数据常用配准方法基础上，3.4 节引入匹配点对度量准则 NZCC 和迭代最近曲面片 ICS 算法，提出一种新的基于 NZCC 和 ICS 的激光点云数据配准方法。本章主要的设计思路是首先基于微分不变特征计算和 NZCC 获取初始匹配点对数组，然后采用四元素和线性最小二乘法来求解出刚性变换初值，最后进行 ICS 精确配准。实验结果表明与现有 ICP 架构下迭代凭借拼接方法相比，此方法有多视角普适性，是高效精确的。但精度和效率还不是最理想状态，今后的研究方向是基于自适应距离函数和迭代最近曲面片的复杂曲面物体激光点云配准，进一步同时提高计算效率和配准精度。

3.5 节在分析现有点云数据配准方法的基础上，引入自适应距离函数（ADF）和迭代最近曲面片 ICS 算法，提出一种新的激光点云数据精细配准方法。与现有 ICP 框架下的迭代配准方法相比，该算法主要有两个贡献：根据已有的点-点距离函数和点-切面距离函数，引进一种新的点-曲面距离函数，构造一个更加精确的点-曲面距离误差度量指标；在传统 ICP 算法配准的基础上，提出了 ICS 配准算法，用局部二次曲面片代替离散点作为配准的目标几何体，减少了采样密度对配准精度的影响，确保了算法的精度和效率。

参 考 文 献

[1] 路银北，张蕾，普杰信，等. 基于曲率的点云数据配准算法[J]. 计算机应用，2007，27(11): 2766-2769.

[2] 孙世为, 王耕耘, 李志刚. 逆向工程中多视点云的拼合方法[J]. 计算机辅助工程, 2002, 1(3): 8-11.

[3] Stein F, Medioni G. Structural indexing: Efficient 3-D object recognition[J]. IEEE Transactions on Pattern Analysis and Machine Intelligence, 1992, 14(2): 125-145.

[4] Faugeras O D, Hebert M. The representation, recognition, and locating of 3d objects[J]. International

Journal of Robotic Research, 1986, 5(3): 27-52.

[5] Besl P J, McKay N D. A method for registration of 3-D shapes[J]. IEEE Transactions on Pattern Analysis and Machine Intelligence, 1992, 14(2): 239-256.

[6] Chen Y G. Object modeling by registration of multiple range images[J]. Image and Vision Computing, 1992, 10(3): 145-155.

[7] 马颂德, 张正友. 计算机视觉: 计算理论与算法基础[M]. 北京: 科学出版社, 2003.

[8] Horn B K P. Closed form solutions of absolute orientation using unit quaternions[J]. Journal of the Optical Society of America, 1987, 4(4): 629-642.

[9] Arun K S, Huang T S, Blostein S D. Least square fitting of two 3-D point sets[J]. IEEE Transactions on Pattern Analysis and Machine Intelligence, 1987, 9(5): 698-700.

[10] 赵清杰, 钱芳, 蔡利栋. 计算机视觉[M]. 北京: 机械工业出版社, 2005.

[11] 谢如彪, 姜培庆. 非线性数值分析[M]. 上海: 上海交通大学出版社, 1984.

[12] 贾云得. 机器视觉[M]. 北京: 科学出版社, 2000.

[13] 张宗华, 彭翔, 胡小唐. ICP 方法匹配深度图像的实现[J]. 天津大学学报, 2002, 35(5): 571-576.

[14] Masuda T, Yokoya M. A robust method for registration and segmentation of multiple range images[J]. Computer Vision and Image Understanding, 1995, 61(3): 295-307.

[15] 方昭江, 丁明跃. 自由形态物体多视点深度图像数据配准方法研究[J]. 中国图象图形学报. 2000, 5(A)(7): 616-621.

[16] 罗先波. 三维扫描系统中的数据配准技术[J]. 清华大学学报(自然科学版), 2004, 44(8): 1104-1106.

[17] 陈楚. 基于激光扫描的深度影像配准方法的研究[D]. 武汉: 武汉大学, 2005.

[18] 伍毅. 三维扫描信息获取的深度图像配准算法设计及开发[D]. 杭州: 浙江大学, 2005.

[19] Campbell R J, Flynn P J. A survey of free-form object representation and recognition techniques[J]. Computer Vision and Image Understanding, 2001, 81(2): 166-210.

[20] Pulli K, Shapiro L G. Surface reconstruction and display from range and color data [J]. Graphical Models and Image Processing, 2000, 62(4): 165-201.

[21] 邓非. LIDAR 数据与数字影像的配准和地物提取[D]. 武汉: 武汉大学, 2006.

[22] 张爱武, 孙卫东, 李风亭. 基于激光扫描数据的室外场景表面重建方法[J]. 系统仿真学报, 2005, 172: 384-387.

[23] Turk G, Levoy M. Zipped polygon meshes from range image[J]. Proceedings of SIGGRAPH, 1994: 311-318.

[24] 朱延娟, 周来水, 张丽艳. 散乱点云数据配准算法[J]. 计算机辅助设计与图形学学报, 2006, 18(4): 475-480.

[25] Gelfand N, Ikemoto L, Rusinkiewicz S, et al. Geometrically stable sampling for the ICP algorithm[C]. Proceedings of the 4th International Conference on 3D Digital Imaging and Modeling, Banff, 2003: 260-267.

[26] 张鸿宾, 谢丰. 基于表面间距离度量的多视点距离图像分割方法[J]. 中国科学 E 辑: 信息科学, 2005, 35(2): 150-160.

[27] 王欣, 张明明, 于晓, 等. 应用改进迭代最近点方法的点云数据配准[J]. 光学精密工程, 2012, 20(9): 2068-2077.

[28] 林洪彬, 刘彬, 张玉存. 逆向工程中散乱点云变尺度配准算法研究[J]. 机械工程学报, 2011, 47(14): 1-6.

[29] Hironobu F, Gang X. Fast and robust registration of multiple 3D point clouds[C]. IEEE International Symposium on Robot and Human Interactive Communication, Atlanta, 2011: 331-336.

[30] Gressin A, Mallet C, David N. Improving 3D lidar point cloud registration using optimal neighborhood knowledge[J]. ISPRS Annals of the Photogrammetry, Remote Sensing and Spatial Information Sciences, 2012, 1-3: 111-116.

[31] Basdogan C, Oztireli A C. A new feature based method for robust and efficient rigid-body registration of overlapping point clouds [J]. The Visual Computer, 2008, 24(7-9): 679-688.

[32] 张旭东, 吴国松, 胡良梅. 基于 TOF 三维相机相邻散乱点云配准技术研究[J]. 机械工程学报, 2013, 49(12): 8-16.

[33] 薛耀红. 点云数据配准及曲面细分技术研究[D]. 长春: 吉林大学, 2010.

[34] 薛耀红, 梁学章, 马婷, 等. 扫描点云的一种自动配准方法[J]. 计算机辅助设计与图形学学报, 2011, 23(2): 223-231.

[35] 王卫东, 平西建, 丁益洪. 立体足迹重压面提取与描述[J]. 微计算机信息, 2005, 21(9-3): 103-105.

[36] 张世辉, 张煜婕, 孔令富. 一种基于深度图像的自遮挡检测方法[J]. 小型微型计算机系统, 2010, 31(5): 964-968.

[37] 沈一兵, 沈忠民, 丘成桐. 在陈省身先生影响下的微分几何[M]. 北京: 高等教育出版社, 2012.

[38] 葛宝臻, 彭博, 田庆国. 基于曲率图的三维点云数据配准[J]. 天津大学学报, 2013, 46(2) : 174-180.

[39] 刘宇. 基于微分信息的散乱点云拼合和分割[D]. 武汉: 华中科技大学, 2008.

[40] Taubin T, Cukierman F, Sullivan S, et al. Parameterized families of polynomials for bounded algebraic curve and surface fitting[J]. IEEE Transaction on Pattern Analysis and Machine Intelligence, 1994, 16(3): 287-303.

[41] Press W H, Vetterline W T, Teukolsky S A, et al. Numerical Recipes in C: the Art of Scientific Computing[M]. 2nd edition. New York: Cambridge University Press, 1992.

[42] Sahillioglu Y, Yemez Y. Coarse-to-fine surface reconstruction from silhouettes and range data using mesh deformation[J]. Computer Vision and Image Understanding, 2010, 114(3): 334-348.

[43] Chow C K, Tsui H T, Lee T. Surface registration using a dynamic genetic algorithm[J]. Pattern Recognition, 2004, 37(1): 105-117.

[44] 秦绪佳, 王建奇, 郑红波, 等. 三维不变矩特征估计的点云拼接[J]. 机械工程学报, 2013, 49(1):

129-134.

[45] 王蕊, 李俊山, 刘玲霞, 等. 基于几何特征的点云配准算法[J]. 华东理工大学学报自然科学版, 2009, 35(5): 768-773.

[46] 高鹏东, 彭翔, 李阿蒙, 等. ICP 框架下基于表面间平均体积测度的深度像配准[J]. 计算机辅助设计与图形学学报, 2007, 19(6): 719-724.

[47] 陈维桓. 微分几何[M]. 北京: 北京大学出版社, 2006.

[48] Zhang M, Wen J H, Fan Y L. A new registration method for scattered point clouds from multi-views[J]. Information Technology Journal, 2013, 12(19): 5005-5010.

[49] 刘宇, 熊有伦. 基于有界 k-d 树的最近点搜索算法[J]. 华中科技大学学报(自然科学版), 2008, 36(7): 73-76.

[50] 戴静兰, 陈志杨, 叶修梓. ICP 算法在点云配准中的应用[J]. 中国图象图形学报, 2007, 12(3): 517-521.

[51] 张剑清, 李彩林, 郭宝云. 基于切平面投影的散乱数据点快速曲面重建算法[J]. 武汉大学学报(信息科学版), 2011, 37(7): 757-762.

[52] 李彩林. 基于结构光的手持式摄影扫描系统关键技术研究[D]. 武汉: 武汉大学, 2011.

[53] 孟凡文, 吴禄慎, 罗丽萍. 三维面部数据采集与 NURBS 曲面重构[J]. 激光与红外, 2010, 40(3): 335-338.

[54] Armin G, Devrim A . Least squares 3D surface and curve matching [J]. Journal of Photogrammetry & Remote Sensing, 2005, 59: 151-174.

[55] 李奇敏, 柯映林, 何玉林. 基于非均匀 B 样条小波的 NURBS 曲面光顺[J]. 中国机械工程, 2007, 18(5): 577-582.

[56] 吕汉明, 王扬. 用于三角网格模型的启发式四边区域划分算法[J]. 吉林大学学报(工学版), 2008, 38(l): 158-162.

[57] Leong K F, Chua C K, Ng Y M. A study of stereo photography file errors and repair part 1: Generic solutions [J]. International Journal of Advanced Manufacturing Technology, 1996, 12 (6): 407-422.

[58] 唐燕. 基于近景摄影测量的文物三维重建研究[D]. 西安: 西安科技大学, 2013.

[59] 单岩, 谢斌飞. Image ware 逆向造型应用实例[M]. 北京: 清华大学出版社, 2007.

[60] Martin R R, Stroud I A, Marshall A D. Data reduction for reverse engineering[J]. Reccad, Deliverable Document 1, Copernicus Project, 1996, 1068: 101-113.

[61] 包佳蕊, 梁荣华, 吴福理, 等. 3 维颅骨表面模型的复杂孔洞修补[J]. 中国图象图形学报, 2013, 18(9): 1156-1163.

[62] 和平鸽工作室. OpenGL 高级编程与可视化系统开发高级编程[M]. 2 版. 北京: 中国水利水电出版社, 2006.

[63] 郭兆荣. Visual C++ OpenGL 应用程序开发[M]. 北京: 人民邮电出版社, 2006.

[64] 张树森, 郑成志, 肖胜兵, 等. 基于 MFC 环境下利用 OpenGL 函数实现点云数据拼合[J]. 机床与液压, 2006, 2: 76-78.

第 4 章　点云数据（深度图像）区域分割

三维曲面物体的建模与识别一直是计算机视觉研究领域的重点和难点问题，其中区域分割是最关键的环节之一。三维建模中整体曲面重建往往较难实现，且基于特征关系图的建模需要提取构成物体表面的每一个曲面片的几何特征，通常采用分片曲面拼接来形成整张曲面。对数据进行分块，可将复杂数据处理问题简化，使后期的曲面拟合与不变特征计算变得方便灵活，有利于提高建模效率及重建模型精度。

高精度深度传感器的出现，使得深度图像分析引起了科学工作者的广泛兴趣。深度图像与灰度图像相比，由于没有光照产生的阴影问题，而且物体同一光滑面也没有由于不同颜色区域、材质等产生的“纹理”问题的困扰，因此几何特征较易提取，而且精度也高[1]。

目前激光点云分割算法在三维领域内的研究还不够成熟，一般采取三维问题二维化处理，将三维激光点云转化为二维深度图像，然后运用经典的图像处理方法进行分割，得到已分割的平面区域。根据二维像点与三维空间点之间的一一对应关系，可以将对应的激光点云模型表面分块成有限曲面片（空间平面可看成一特殊曲面）。本章首先研究了深度图像点云数据区域分割的两种常用方法，接着提出了一种改进的形态学水线区域分割方法，最后探究参数活动轮廓模型距离图像分割。

4.1　基于微分不变量和区域增长的深度图像分割

针对灰度图像常用的有三种分割算法[2]：①四叉树法；②阈值分割法；③边缘检测法。关于深度图的区域分割方法，国内外许多学者对此都进行了研究，主要有基于面和基于边的方法，其中基于边的方法是首先根据点的局部几何特性在点的集合中检测到边界点（如曲率阶跃点、曲率局部极值点、曲率过零点和深度不连续点），然后进行边界点的连接、拟合[3]，在实际图像处理中，由于噪声的影响，用该方法提取出来的边界的质量不是很好。

本节针对人造 3D 曲面物体（玩具米老鼠头部）的深度图分割问题，描述了一种基于微分不变量和区域增长法的分割方法。该方法是在这样一种前提下进行的：在同一区域内，特征（高斯曲率、平均曲率和主曲率等）的变化是平缓的，二相邻区域边界两侧的特征变化是剧烈的。该方法可分为两步：首先基于高斯曲率和平均曲率微分不变量进行初始分割，得到初始的核区域；然后用区域增长法进行增长将深度图像分割成多个区域。深度图像中的每个平面区域对应三维曲面物体上的一个有限曲面（平面可看成一特殊曲面），分割完成后，可由相应的深度数据，计算该有限曲面的几何矢量并对分割后的曲面片以及它们的拓扑关系用特征关系图描述，最后可根据这些特征矢量基于特征关系图匹配来进行识别。本书描述的方法，已在 Pentium Ⅳ PC 上用 Visual C++6.0 和 Matlab7.0 进行了编程实现，并得到了较好的分割结果。

4.1.1　初始分割

三维激光点云数据转化为二维深度图像的方法如下。

（1）从配准拼接得到的完整三维几何曲面模型文件（*.asc、*.obj、*.stl、*.imw 等）中读取所有点的三维坐标，设点的总数为 Num;

（2）求出所有空间点 x、y、z 坐标的最小值与最大值 $x_{\min},x_{\max}$、$y_{\min},y_{\max}$、$z_{\min},z_{\max}$；

（3）设定 cols、rows，文中根据 VIVID910 硬件扫描系统对目标进行实际扫描时获取同步影像数据的分辨率为 640×480 像素，将 cols 设为 640，rows 设为 480，由以下公式可以计算第 i 点的 u_i、v_i，并将相应的 z_i 进行量化后存在图像的 (u_i,v_i) 处：

$$u_i=\frac{x_i-x_{\min}}{x_{\max}-x_{\min}}\text{cols},\quad i=1,2,\cdots,\text{Num} \tag{4.1}$$

$$v_i=\frac{y_i-y_{\min}}{y_{\max}-y_{\min}}\text{rows},\quad i=1,2,\cdots,\text{Num} \tag{4.2}$$

$$h(u_i,v_i)=\frac{z_i-z_{\min}}{z_{\max}-z_{\min}}255,\quad i=1,2,\cdots,\text{Num} \tag{4.3}$$

用以上程序得到的深度图像即为空间物体表面参数表达的离散形式[3]。

广泛使用的高斯曲率和平均曲率符号（简称 KH 符号）是一种微分不变量，它为表面基元（曲面片）提供了与视角无关的定性性质，可将表面基元分为八类[4]：峰面、脊面、鞍脊面、平面、最小面、凹面、谷面、鞍谷面，如表 4.1 所示，这些曲面类型可用于构造初始核区域。

表 4.1　由表面曲率符号确定的表面类型

	$\boldsymbol{K}[i,j]>0$	$\boldsymbol{K}[i,j]=0$	$\boldsymbol{K}[i,j]<0$
$H[i,j]>0$	$T[i,j]=1$ 峰面	$T[i,j]=2$ 脊面	$T[i,j]=3$ 鞍脊面
$H[i,j]=0$	$T[i,j]=4$ 无	$T[i,j]=5$ 平面	$T[i,j]=6$ 最小面
$H[i,j]<0$	$T[i,j]=7$ 凹面	$T[i,j]=8$ 谷面	$T[i,j]=9$ 鞍谷面

由分析微分几何学可知，空间曲面上任一点的曲率，是曲面的固有特征，它不随曲面的位置、方向变化而变化，也与曲线的参数化方法无关，在 3D 空间 R^3 中，一个离散参数曲面可表示为如下的 Monge 曲面[5]：

$$\boldsymbol{r}(u,v)=[u\quad v\quad \boldsymbol{h}(u,v)]^{\mathrm{T}},\quad u=1,2,\cdots,\text{cols};\quad v=1,2,\cdots,\text{rows} \tag{4.4}$$

U-V 平面可看成 3D 空间 R^3 的参考平面，这时 $\boldsymbol{h}(u,v)$ 表示离散曲面上空间某点到其参考平面对应点 (u,v) 的距离。曲面在点 $\boldsymbol{r}(u,v)$ 的切平面平行于 $\boldsymbol{r}_u$ 与 $\boldsymbol{r}_v$ 张成的向量平面，则曲面 $\boldsymbol{r}(u,v)$ 的单位法线方向为

$$\boldsymbol{n}=\frac{\boldsymbol{r}_u\times\boldsymbol{r}_v}{|\boldsymbol{r}_u\times\boldsymbol{r}_v|} \tag{4.5}$$

$\boldsymbol{r}(u,v)$ 可表示为两种基本形式，其中，第一种基本形式表示曲面的内在性质[6]：

$$I(d_u,d_v)=d_{\boldsymbol{r}}\cdot d_{\boldsymbol{r}}=(\boldsymbol{r}_u d_u+\boldsymbol{r}_v d_v)\cdot(\boldsymbol{r}_u d_u+\boldsymbol{r}_v d_v)=Ed_u^2+2Fd_u d_v+Gd_v^2 \tag{4.6}$$

其中，E、F、G 为第一种基本形式参数，并且：

$$E=\boldsymbol{r}_u\cdot\boldsymbol{r}_u,\quad F=\boldsymbol{r}_u\cdot\boldsymbol{r}_v, G=\boldsymbol{r}_v\cdot\boldsymbol{r}_v \tag{4.7}$$

其中，$\boldsymbol{r}_u$ 是 $\boldsymbol{r}$ 对 u 的偏微商（其余类同）。

第二种基本形式表示曲面的外在性质[6]：

$$II(d_u,d_v)=-d_{\boldsymbol{r}}\cdot d_{\boldsymbol{n}}=(\boldsymbol{r}_{uu}d_u^2+2\boldsymbol{r}_{uv}d_u d_v+\boldsymbol{r}_{vv}d_v^2)\cdot\boldsymbol{n}=Ld_u^2+2Md_u d_v+Nd_v^2 \tag{4.8}$$

其中，$\boldsymbol{r}_{uu}$ 是 $\boldsymbol{r}$ 对 u 的二阶偏微商（其余类同）。L、M、N 为第二种基本形式参数，并且有

$$L=\boldsymbol{r}_{uu}\cdot\boldsymbol{n},\quad M=\boldsymbol{r}_{uv}\cdot\boldsymbol{n},\quad N=\boldsymbol{r}_{vv}\cdot\boldsymbol{n} \tag{4.9}$$

由此可见，由 E、F、G、L、M、N 等 6 个参数唯一确定了曲面的两种基本形式，而高斯曲率 K、平均曲率 H，以及主曲率 k_1、k_2 也可用这些参数表示[4]：

$$K=\frac{LN-M^2}{EG-F^2},\quad H=\frac{EN+GL-2FM}{2(EG-F^2)} \tag{4.10}$$

$$k_1=H+\sqrt{H^2-K},\quad k_2=H-\sqrt{H^2-k} \tag{4.11}$$

因而高斯曲率 K 和平均曲率 H，以及最大、最小主曲率 k_1、k_2 也就包含了曲面的形状信息。为了方便，用 $\boldsymbol{h}$ 表示 $\boldsymbol{h}(u,v)$，用 $\boldsymbol{r}$ 表示 $\boldsymbol{r}(u,v)$，则参数曲面 $\boldsymbol{r}$ 的一阶和二阶微商可分别表示为

$$\begin{cases} r_u=[1\quad 0\quad \boldsymbol{h}_u]^{\mathrm{T}},\quad \boldsymbol{r}_v=[0\quad 1\quad \boldsymbol{h}_v]^{\mathrm{T}} \\ r_{uu}=[0\quad 0\quad \boldsymbol{h}_{uu}]^{\mathrm{T}},\quad \boldsymbol{r}_{uv}=[0\quad 0\quad \boldsymbol{h}_{uv}]^{\mathrm{T}} \\ \boldsymbol{r}_{vv}=[0\quad 0\quad \boldsymbol{h}_{vv}]^{\mathrm{T}} \end{cases} \tag{4.12}$$

其中，$h_u=\dfrac{\partial\boldsymbol{h}}{\partial_u}$、$\boldsymbol{h}_v=\dfrac{\partial\boldsymbol{h}}{\partial_v}$、$\boldsymbol{h}_{uu}=\dfrac{\partial^2\boldsymbol{h}}{\partial u^2}$、$h_{uv}=\dfrac{\partial^2\boldsymbol{h}}{\partial v^2}$、$\boldsymbol{h}_{uv}=\boldsymbol{h}_{vu}=\dfrac{\partial^2 h}{\partial u\partial v}$ 分别是深度函数 $\boldsymbol{h}$ 的一阶和二阶微商。而高斯曲率 K 和平均曲率 H，以及最大主曲率 k_1 和最小主曲率 k_2 可由深度函数的微商表示为[7]

$$K[i,j]=\frac{\boldsymbol{h}_{uu}[i,j]\boldsymbol{h}_{vv}[i,j]-\boldsymbol{h}_{uv}^2[i,j]}{(1+\boldsymbol{h}_u^2[i,j]+\boldsymbol{h}_v^2[i,j])} \tag{4.13}$$

$$\boldsymbol{H}[i,j]=\frac{1}{2}\frac{(1+\boldsymbol{h}_v^2[i,j])\boldsymbol{h}_{uu}[i,j]+(1+\boldsymbol{h}_u^2[i,j])\boldsymbol{h}_{vv}[i,j]-2\boldsymbol{h}_u[i,j]\boldsymbol{h}_v[i,j]\boldsymbol{h}_{uv}[i,j]}{(1+\boldsymbol{h}_u^2[i,j]+\boldsymbol{h}_v^2[i,j])^{3/2}} \tag{4.14}$$

$$\boldsymbol{k}_1[i,j]=\boldsymbol{H}[i,j]+\sqrt{\boldsymbol{H}^2[i,j]-\boldsymbol{K}[i,j]},\quad \boldsymbol{k}_2[i,j]=\boldsymbol{H}[i,j]-\sqrt{\boldsymbol{H}^2[i,j]-\boldsymbol{K}[i,j]} \tag{4.15}$$

对于数字深度图像表面，假设深度函数分布在均匀网格上，可采用局部多项式拟合的方法求其微商值的近似值，即用可分离滤波器与深度函数进行卷积来估计深度函数的一阶和二阶微商，常选 $N\times N$ 窗口算子与原深度图像卷积实现[8]。

$$\begin{cases}\boldsymbol{h}_u=\boldsymbol{D}_u*\boldsymbol{S}*\boldsymbol{h},\quad \boldsymbol{h}_v=\boldsymbol{D}_v*\boldsymbol{S}*\boldsymbol{h}\\ \boldsymbol{h}_{uu}=\boldsymbol{D}_{uu}*\boldsymbol{S}*\boldsymbol{h},\quad \boldsymbol{h}_{vv}=\boldsymbol{D}_{vv}*\boldsymbol{S}*\boldsymbol{h}\\ \boldsymbol{h}_{uv}=\boldsymbol{D}_{uv}*\boldsymbol{S}*\boldsymbol{h}\end{cases} \tag{4.16}$$

其中，$*$表示卷积运算，$\boldsymbol{D}_u$、$\boldsymbol{D}_v$、$\boldsymbol{D}_{uu}$、$\boldsymbol{D}_{uv}$、$\boldsymbol{D}_{vv}$、$\boldsymbol{S}$ 为 $N\times N$ 算子，当 $N=7$ 时，可推出[5]

$$\begin{cases}\boldsymbol{S}=\boldsymbol{s}\boldsymbol{s}^{\mathrm{T}},\quad \boldsymbol{D}_u=\boldsymbol{d}_0\boldsymbol{d}_1^{\mathrm{T}}\\ \boldsymbol{D}_v=\boldsymbol{d}_1\boldsymbol{d}_0^{\mathrm{T}},\quad \boldsymbol{D}_{uu}=\boldsymbol{d}_0\boldsymbol{d}_2^{\mathrm{T}}\\ \boldsymbol{D}_{vv}=\boldsymbol{d}_2\boldsymbol{d}_0^{\mathrm{T}},\quad \boldsymbol{D}_{uv}=\boldsymbol{d}_1\boldsymbol{d}_1^{\mathrm{T}}\end{cases} \tag{4.17}$$

$$\begin{cases}\boldsymbol{s}=\dfrac{1}{64}[1\quad 6\quad 15\quad 20\quad 15\quad 6\quad 1]^{\mathrm{T}}\\ \boldsymbol{d}_0=\dfrac{1}{7}[1\quad 1\quad 1\quad 1\quad 1\quad 1\quad 1]^{\mathrm{T}}\\ \boldsymbol{d}_1=\dfrac{1}{28}[-3\quad -2\quad -1\quad 0\quad 1\quad 2\quad 3]^{\mathrm{T}}\\ \boldsymbol{d}_2=\dfrac{1}{84}[5\quad 0\quad -3\quad -4\quad -3\quad 0\quad 5]^{\mathrm{T}}\end{cases} \tag{4.18}$$

其中，$\boldsymbol{s}$、$\boldsymbol{d}_0$、$\boldsymbol{d}_1$、$\boldsymbol{d}_2$ 是计算微商窗口算子的列矢量。

4.1.2　区域连通与区域增长

当计算出深度图像上所有像素的高斯曲率 K 和平均曲率 H 后，可用平均曲率 H 和高斯曲率 K 的正负号编码公式计算整数标记 T[8]：

$$\boldsymbol{T}[i,j]=1+3\big(1+\mathrm{Sgn}\big(H[i,j]\big)\big)+\big(1-\mathrm{Sgn}\big(K[i,j]\big)\big) \tag{4.19}$$

其中，$\mathrm{Sgn}\{\cdot\}\in\{1,-1,0\}$ 分别表示 +、−、0，表面类型及曲率符号关系见表 4.1。然后使用序贯连通成分算法（见算法 4.1），将具有相同符号标记组成一个连通区域，以得到初始核区域。

算法 4.1　序贯连通成分算法

（1）从左至右、从上到下扫描深度图像；

（2）如果 $T[i,j] \neq 0$，则

① 如果上面点和左面点有一个标记，则复制这一标记；

② 如果两点有相同的标记，复制这一标记；

③ 如果两点有不同的标记，则复制上点的标记且将两个标记输入等价表中作为等价标记；

④ 否则给该像素点分配一新的标记并将这一标记输入等价表；

（3）在等价表的每一等价集中找到最低的标记；

（4）扫描深度图像，用等价表中的最低标记取代每一标记。

深度图像中的每一个初始核区域可以用二元变量多项式有效拟合[8]，然后进行核区域扩展，以覆盖核区域更多相似的邻近点，即把那些没有标记的深度像素通过增长过程添加到相应的核区域中。用于深度图像分割的区域增长算法见算法 4.2。

算法 4.2　深度图像分割算法

（1）用可分离滤波器计算深度图像的一阶和二阶偏导数；

（2）计算图像每一个像素位置的平均曲率和高斯曲率；

（3）标记每个像素的曲面类型；

（4）收缩区域以消除靠近区域边界的错误标记；

（5）使用序贯连通成分算法识别核区域；

（6）去掉太小的核区域；

（7）用双变量多项式拟合每一个核区域；

（8）从某一核区域开始，将满足相似性准则的核区域邻近点标记为该区域候选点；

（9）重新用双变量多项式同时拟合核区域和区域候选点，如果拟合结果满足相似性准则，则核区域和候选点共同构成新区域，否则，放弃区域候选点；

（10）选择未进行过增长的核区域，重复步骤（8）和（9），直到没有能够再增长核区域。

4.1.3　实验结果

下面就是采用本节方法，完成的初始分割、序贯连通以及区域分割。图 4.1 所示为米老鼠头部的“点云”数据，含有 38431 个三维数据点。图 4.2 所示为米老鼠头部的三维模型。图 4.3 为米老鼠头部深度图像，像素大小为 480×640，深度图像的深度分辨率为 8bit（256 深度级）。图 4.4 是根据式（4.13）计算得到的“米老鼠”高斯曲率图，图 4.5 是根据式（4.14）计算得到的“米老鼠”平均曲率图，图 4.6 是深度图的最后分割结果。

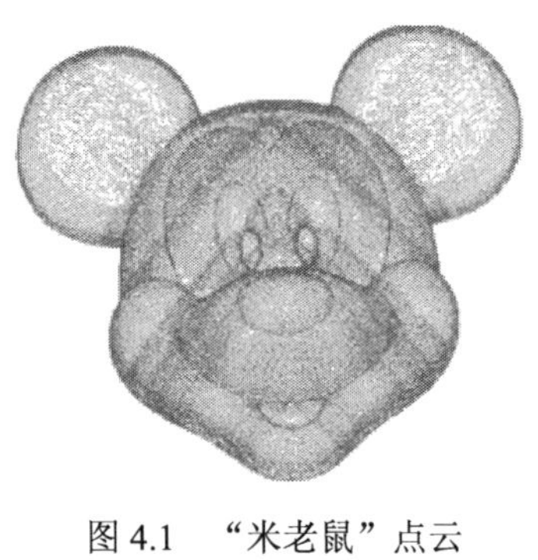

图 4.1 “米老鼠”点云

图 4.2 “米老鼠”三维模型

图 4.3 “米老鼠”深度图

图 4.4 “米老鼠”高斯曲率图

图 4.5 “米老鼠”平均曲率图

图 4.6 区域分割图

4.2 基于二值形态学的深度图像分割

目前针对深度图像的常用分割算法有两种：①基于边界的方法；②基于面的方法。其中基于边界的方法是首先根据点的局部几何特性在点的集合中检测到边界点（如曲率阶跃点、曲率局部极值点、曲率过零点和深度不连续点），然后进行边界点的连接、拟合[9]，在实际图像处理中，由于噪声的影响，用该方法提取出来的边界的质量不是很好；基于面的方法是根据微分几何中曲面的某些特征参数（如高斯曲率）的性质来确定属于一个面的所有数据点，而上述特征参数的求取则是在曲面光滑连续的情况下才有效，由于真实物体表面不可能是完全光滑连续的，而只可能是分片连续的，所以如何准确地估算出分片连续曲面的曲率是基于面分割方法的瓶颈。本质上这两种方法都属于基于微分运算的分割方法，其共同缺点是需要复杂的运算且对噪声很敏感。

二值形态学是一种应用于图像和模式识别领域的新方法，它的基本思想是用具有一定形态的结构元素去度量和提取图像中的对应形状，以达到对图像分析和识别的目的。本节针对人造 3D 曲面物体（挂钩）的深度图分割问题，描述了一种基于二值形态学的分割方法。该方法利用简单的二值形态学算子直接提取跳跃和尖顶边界，不需要计算每点的局部特征，因此该算法优于基于微分运算的分割方法，比上述方法的速度较快，具有较强的抗噪声能力，且提取的边缘比较光滑。

4.2.1　二值形态学基本运算

1. 基本概念

定义 4.1　平面结构元素 S 是一个包含 0 和 1 元素的数组，是二维欧氏空间中的一个集合，一幅很小的二值图像。结构元素的中心像素称为原点，它是结构元素参与形态学运算的参考点。

定义 4.2　设 B 和 S 为二维欧氏空间中的两个集合，则 B 和 S 之间的关系有三种：①S 包含于 B，记为 $S \subset B$；②S 击中 B，记为 $S \Uparrow B$，其意为 $S \cap B \neq \varnothing$；③$S$ 击不中 B，记为 $S \subset B^c$，其意为 $S \cap B^c \neq \varnothing$，其中 B^c 为 B 的补集，$\varnothing$ 为空集。

定义 4.3　二值图像 B 通过位置向量 S 进行的平移 B_s 表示为

$$B_s = \{b + s \mid b \in B\} \tag{4.20}$$

其中二维欧氏空间中的平移量 S 用有序数对 $(\Delta r, \Delta c)$ 确定，Δr 是行方向的移动量，Δc 是列方向的移动量。这样对于二值图像 B 中值为 1 的像素集，其平移是按规定的量 s 整体移动。

定义 4.4　二值图像 B 对于图像原点的反射 B 表示为

$$\tilde{B} = \left\{-b \middle| b \in B\right\} \tag{4.21}$$

2. 基本运算

基本的二值形态运算有四种：膨胀（dilation）、腐蚀（erosion）、闭合（closing）与开启（opening）[10]。膨胀运算使区域扩大，而腐蚀运算使区域变小。闭运算可以填充区域内的小孔和消除沿边界的缺口，可以使原图像增大。开运算可以去掉区域边界处由里向外的毛刺，使原图像缩小。基于这些基本运算还可推导和组合成各种二值形态学实用算法。

（1）膨胀：用结构元素 S 对二值图像 B 进行的膨胀运算 $B\oplus S$ 表示为

$$B\oplus S=\left\{b\left|\left[(\tilde{S})_b\cap B\right]\neq\varnothing,b\in B\right.\right\}=\left\{b\left|(\tilde{S})_b\Uparrow B,b\in B\right.\right\}=\bigcup_{s\in S}B_s \tag{4.22}$$

其含义为 B 中使 $(\tilde{S})_b$ 击中 B 的所有点 b 构成的集合。

（2）腐蚀：用结构元素 S 对二值图像 B 进行的腐蚀运算 $B\odot S$ 表示为

$$B\odot S=\left\{b\left|S_b\subseteq B,b\in B\right.\right\}=\bigcap_{s\in S}B_s \tag{4.23}$$

其含义为 B 中使 S 被 b 平移后包含于 B 的所有点 b 构成的集合。

（3）闭合：用结构元素 S 对二值图像 B 进行的闭运算 $B\cdot S$ 表示为

$$B\cdot S=(B\oplus S)\odot S \tag{4.24}$$

其含义为使用同一结构元素 S 对二值图像 B 先进行膨胀运算然后再进行腐蚀运算。

（4）开启：用结构元素 S 对二值图像 B 进行的开运算 $B\circ S$ 表示为

$$B\circ S=(B\odot S)\oplus S \tag{4.25}$$

其含义为使用同一结构元素 S 对二值图像 B 先进行腐蚀运算然后再进行膨胀运算。

4.2.2　深度图像分割

利用二值形态学的上述四种基本运算，可以推导和组合出适合深度图像的各种算子，从而完成对深度图像的分割。在深度图像中，跳跃边界对应于深度不连续点，即深度值的突变。尖顶边界对应于方向不连续点，即法向的突变。

首先，用式（4.26）所表征的 3×3 领域平滑滤波器对原始输入深度图像 fin 进行滤波[11]。

$$M=\frac{1}{9}\begin{bmatrix}1&1&1\\1&1&1\\1&1&1\end{bmatrix} \tag{4.26}$$

即可获得平滑后的深度图像 fout：

$$\text{fout}[r,c]=\left(\sum_{i=-1}^{i=1}\sum_{j=-1}^{j=1}\text{fin}[r+i,c+j]\right)\Big/9 \tag{4.27}$$

再用式（4.28）所示的形态学边缘强度算子 ES(fout)处理平滑后的深度图像 fout。

$$\text{ES(fout)}=\min[\text{EG(fout)},\text{DG(fout)}] \tag{4.28}$$

其中，EG(fout)和 DG(fout)分别为腐蚀梯度和膨胀梯度，是两个边缘增强算子，分别为

$$\text{EG(fout)}=\text{fout}-(\text{fout}\odot S)\text{，}\quad \text{DG(fout)}=(\text{fout}\oplus S)-\text{fout} \tag{4.29}$$

其中，S 为平面结构元素，经 ES(fout)算子处理后，在跳跃边界处形成凸脊，在尖顶边

界处形成凹谷。因凸脊和凹谷各处的幅度大小不等，不能用简单的边缘检测和阈值分割将其提取出来。因此，需定义如式（4.30）所示的凸脊检测算子 $P(\mathrm{fout})$和凹谷检测算子 $V(\mathrm{fout})$，用来检测出凸脊和凹谷[4]：

$$P(\mathrm{fout}) = \mathrm{fout} - (\mathrm{fout} \circ b), \quad V(\mathrm{fout}) = (\mathrm{fout} \cdot b) - \mathrm{fout} \tag{4.30}$$

其中，b 为球形结构元素，其运算结果是形成两个图像：凸脊图像和凹谷图像，在凸脊图像中，在跳跃边界处产生了幅度均匀的凸脊；在凹谷图像中，在尖顶边界处产生了幅度均匀的凹谷。

然后经过边缘检测，分别在这两个图像中把深度值的突变（跳跃边界）和法向的突变（尖顶边界）从背景中提取出来，经平面曲线拟合连接得到凸脊和凹谷。最后将凸脊和凹谷合并成一个二值图像，其中凸脊和凹谷上的点记为 1，背景记为 0。在二值图像中，凸脊和凹谷一起将图像分割成几个封闭的区域，完成深度图像的分割。

4.2.3　实验结果

用本节方法对深度图像进行了分割。图 4.7 所示为挂钩的“点云”数据，含有 782105 个三维数据点；图 4.8 为挂钩原始深度图像，像素大小为 1024×1024，深度图像的深度分辨率为 8bit；图 4.9 是根据式（4.26）所表征的 3×3 领域平滑滤波器对图 4.8 所示挂钩原始深度图像进行平滑后所得的深度图像；图 4.10 是用式（4.30）描述的凸脊检测算子 $P(\mathrm{fout})$对图 4.9 所示平滑后的深度图像进行处理所形成的凸脊图像；图 4.11 是用式（4.30）描述的凹谷检测算子 $V(\mathrm{fout})$对图 4.9 所示平滑后的深度图像进行处理所形成的凹谷图像；图 4.12 为从图 4.10 所示凸脊图像中用“canny”边缘检测算子在阈值 $\tau = 0.21$ 时提取出来的深度值的突变（边缘），即跳跃边界经平面曲线拟合连接得到的凸脊；图 4.13 为从图 4.11 所示凹谷图像中用“canny”边缘检测算子在阈值 $\tau = 0.34$ 时提取出来的法向的突变（边缘），即尖顶边界经平面曲线拟合连接得到的凹谷；然后将凸脊和凹谷合并成一个二值图像，其中凸脊和凹谷上的点记为 1，背景记为 0。在二值图像中，凸脊和凹谷一起将图像分割成几个封闭的区域，图 4.14 为图 4.8 所示原始深度图像的最后分割结果。

图 4.7　挂钩三维“点云”图

图 4.8　挂钩原始深度图像

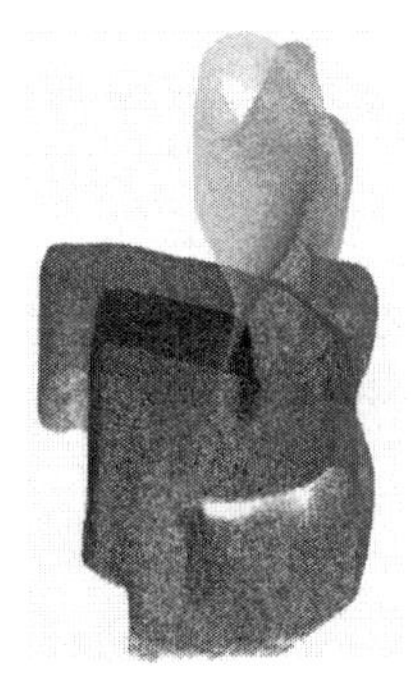

图 4.9　平滑后的深度图像

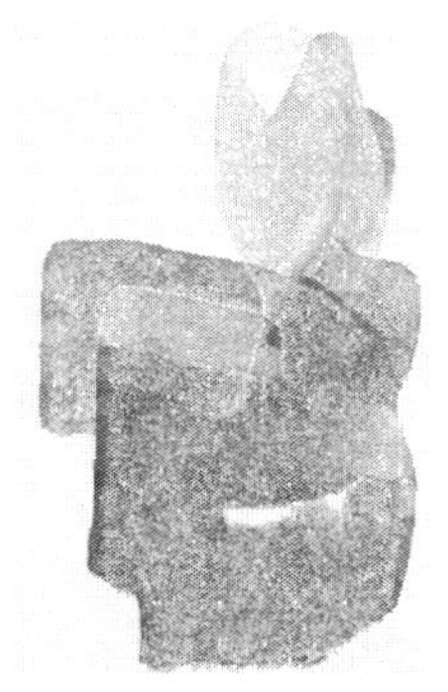

图 4.10　凸脊图像

图 4.11　凹谷图像

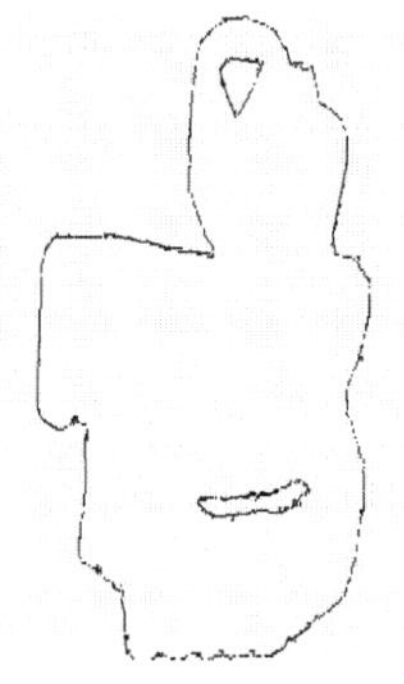

图 4.12　凸脊

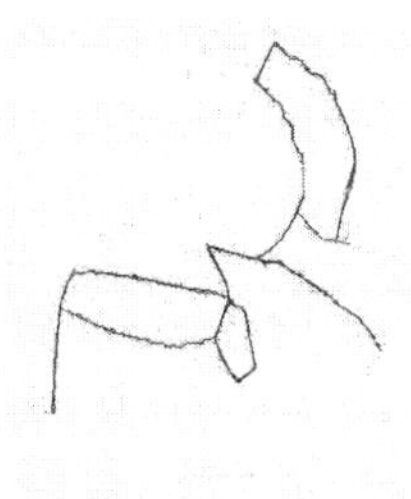

图 4.13　凹谷

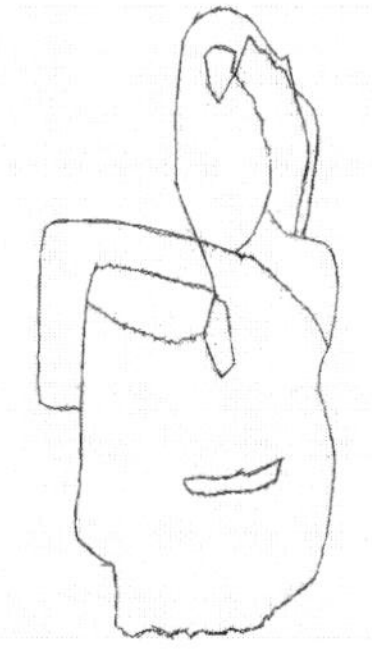

图 4.14　深度图像区域分割

4.3　基于形态学水线区域的深度图像分割

本节针对人造 3D 曲面物体（编钟）的深度图分割问题，利用 4.2.1 节所述二值形态学四种基本运算，推导和组合出一种改进的基于二值形态学水线区域的深度图像分割算法。该方法通过连续地腐蚀二值图像得到距离图，把距离图当做山脉，则其中的最大值对应山峰而最小值对应山谷，这些山谷就是水线，将每个山峰周围的水线连起来就可得到对目标的分割。该算法不需要计算每点的局部特征，因此该算法优于基于微分运算的分割方法，比上述方法的速度较快，具有较强的抗噪声能力，且提取的边缘比较光滑。该方法已在 Pentium Ⅳ PC 上用 Visual C++6.0 和 Matlab7.0 进行了编程实现，分割结果与人的主观视觉感知具有良好的一致性。该算法主要包括下面三个步骤。

4.3.1　产生距离图

距离图是图中各像素的深度与该像素到图像或目标边界的距离成比例的图。为用形态学方法产生距离图，可迭代地腐蚀二值深度图，在每次腐蚀后将所剩下的像素值加 1。迭代腐蚀可用式（4.31）描述[11]：

$$B_k = B \odot kS,\quad k = 1,2,\cdots,m \tag{4.31}$$

其中，m 是非空图像的最大个数，用集合论术语描述为 $\{m : B_m \neq \varnothing\}$。$k$ 表示腐蚀迭代中的不同迭代次数。

该步骤算法伪码如下。

```
开始
  转换 3D 深度数据为 2D 深度图像;
  将深度图像转换为二值图像 bw;
  创建结构元素 SE;
  设置迭代腐蚀标志 flag=1;
  初始化迭代次数 k=1;
  while(flag=1)
      对二值图像 bw 用结构元素 se 进行腐蚀;
      for i=1:1:二值图像 bw 行数
          for j=1:1:二值图像 bw 列数
              将所剩余下的像素值加 1;
          end
      end
      求前面 k 次腐蚀结果的最大值作为距离图;
      if(第 k 次腐蚀结果的所有元素的像素值==0)
          flag=0;
      else
          把第 k 次腐蚀结果赋值给二值图像 bw;
          k=k+1;
      end
  end
  将迭代结束后的 k 赋值给 m，得到腐蚀次数;
结束
```

4.3.2 计算极限腐蚀集合

定义 4.5 在条件 X（X 可看做一个限定集合）的情况下用结构元素 S 膨胀图像 B 称作条件膨胀，记为“$B \oplus S; X$”，并用如下公式表示：

$$B \oplus S; \quad X = (B \oplus S) \cap X \tag{4.32}$$

定义 4.6 反复条件膨胀是条件膨胀的扩展，可记为“$B \oplus \{S\}; X$”（这里 $\{S\}$ 代表迭代地用 S 膨胀 B 直到不再有变化），设 $B_0 = B$、$B_n = (B_{n-1} \oplus S) \cap X$，则结构元素 S 对图像 B 关于 X 的反复条件膨胀定义为

$$B \oplus \{S\}; \quad X = [[[(B \oplus S) \cap X] \oplus S] \cap X] = B_N \tag{4.33}$$

其中，下标 N 是满足 $B_N = B_{N-1}$（表示二值深度图像 B 不再有变化）的最小下标[12]。

极限腐蚀的意思是指反复腐蚀一个目标直到它消失，此时保留这之前最后一步的结果，即为目标的种子。令 $B_k = B \odot kS$，其中 S 是单位圆结构元素，kS 是半径为 k 的圆结构元素。极限腐蚀 Y 可定义为图像 B 中的元素，如果 $l > k$，则 B_k 在 B_l 中消失。极限腐蚀的第一步是

$$U_k = (B_{k+1} \oplus \{S\}); \quad B_k \tag{4.34}$$

极限腐蚀的第二步是从 B 的腐蚀中减去上述反复条件膨胀的结果：

$$Y_k = B_k - U_k \tag{4.35}$$

如果图像中有多个目标，可求出它们各自 Y_k 的并集就得到了极限腐蚀了的目标集合 Y，即极限腐蚀图像可表示为

$$Y = \bigcup_{k=1,2,\cdots,m} Y_k \tag{4.36}$$

其中，k 是腐蚀的次数，种子就是极限腐蚀图像中的山峰区域，这些山峰区域很容易用计算极限腐蚀集合的方法提取出来，因为它们周围都被较小距离的像素所包围。

计算极限腐蚀集合的伪码如下。

```
开始
   创建半径为 1 的单位圆结构元素 sel;
   用 sel 对 4.3.1 中得到的距离图进行初始腐蚀;
   for k=1:1:m
       令圆结构元素的半径 R=k+1;
       创建半径为 R 的圆结构元素 se;
       用 se 对距离图进行第 k+1 次腐蚀;
       设置反复条件膨胀的标志 flag=1;
       把第 k+1 腐蚀结果作为反复条件膨胀初始输入;
       初始化反复条件膨胀次数 n=1;
       while(flag==1)
```

```
        用 sel 在第 k 次腐蚀条件下对第 k+1 次腐蚀计算第 n 次膨胀;
        if(第 n 次膨胀==第 n-1 次膨胀)
            置反复条件膨胀的标志 flag=0;
        else
            将第 n 次条件膨胀作为第 n+1 次条件膨胀的输入;
            条件膨胀次数 n 加 1;
        end
      end
      得到第 k 个目标极限腐蚀的第一步结果 U(;,;,k);
      计算第 k 个目标极限腐蚀的第一步结果 Y(;,;,k);
    end
    所有 k 个目标的极限腐蚀求并集;
结束
```

4.3.3 从种子开始区域生长

该步骤使用条件粗化[13]，条件粗化算法由初始化和迭代计算两步构成，其伪码如下。

```
开始
    将第 m 次极限腐蚀的结果 Y_m 赋值给 W_m;
    for(n=m-2;n>=0;n--)
        将 Y_n 与 W_{n+1} 的并集赋值给 W_n;
        for(k=1;k<=12;k++
            W_n=WnΘT^k
        end
        用半径为 R 的结构元素腐蚀距离图得到结果 B_m;
        将 W_n 与 B_m 的并集赋值给 W_n;
    end;
结束
```

其中最后得到的 W_0 是水线运算的结果，m 是腐蚀的次数，$T^k\,(k=1,2,\cdots,12)$ 代表用于水线区域分割的 12 个结构元素模板，如图 4.15 所示。

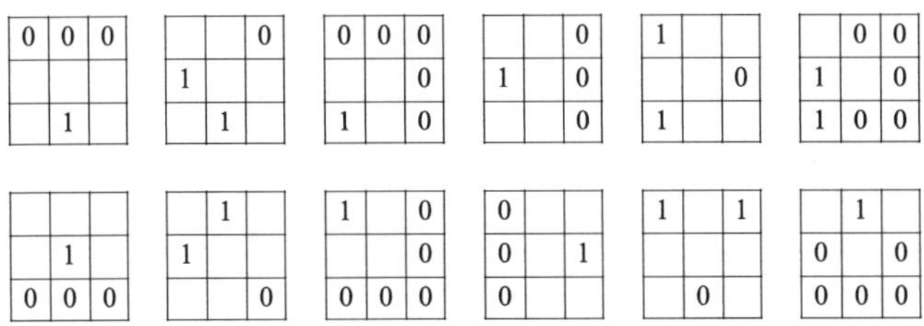

图 4.15　用于水线区域分割模板

4.3.4　实验结果

用本节改进的方法对深度图像进行了分割，并与基于微分运算的分割方法从所提取边缘的光顺性和算法的速度两个方面进行了比较。

图 4.16(a)为编钟深度图像，含有 268835 个数据点，像素大小为 640×480，深度图像的深度分辨率为 8bit（256 深度级）。图 4.16(b)是根据 4.3.1 节中所提出的算法计算得到的编钟距离图，图 4.16(c)是根据 4.3.2 节中所提出的算法提取出来的种子，图 4.16(d)是使用条件粗化得到的区域生长图，图 4.16(e)是编钟深度图的最后分割结果。图 4.16(f)是用 4.1 节基于微分不变量和区域增长的深度图分割方法得到的结果，比较图 4.16(e)和图 4.16(f)，可以看出图 4.16(e)提取的边缘比图 4.16(f)的光滑。

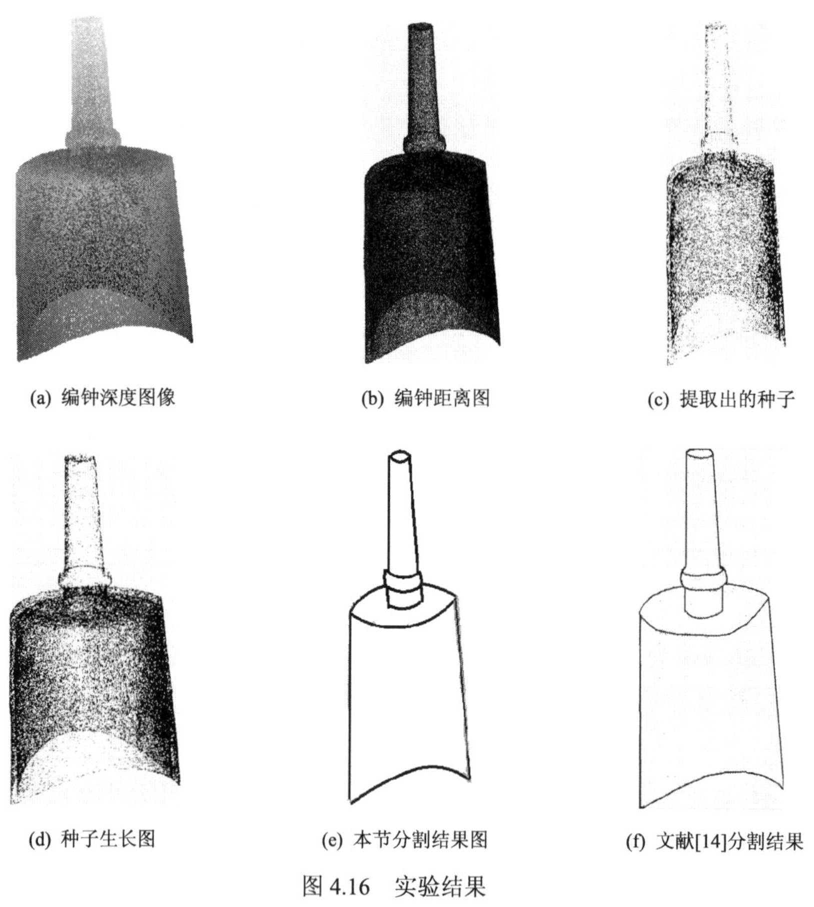

(a) 编钟深度图像　(b) 编钟距离图　(c) 提取出的种子

(d) 种子生长图　(e) 本节分割结果图　(f) 文献[14]分割结果

图 4.16　实验结果

表 4.2 给出了上述两种分割方法所需运算时间，表 4.2 表明本节提出的基于形态学水线区域的深度图像分割方法比文献[14]分割方法的速度要快。

表 4.2　运算时间对比表

本节分割方法		文献[14]分割方法	
计算步骤	时间/s	计算步骤	时间/s
产生距离图	128	计算微分不变量	437
计算极限腐蚀集合	251	区域连通	149
区域生长	284	区域增长	572
总时间	663	总时间	1158

4.4　参数活动轮廓模型距离图像分割

分割是计算机视觉领域尚未得到解决的古老难题之一，目前点云分割算法在 3D 领域上的研究还很不成熟，一般采取降维处理方式，将 3D 激光点云转化为 2D 深度图像。然后运用点云基于网格的图像处理方法进行分割，得到已分割的平面区域，再根据 2D 像点与 3D 空间点之间的一一映射关系，可以将对应的激光点云分块成有限曲面片。

迄今为止，有关图像分割的方法浩如烟海，比较成熟的传统深度图像分割方法有基于微分不变量和区域增长法的深度图分割[14]、基于二值形态学的深度图像分割[15]、基于形态学水线区域的深度图像分割[16]。其中，基于微分运算的分割方法，需要复杂的运算且对噪声很敏感，其共同的缺陷是对自由形状物体分割得到的边界曲线不够光滑和清晰。参数活动轮廓模型又称为蛇形（snake）活动轮廓模型[17]，由于其计算高效简单，特别适合于建模和提取复杂形状曲面物体的边界轮廓。因此，20 多年来，参数活动轮廓模型在边缘检测、医学图像处理、目标分割以及视频跟踪中[18-21]已经得到了广阔的应用和深远的发展，目前仍然是计算机视觉领域最活跃的研究主题之一，是该领域的一项重大突破。

本节提出的方法有如下两方面优点：①在目标区域特征选择困难的情况下，可以直接利用抽取的灰度或纹理数据，因而具有更加广泛的适用范围；②克服了初始轮廓交互选择的不足，算法具有较高的鲁棒性和灵活性。最后的对比实验证明本书提出的算法是合理可行的。

4.4.1　基本理论

1. 区域分割

距离图像的区域分割与轮廓提取是联系在一起的，用 R 表示整过距离图像区域，区域分割是把 R 分成 n 个子区域 $R_1,R_2,\cdots,R_n$，使这些子区域同时满足下列 5 个条件：

①$\bigcup_{i=1}^{n} R_i = R$；

② R_i 是一个连通区域，$i=1,2,\cdots,n$；

③ $R_i \cap R_j = \varnothing$，对任意 i 和 j，$i \neq j$；

④ $P(R_i)=\text{TRUE}$，对所有 $i=1,2,\cdots,n$；

⑤ $P(R_i \cup R_j)=\text{FALSE}$，对任意相邻区域 R_i 和 R_j。

其中 $P(R_i)$ 是定义在集合 R 中点上的逻辑谓词，$\varnothing$ 是空集。

2. 曲线演化

曲线可以分为简单曲线、不太简单的曲线和不简单的曲线。曲线存在曲率，曲率有正有负，于是在法向曲率力的推动下，曲线的运动方向有所不同，有些部分朝外扩展，而有些部分则朝内运动。

简单曲线在曲率力即曲线二次导数的驱动下演化所具有的一种非常特殊的数学性质是：所有简单曲线，无论被扭曲得多么严重，只要仍然是一种简单曲线，那么在曲率力的推动下最终将退化成一个圆，然后消逝。

描述曲线几何特征的两个重要参数是单位法矢和曲率，单位法矢描述曲线的方向，曲率则表述曲线弯曲的程度。曲线演化理论就是仅利用曲线的单位法矢和曲率等几何参数来研究曲线随时间的变形。曲线的演变过程可以认为是表示曲线在作用力 $\boldsymbol{F}$ 的驱动下，朝法线方向 $\boldsymbol{N}$ 以速度 $\boldsymbol{V}$ 演化。

曲线的演变过程，就是不同力在曲线上的作用过程，力也可以表达为能量。世界万物都趋向于能量最小而存在，因为此时它是最平衡的，消耗最小的。在图像分割里面，我们最终是把目标轮廓找到，在目标轮廓上，整个轮廓的能量是最小的，曲线在图像任何一个地方，都可以因为力朝着这个能量最小的轮廓演变，当演变到目标轮廓的时候，能量最小，力平衡，速度为 0，也就不动了，此时目标就被分割出来了。

4.4.2 参数活动轮廓模型

1. 参数方程

参数活动轮廓模型最早由其发明者 Kass 等[22]提出，其基本思路是把能构成一定形状的一些数据点拟合成可变形封闭轮廓曲线，通过定义能量函数改变封闭曲线的形状以逼近图像中目标的实际轮廓，图像分割过程就转化为求解能量函数的最小值的过程，具有最小能量的闭合曲线就是目标实际轮廓，在对目标边界的逼近过程中，封闭曲线像蛇爬行一样不断地改变形状。参数活动轮廓模型是一组有序点的集合，这些点首尾以直线相连构成轮廓线，可用式（4.37）表示为参数向量：

$$\begin{aligned}&\boldsymbol{P}(s,t)=\{\boldsymbol{p}_1(s,t),\boldsymbol{p}_2(s,t),\cdots,\boldsymbol{p}_n(s,t)\},\quad \boldsymbol{p}_i(s,t)=(x_i(s,t),y_i(s,t))\\&s\in[0,1],\quad i=\{1,2,\cdots,L\}\end{aligned} \tag{4.37}$$

其中，$x_i(s,t)$ 和 $y_i(s,t)$ 分别表示每个控制点在图像中的坐标位置，t 为时间参数，s 是以傅里叶变换形式描述边界的自变量，是沿封闭曲线 $\boldsymbol{V}(s,t)$ 的归一化弧长参数。

2. 边缘点运动

参数活动轮廓模型上边缘点 $\boldsymbol{p}_{i,t}=[x_i(s,t),y_i(s,t)]$ 逼近目标边界的过程如图 4.17 所示，其中 $\boldsymbol{p}_{i,t}$ 是当前参数轮廓上的任意一点，$\boldsymbol{p}_{i,t+1}$ 是下一时刻根据最小能量确定的位置，其算法见算法 4.3。如果能量函数选择恰当，通过不断地调整和逼近，参数轮廓 $\boldsymbol{P}(s,t)$ 应该停留在对应最小能量的实际目标轮廓上。

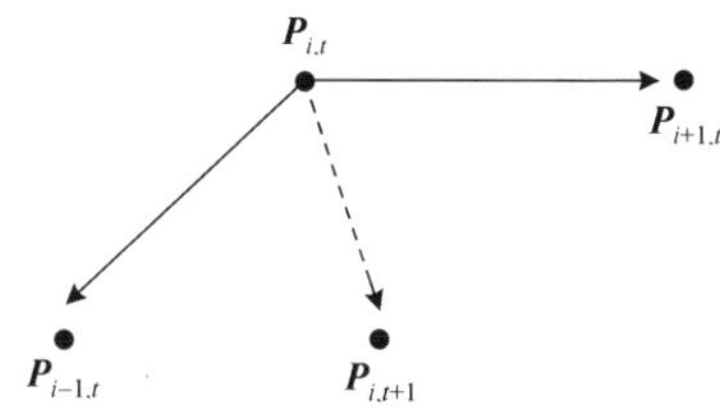

图 4.17　边缘点的移动

算法 4.3　当前轮廓上的点 $p_{i,t}$ 移动到更低能量位置 $p_{i,t+1}$

输入：t 时刻 L 个数据点；每个 $p_{i,t}$ 都有速度 $v_{i,t}$ 和加速度 $a_{i,t}$

输出：t+1 时刻 L 个数据点；每个 $p_{i,t+1}$ 都有速度 $v_{i,t+1}$ 和加速度 $a_{i,t+1}$

时间间隔 Δt，计算每个未因硬约束而停止的点 $p_{i,t}$

① 用 $p_{i,t}$ 的邻点计算 $p_{i,t}$ 所受的合力；

② 用合力计算加速度向量 $a_{i,t+1}$；

③ 计算速度 $v_{i,t++1}=v_{i,t}+a_{i,t}\Delta t$

④ 计算新位置 $p_{i,t+1}=p_{i,t}+v_{i,t}\Delta t$

⑤ 如果 $p_{i,t+1}$ 在数据点的控制范围内，就锁定这个位置。

3. 能量函数构造

用蛇形活动轮廓对数据点进行拟合是一个最优问题，即处在轮廓线上的数据点可通过求解能量最小问题来迭代逼近目标的实际边界，活动轮廓曲线在图像的空域中运动，其能量泛函 $\boldsymbol{E}_{\text{par}}$ 为

$$\boldsymbol{E}_{\text{Par}}=\boldsymbol{E}_{\text{int}}+\boldsymbol{E}_{\text{ext}} \tag{4.38}$$

其中，$\boldsymbol{E}_{\text{int}}$ 为轮廓内部能量，促使活动轮廓伸缩形变和弯曲形变，包括弹性能量和弯曲能量，内部能量仅跟参数模型的形状有关，而跟图像数据无关；$\boldsymbol{E}_{\text{ext}}$ 为轮廓外部能量，用图像中感兴趣的特征吸引轮廓点，引导活动轮廓曲线朝目标边界方向运动，外部能量仅跟图像数据有关。

内部能量函数 $\boldsymbol{E}_{\text{int}}$ 的定义为

$$\boldsymbol{E}_{\text{int}} = \int_0^1 \left(\alpha(s) \left\| \boldsymbol{P}'(s) \right\|^2 + \beta(s) \left\| \boldsymbol{P}''(s) \right\|^2 \right) \mathrm{d}s \tag{4.39}$$

用下标表示微分，式（4.39）中一阶微分表示活动轮廓曲线长度的变化率，用于限制小轮廓线段长度的较大变化，弹性函数系数 $\alpha(s)$ 能控制活动轮廓曲线伸缩的速度；二阶微分表示活动轮廓曲线曲率的变化率，刚性函数系数 $\beta(s)$ 用于控制活动轮廓曲线沿着法线方向朝目标轮廓运动的速度。权重函数系数 $\alpha(s)$ 和 $\beta(s)$ 起调和作用，恰当调整两个系数能使活动轮廓曲线在变形过程中保持连续性、光滑性和弯曲程度。

外部能量函数 $\boldsymbol{E}_{\text{ext}}$ 的定义为

$$\boldsymbol{E}_{\text{ext}} = \boldsymbol{E}_{\text{image}} + \boldsymbol{E}_{\text{constraints}} \tag{4.40}$$

$\boldsymbol{E}_{\text{image}}$ 为图像能量，表明轮廓与图像亮度、图像梯度和线条端点的拟合程度；$\boldsymbol{E}_{\text{constraints}}$ 为称约束能量，约束信息可由用户以交互的方式提供，几乎不使用。图像能量函数 $\boldsymbol{E}_{\text{image}}$ 可表示成三项之和：

$$\boldsymbol{E}_{\text{image}} = \int_0^1 (w_{\text{line}} \boldsymbol{E}_{\text{line}} + w_{\text{edge}} \boldsymbol{E}_{\text{edge}} + w_{\text{term}} \boldsymbol{E}_{\text{term}}) \mathrm{d}s \tag{4.41}$$

其中，线条 $w_{\text{line}}\boldsymbol{E}_{\text{line}}$ 项引导蛇形轮廓到暗的脊，边缘 $w_{\text{edge}}\boldsymbol{E}_{\text{edge}}$ 项将其吸向图像中的强梯度（边缘）位置，而端点 $w_{\text{term}}\boldsymbol{E}_{\text{term}}$ 项将其吸向蛇形轮廓端点。实践中，绝大多数模型只采用边缘项，假设 $I(x,y)$ 是一幅距离图像且包含连续区域，则定义为边缘项：

$$\boldsymbol{E}_{\text{edge}} = -\left| \nabla (G_\sigma(x,y) * \boldsymbol{I}(x,y)) \right|^2 \sum_{i=1}^{L} \left| \boldsymbol{P}(i) \right|^2 \tag{4.42}$$

其中，$G_\sigma(x,y)$ 是标准差为 σ 的二维高斯函数，用其与距离图像 $\boldsymbol{I}(x,y)$ 进行卷积运算，以降低计算梯度的噪声，∇ 为梯度算子。

至此，蛇形活动轮廓模型的能量泛函 $\boldsymbol{E}_{\text{snake}}$ 可以比较完整地表示为

$$\boldsymbol{E}_{\text{Par}} = \int_0^1 \left(\alpha(s) \left\| \boldsymbol{P}'(s) \right\|^2 + \beta(s) \left\| \boldsymbol{P}''(s) \right\|^2 + \gamma(s) \boldsymbol{E}_{\text{edge}} \right) \mathrm{d}s \tag{4.43}$$

4.4.3 数值求解

根据变分原理[23]，为使能量 $\boldsymbol{E}_{\text{Par}}$ 达到最小值，活动轮廓曲线 $\boldsymbol{P}(s,t)$ 需满足式（4.44）所示两个独立的欧拉方程：

$$\begin{aligned} &\frac{\partial}{\partial \mathrm{s}} \left(\alpha(s) \frac{\partial \boldsymbol{P}}{\partial s} \right) + \frac{\partial}{\partial \mathrm{s}^2} \left(\beta(s) \frac{\partial^2 \boldsymbol{P}}{\partial s^2} \right) + \frac{1}{2} \frac{\partial \boldsymbol{E}_{\text{edge}}}{\partial x} = 0 \\ &\frac{\partial}{\partial \mathrm{s}} \left(\alpha(s) \frac{\partial \boldsymbol{P}}{\partial s} \right) + \frac{\partial}{\partial \mathrm{s}^2} \left(\beta(s) \frac{\partial^2 \boldsymbol{P}}{\partial s^2} \right) + \frac{1}{2} \frac{\partial \boldsymbol{E}_{\text{edge}}}{\partial y} = 0 \end{aligned} \tag{4.44}$$

为了采用数值方法求解，需将欧拉方程用有限差分法离散化为

$$\sum_{i=1}^{L}\alpha(i)\|\boldsymbol{P}(i+1)-\boldsymbol{P}(i)\|^2/h^2+\sum_{i=1}^{L}\beta(i)\|\boldsymbol{P}(i+1)-2\boldsymbol{P}(i)+\boldsymbol{P}(i-1)\|^2/h^4+\frac{\partial \boldsymbol{E}_{\text{edge}}}{\partial s}=0 \tag{4.45}$$

$$\frac{1}{h}\left\{\alpha(i+1)\frac{(x_{i+1}-x_i)}{h}-\alpha(i)\frac{(x_i-x_{i-1})}{h}\right\}+\frac{1}{h^2}\left\{\begin{array}{l}\beta(i+1)\dfrac{(x_{i+2}-2x_{i+1}+x_i)}{h^2}- \\ 2\beta(i)\dfrac{(x_{i+1}-2x_i+x_{i-1})}{h^2}+ \\ \beta(i-1)\dfrac{(x_i-2x_{i-1}+x_{i-2})}{h^2}\end{array}\right\}+\frac{1}{2}\frac{\partial \boldsymbol{E}_{\text{edge}}}{\partial x}\bigg|_{x_i,y_i}=0 \tag{4.46}$$

通过合并不同有序边缘点的系数，式（4.46）可以表达为

$$f_i(\boldsymbol{x})=a_i x_{i-2}+b_i x_{i-1}+c_i x_i+d_i x_{i+1}+e_i x_{i+2} \tag{4.47}$$

其中

$$f_i(\boldsymbol{x})=-\frac{1}{2}\frac{\partial \boldsymbol{E}_{\text{edge}}}{\partial x}\bigg|_{x_i,y_i},\quad a_i=\frac{\beta(i-1)}{h^4},\quad b_i=\frac{2[\beta(i)+\beta(i-)]}{h^4}-\frac{\alpha(i)}{h^2}$$

$$c_i=\frac{\beta(i+1)+4\beta(i)+\beta(i-1)}{h^4}+\frac{\alpha(i+1)+\alpha(i)}{h^2}$$

$$d_i=\frac{2[\beta(i+1)+\beta(i)]}{h^4}-\frac{\alpha(i+1)}{h^2},\quad e_i=\frac{\beta(i+1)}{h^4}$$

将式（4.47）改写成关于 $\boldsymbol{x}$ 的线性矩阵形式为

$$\boldsymbol{A}\boldsymbol{x}=fx(\boldsymbol{x},\boldsymbol{y}) \tag{4.48}$$

其中，$fx(\boldsymbol{x},\boldsymbol{y})$ 为边缘强度 $\boldsymbol{E}_{\text{edge}}$ 沿 x 轴的一阶微分，$\boldsymbol{A}$ 为五对角带状矩阵，其阶数由离散点个数 L 决定。

$$\boldsymbol{A}=\begin{bmatrix} c_1 & d_1 & e_1 & 0 & \cdots & a_1 & b_1 \\ b_2 & c_2 & d_2 & e_2 & 0 & \cdots & a_2 \\ a_3 & b_3 & c_3 & d_3 & e_3 & 0 & \cdots \\ \cdots & \cdots & \cdots & \cdots & \cdots & \cdots & \cdots \\ e_{L-1} & 0 & \cdots & a_{L-1} & b_{L-1} & c_{L-1} & d_{L-1} \\ d_L & e_L & 0 & \cdots & a_L & b_L & c_L \end{bmatrix}$$

同理，可得

$$\boldsymbol{A}\boldsymbol{y}=fy(\boldsymbol{x},\boldsymbol{y}) \tag{4.49}$$

进一步对式（4.48）和式（4.49）用乔里斯基（Cholesky）因子分解[24]求解得到位置矢量的坐标表达式：

$$
\begin{cases}
\boldsymbol{A} = R^{\mathrm{T}} R \\
\boldsymbol{x} = R^{-1}\left((R^{\mathrm{T}})^{-1} fx(\boldsymbol{x}, \boldsymbol{y})\right) \\
\boldsymbol{y} = R^{-1}\left((R^{\mathrm{T}})^{-1} fy(\boldsymbol{x}, \boldsymbol{y})\right)
\end{cases}
\tag{4.50}
$$

其中，R 为上三角矩阵，可以用乔里斯基因子分解求解。

4.4.4 实验结果

用 VC++6.0 和 Matlab7.0 相结合的编程环境实现了本节方法对 Bunny 距离图像的分割，并从所提取边缘的光顺性和运算速度两个方面，与文献[16]基于形态学水线区域的深度图像分割进行比较，如图 4.18 和表 4.3 所示。

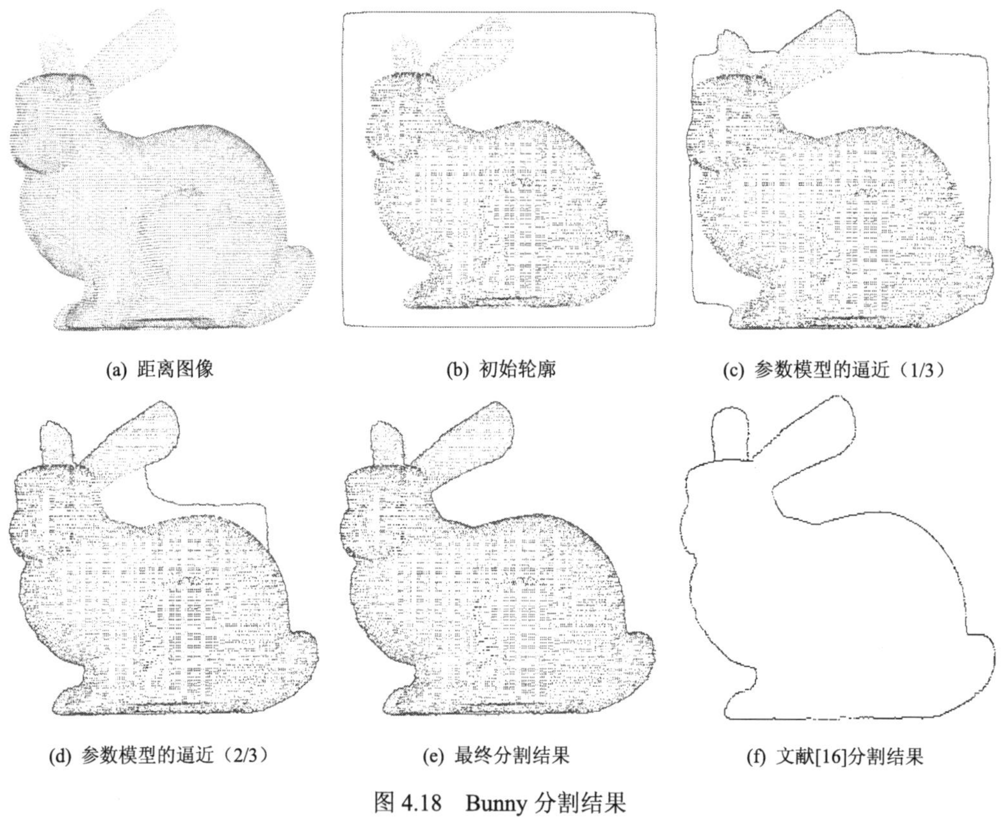

(a) 距离图像　(b) 初始轮廓　(c) 参数模型的逼近（1/3）

(d) 参数模型的逼近（2/3）　(e) 最终分割结果　(f) 文献[16]分割结果

图 4.18　Bunny 分割结果

图 4.18(a)为 Bunny 距离图像，像素大小为 640×480，灰度级为 256（8bit）。图 4.18(b)是初始轮廓，图 4.18(c)是参数模型逼近到 1/3 时的轮廓，图 4.18(d)是参数模型逼近到 2/3 时的轮廓，图 4.18(e)是最终分割结果。图 4.18(f)是用文献[16]基于形态学水线区域的深度图像分割方法得到的结果，比较图 4.18(e)和图 4.18(f)，可以看出图 4.18(e)提取的边缘比图 4.18(f)的更加光顺连续。

表 4.3　两种分割方法运算时间比较

形态学水线区域分割		参数活动轮廓模型分割	
计算步骤	时间/s	计算步骤	时间/s
产生距离图	132	离散化	124
计算极限腐蚀集合	267	构建五对角带状矩阵	253
区域生长	345	乔里斯基分解	306
总时间	744	总时间	683

表 4.3 给出了上述两种分割方法所需运算时间，表 4.3 表明本书提出的基于参数活动轮廓模型的距离图像分割方法比文献[16]分割方法的速度要快。

为说明本书方法的普适性，继续对编钟距离图像进行分割，结果如图 4.19 所示。

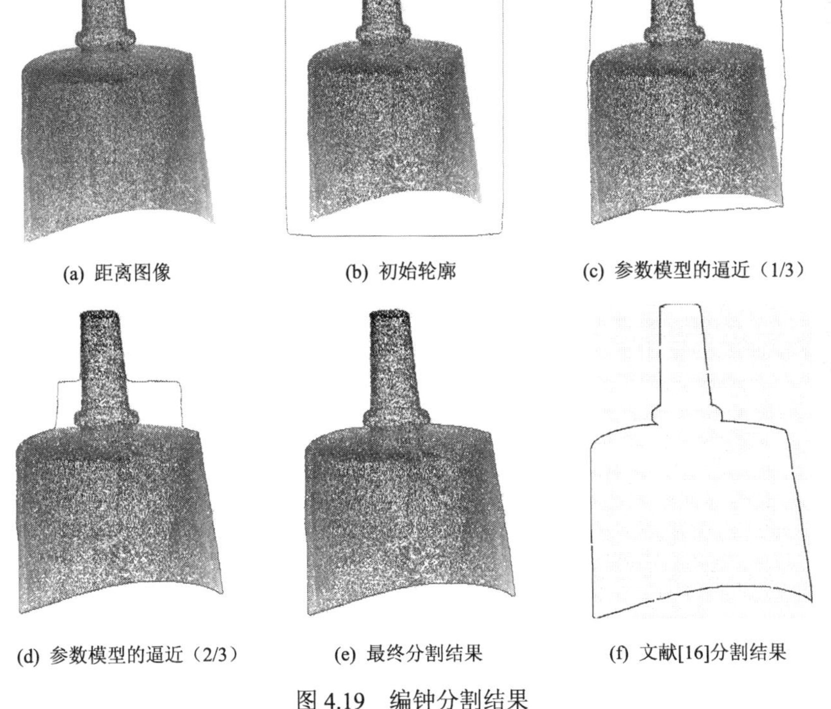

(a) 距离图像　(b) 初始轮廓　(c) 参数模型的逼近（1/3）

(d) 参数模型的逼近（2/3）　(e) 最终分割结果　(f) 文献[16]分割结果

图 4.19　编钟分割结果

4.5　本章小结

对用激光扫描测量得到的点云数据进行分割处理，是曲面建模与识别过程的关键环节之一。本章围绕三维激光点云转化为二维深度图像进行处理的基本思想，首先在 4.1 节阐述了一种从深度图像中提取景物高斯曲率和平均曲率几何特征从而得到初始分割核区域，再用区域增长迭代最终求得深度图像分割区域的方法；然后在 4.2 节研究了一种基于二值形态学运算的分割方法，它不需要像基于边缘的分割方法那样计算表面的局部曲率特性，也不需要像基于区域的分割方法那样计算表面的近似多项式系数，而仅需要进行基本的二值形态学运算；最后在 4.3 节改进了一种基于二值形态学的水线区域分割方法，该算法原理比较简单，速度较基于微分不变量和区域增长的深度图像分割方法快，且提取的边缘比较光滑，实验结果表明深度图像用二值形态学运算进行分割是有效的，且分割结果与人的主观视觉感知具有良好的一致性。完成深度图像分割后，利用二维图像点与三维空间点之间的一一对应关系，可以将物体表面分割成有限曲面片。参数活动轮廓模型具有拉普拉斯算子、阈值化、形态学水线区域等基于数据驱动图像分割方法所无法比拟的优点：①图像数据、初始估计、目标边界及基于知识的约束统一于参数活动轮廓模型能量函数中。②经适当初始化后，参数活动轮廓模型能够自动地收敛到能量极小值状态。③由于使用这种模型可以消除所希望提取的目标上因纹理或噪声而造成的不连续，所以能得到完整的光滑目标轮廓。本章的工作为后续基于特征关系图匹配的曲面景物建模奠定了基础。

参 考 文 献

[1] 张涛, 平西建, 柳葆芳, 等. 一种深度图像中的表面曲率估计算法[J]. 数据采集与处理, 2001, 16(1): 47-51.

[2] 章毓晋. 图象分割[M]. 北京: 科学出版社, 2001.

[3] 马颂德, 张正友. 计算机视觉: 计算理论与算法基础[M]. 北京: 科学出版社, 2003.

[4] 孙龙祥, 程义民, 王以孝, 等. 深度图象分析[M]. 北京: 电子工业出版社, 1996.

[5] Forsyth A D, Ponce J. 计算机视觉: 一种现代方法[M]. 林学訚, 王宏, 等, 译. 北京: 电子工业出版社, 2004.

[6] 王申怀, 刘继志, 等. 微分几何[M]. 北京: 北京师范大学出版社, 1990.

[7] 程义民, 丁红侠, 王以孝, 等. 基于几何特征的曲面物体识别[J]. 中国图象图形学报, 2000, 5(7): 573-579.

[8] 贾云得. 机器视觉[M]. 北京: 科学出版社, 2000.

[9] Woo H, Kang E, Wang S, et al. A new segmentation method for point cloud data[J]. International Journal of Machine Tools and Manufacture, 2002, 42(2): 167-178.

[10] 崔屹. 图象处理与分析: 数学形态学方法及应用[M]. 北京: 科学出版社, 2002.

[11] 王家文, 李仰军. MATLAB 7. 0 图形图像处理[M]. 北京: 国防工业出版社, 2006.

[12] 赵清杰, 钱芳, 蔡利栋. 计算机视觉[M]. 北京: 机械工业出版社, 2005.

[13] Gonzalez R C, Woods R E. Digital Image Processing[M]. New Jersey: Addison-Wesley, 1992.

[14] 张梅, 张祖勋. 基于微分不变量和区域增长法的深度图分割[J]. 计算机工程, 2008, 34(19): 15-17.

[15] Zhang M, Wen J H, Zhang Z X, et al. Segmentation for range image based on binary morphology[J]. Proceedings of Information Technology and Environmental System Sciences, 2008: 350-354.

[16] 张梅, 文静华, 张祖勋, 等. 基于形态学水线区域的深度图像分割[J]. 光学技术, 2009, 35(3): 326-329.

[17] 潘改, 高立群. 改进的参数活动轮廓模型[J]. 华南理工大学学报(自然科学版), 2013, 41(9): 40-45.

[18] Zhang F, Zhang X H, Cao K, et al. Contour extraction of gait recognition based on improved GVF snake model [J]. Computers and Electrical Engineering, 2012, 38(4): 882-890.

[19] 白瞳. 基于 Snake 模型的参数活动轮廓模型在医学图像处理中的应用[D]. 济南: 山东大学, 2011.

[20] 付斌. 基于活动轮廓模型的目标分割与跟踪的研究[D]. 哈尔滨: 哈尔滨工程大学, 2006.

[21] 祝世平, 郭智超, 高洁, 等. 基于 Snake 活动轮廓模型的视频跟踪分割方法[J]. 光电子·激光, 2013, 24(1): 139-145.

[22] Kass M, Witkin A, Terzopolos D. Snake: Active contour models [J]. International Journal of Computer Vision, 1988, 1(4): 321-331.

[23] 陈强. 图像分割的变分模型与数值计算[D]. 重庆: 重庆大学, 2014.

[24] 吴克明. 雷达目标高分辨一维距离像识别方法研究[D]. 武汉: 武汉理工大学, 2014.

第5章 三维模型表达与曲面特征提取

在计算机视觉、计算机图形学、虚拟现实、CAD/CAM 等领域中，常常需要由实际景物来得到其计算机描述，即由真实景物到虚拟景物的转换[1]。虽然从广义上讲，这种转换应该完成对真实世界中物体和背景的完整描述，但在涉及这类问题的众多领域中，较为普遍的需求却是对物体表面形状的描述，即完成三维物体的几何建模，而且在基于模型的计算机视觉中，视觉建模本质上就属于三维物体的几何建模问题。

三维物体识别是一个在输入点云数据或深度图像中提取结构的或统计的特征，并与已知的模型相匹配的过程。模型实质上是机器所具备的关于三维物体的先验证知识，而表达则用于描述采集的数据和物体模型，是计算机视觉中的一个关键论题和进行三维物体识别的基础。一般来说，识别系统的性能可以由物体的其他信息，如颜色和纹理等来改善，但在本章中仅讨论物体的几何表达方法。

三维物体的表达方法是计算机视觉中的关键问题之一，根据描述 3D 物体所使用的几何特征粒度大小的不同，可以将表达方法分为如下 4 类[2]：①基于三维点的表达方法，主要使用物体的深度数据、表面点的法向方向和曲率大小等信息；②基于轮廓的表达方法，主要使用物体的边缘信息；③基于表面的表达方法，主要使用物体的表面信息，例如，平面、球面、二次曲面以及面与面之间的连接关系等；④基于体的表达方法，主要使用体素、椭球体、超级椭球体等体描述符。

根据描述物体坐标系的不同，可以将三维物体表达方法分成以物体为中心和以观察者为中心两个主要类别[3]。其中以物体为中心的表达方法侧重在物体本身坐标系中描述物体，并使用与视点无关的本质特征来描述物体[4]。这方面的主要表达方法可以归为如下两大类：一是基于体的表达方法，二是基于表面的表达法。本章在描述该两种现有模型表达方法的基础上，重点研究基于物体表面的特征关系图表达法；然后分析常用二次曲面模型及其拟合方法；最后详细阐述了特征关系图表达中节点欧氏变换下不变特征的提取方法。

5.1 基于体的模型表达

体积表示法是用立体基元（如块、柱、锥、球等）直接表示物体的方法，这一类表达法是将物体分解成若干个基本几何体或单元，再通过建立它们的隶属关系来进行表达[5]，如构造实体几何法（construction solid geometry，CSG）、体素法、八叉树法、体基元法、扫描法等，在计算机视觉中使用体积法描述并非易事：首先，难以实现空间几何变换，因而难以直接进行匹配；其次，体积表示法一般不存储顶点、棱边和表面等边界信息，也没有显式地定义三维点集与所表示物体在空间上的一一对应关系，所以通常需要进行表面估计运算。

最常用的实体建模方法是构造实体几何法，如图 5.1 所示。CSG 法是用最基本的体素（立方体、圆柱体、圆锥体等）进行布尔运算来构建实体模型，过程简洁直观。CSG 树的存储格式紧凑，占用空间量少，它只定义了构造方式，不反映物体的顶点、边、面等有关边界信息，因此称为物体的隐式模型。一般构造实体几何法经常用在构造物体的模型上，特别是在 CAD/CAM 系统中，而用在物体识别的时候则较少。这种表达方法的缺点是不能精确地表达物体，即表达不唯一，且建造时所用的简单刚体知识对识别系统来说，效果不好，因为识别系统中只有物体表面是可视的，而物体的组成部件可能被遮挡。

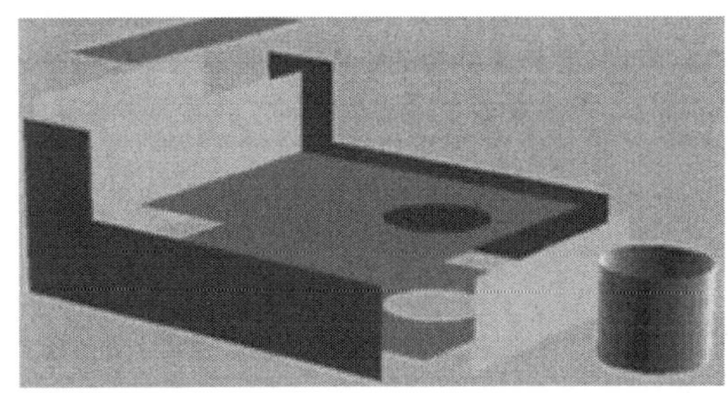

图 5.1　实体模型示意图[6]

体素表达[7]主要用于描述物体的体特征，它类似于像素在平面中代表一小块面积，而体素在空间中则代表一小块体积，它将物体描述成一个互不重叠的立方体的集合，这些体素（立方体）分布在三维方形网格里紧密排列，并填充物体所占的空间，然而体素表达并不适用于 3D 物体识别，它更多的是用在物体的表面重建和建模上。

八叉树（octrees）法以分层的方式来描述物体，它是一种每个节点有 8 个分支（octant）的树型结构，且它的根节点是一个能够完全包住物体的立方体，分层描述时将物体所占的空间逐层迭代地划分为 8 个分量，迭代的停止条件是每个最终的子立方体在某种特征上是同质的，如 Chien 等提出了使用 3 对相互垂直的深度图像来生成物体 octree 模型的方案[8]；而 Li 等则提出了一种利用任意视角深度图像来构造 octree 的方法[9]，它能够描述物体的凹面。虽然 octree 表达能描述物体全局性的体特征，但它不是一种精确的表示法，其描述物体的近似程度取决于分割的精度。

体基元表达可以作为物体的高层次表达方法。Biederman 提出人脑一定程度上可使用物体的组成部分来识别物体[10]，而且可以用二维线条来描述物体组成部分的形状，因此他根据四种二维属性，定义了 24 类体基元，以用来描述物体的组成部分。Nguyen 和 Levine 应用了 Biederman 提出的体基元种类[11]，并以物体的边缘连接图作为系统输入，然后将边缘连接图分解为子图，每个子图代表物体的一个组成部分，并对应于一个体基元，而体基元之间的连接关系由物体的凹边缘和 T 型连接确定。这种基本体基元的表达还可以使用超二次曲面和广义柱的方法。体基元表达方法的缺点是基元特性集合不一致，缺乏对这些集合存在的必要性、充分性和正确性的论证。另外，从物体的单幅外观表现来计算所有这些基元特性也非常困难。

扫描法表达是将形状描述成一个 2D 函数在 3D 空间中的扫描，其扫描的方式有平移和旋转[12]两种。这类方法中用得最广的是广义柱（generalized cylinder），而最普通的广义柱是一个圆沿着与圆平面垂直的轴平移所得到的柱体，而且如果圆的半径是轴位置的线性函数，则平移的结果是广义锥。为描述更多类型的形状，人们定义了多种广义柱[13]，例如，直线均匀广义柱（straight homogeneous generalized cylinders）和曲面刚体旋转（curved solid revolution）。广义柱的缺点是表达可能不唯一，因为为了表达数据，其起始的横截面可能以不同方式定义，所以致使相同的数据点有不同的表达方法。

5.2 基于表面的模型表达

基于表面的模型表达是用有向棱边围成的各个曲面片来描述物体的一种几何模型表达方法。表面模型保存有关面边信息、表面特征和棱边连接方向等内容，其表面可以是平面、解析曲面或参数曲面等。在计算机图形学中，一般用多边形网格逼近自由曲面。表面模型能够计算面积，表达物体的表面形状，满足面面求交、线面消隐、明暗色彩图等需要[6]。本节在介绍基于表面的模型表达方法中最常用的两种方法：整体网格表示法和曲面片函数表示法之后，着重研究基于物体表面的特征关系图表达法。

5.2.1 整体网格表示

格网表达法就是计算机图形学中使用的三维任意形态物体描述方法（图 5.2），它使用多边形来表示物体的形状，常用的是四边形和三角形格网，由于其数据量大，所以存储、传输和运算都比较困难，很难直接用在三维物体识别中，因此经常要转换为其他表达。在这方面 Johnson 做了较有成效的研究[14,15]，他将格网中某个基准顶点与

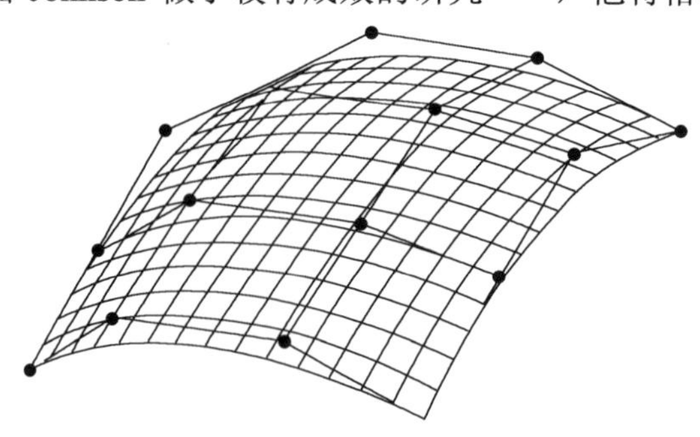

图 5.2 Bezier 曲面网格模型[6]

其他顶点的几何位置关系转换成一个二维图像，称为 spin-image，它可用来描述物体的三维特征，进而实现识别和定位等工作。虽然引入了简化算法，但使用 spin-image 的操作计算还是太复杂。

5.2.2　曲面片函数表示

新近的一种局部物体表达方法是将物体表面片用参数方程拟合，如 Umasuthan 分析了高阶代数方程某些参数具备的不变特性[16]，并用它们来表达 3D 物体的表面片；李松涛提出了一种双二次变量正交多项式的曲面拟合方法[17]，该方法可根据拟合得到的代数方程参数来计算物体表面特征；另外使用 B 样条表面也可拟合 3D 表面[18]，但表面拟合与识别的范围约束和收敛性都是需要彻底研究的领域。另外，超二次曲面特征最早由引入计算机视觉领域[19]，而从深度图像获取超二次曲面表达也是通过对输入数据进行隐含方程（implicit equation）拟合得到的[20]。周林等还提出了一种扩展超二次曲面的表达方法[21]，它比超二次曲面具有更强的描述能力。

5.2.3　特征关系图表达

特征关系图表达法是一种基于物体表面的三维模型表示方法[22,23]，在这种表示方法中，其基本元素为构成物体表面的曲面片。整个模型表面用集合 $S=\{S_1,\cdots,S_n\}$ 表示，$S_i(i=1,\cdots,n)$ 表示组成一个物体表面的全部曲面片。曲面片之间的关系用集合 $E=\{E(S_i,S_j)\big|1\leqslant i,j\leqslant n\}$，其中 $E(S_i,S_j)\in S\times S$，即 E 是 S 上的一个二元关系，如果两曲面片之间只用相交关系，则用 $E(S_i,S_j)=1$ 表示曲面片 S_i 与 S_j 相交，否则 $E(S_i,S_j)=0$。每个曲面片 $S_i(i=1,\cdots,n)$ 的表达或其特征可用 5.2.2 节中描述的曲面片函数表示法，曲面片之间的关系也可以用参数表达（如两个平面之间的交线为一棱边，可用两个顶点坐标表示），因此如果用 $f_1(S)$、$f_2(S)$ 分别表示曲面片与曲面片之间关系的特征向量，则三维模型可以表达为式（5.1）所示的一个四元组：

$$G=\{S,E,f_1(S),f_2(E)\} \tag{5.1}$$

用图论的语言，将集合 S 称为节点集合，每一个曲面 S_i 对应节点 i；E 表示节点之间关系的集合，f_1、f_2 分别表示节点与节点间关系的特征，则四元组 G 称为特征关系图（ARG）。特征关系图是模式表达的一种相当重要的形式，它表示了模式的两个重要方面，S 表示了组成模式的基本元素，而 E 则表示这些元素之间的结构关系。当用特征关系图表示物体几何形状时，如果模型是多面体，则 S 中的元素均为平面，E 表示平面邻接关系，则 S 与 E 的特征（即 $f_1(S)$ 与 $f_2(E)$）可简单地用平面参数方程及棱边的顶点坐标来表示。如果物体表面由曲面组成，则曲面片与他们之间的交线的描述要复杂得多，在计算机视觉领域，许多人提出了不同的曲线与曲面的函数表达，5.3 节将在曲面拟合中列举一些主要的方法。

在用第 4 章的方法把深度图像分割成一些区域之后，这些区域分别对应于物体表面上的曲面片，其每个区域中所有的点均在同一曲面片上。若每一曲面片用一节点表示，在相邻曲面片对应的节点间加一条连接边，则该物体模型可用上述特征关系图来表示。

5.3 二次曲面拟合与特征提取

由于二次曲面是物体表面的重要组成部分，所以二次曲面的拟合技术也是当前计算机视觉建模的研究热点。李江雄[24]提出了根据测量数据的主曲率拟合并分割平面、球面和圆柱面的方法，即首先根据主曲率大小对测量数据进行标记，然后对测量数据进行三角化，并由三角拓扑关系进行特征曲面区域的合并。该方法由于需要对测量数据进行三角化，这对大规模的点云数据来说比较困难，同时测量数据中误差的存在使得标记的特征曲面数据点比较零乱，最后的提取结果不可靠。

Chen 和 Liu[25]提出了一种基于遗传算法（genetic algorithms，GA）的一般二次曲面拟合分割算法，即首先应用最小二乘法对测量数据进行一般二次曲面拟合，然后根据遗传算法分割并计算二次曲面特征参数。该算法的优点是能够拟合分割所有类型的二次曲面特征。但由于遗传算法复杂，计算量非常大。同时由于拟合分割的二次曲面类型过多，即使很小的误差也会引起所拟合分割二次曲面类型的改变。因而在实际工程应用中，该算法拟合分割的结果也不可靠。

用特征关系图表达和描述三维物体模型时，曲面片特征提取一直是一个难点问题，许多学者基于几何微分不变量（高斯曲率、平均曲率、最大主曲率、最小主曲率、曲率直方图、曲率分布的熵等）提取曲面片特征，没有考虑矩不变量特征。本节首先主要研究一种基于最小二乘原理的似二次曲面（将平面视为退化的二次曲面形式）拟合技术。然后在几何微分不变量特征基础上增加 0 阶和 2 阶 3D 矩不变量特征，以为曲面片的粗匹配提供强有力的定量约束信息。

5.3.1 二次曲面拟合

在三维空间，满足方程：

$$F(x,y,z)=c_1x^2+c_2y^2+c_3z^2+c_4xy+c_5yz+c_6zx+c_7x+c_8y+c_9z+c_{10}=0 \quad (5.2)$$

的曲面称为一般二次曲面（general quadric surface，GQS），如球面、圆柱面、圆锥面、抛物面、双曲面、椭圆面等，其中球面、圆柱面和圆锥面称为标准二次曲面（natural quadric surface，NQS）[26]。在工程应用中，物体表面通常由平面和标准二次曲面构成，而很少出现一般二次曲面。并且，一般二次曲面必须用方程（5.2）中的 10 个系数描述，而标准二次曲面能够用具有直接几何意义的参数描述，如球面的球心和半径，圆柱面的轴线和半径，圆锥面的轴线、顶点和半锥顶角等。因此，将平面和标准二次曲面（简称二次曲面）确定为一类特征曲面[27]。

平面一般方程为

$$F(x,y,z)=c_7x+c_8y+c_9z+c_{10}=0 \tag{5.3}$$

其中，c_7、c_8、c_9、c_{10} 为平面参数，$\boldsymbol{n}=(c_7,c_8,c_9)$ 表示平面法向量。因此，可将平面视为二次曲面的退化形式，将它们一并讨论。

球面方程的一般形式为

$$F(x,y,z)=x^2+y^2+z^2+c_7x+c_8y+c_9z+c_{10}=0 \tag{5.4}$$

母线平行于 y 轴的圆柱面一般方程为

$$F(x,y,z)=x^2+z^2+c_7x+c_9z+c_{10}=0 \tag{5.5}$$

轴线平行于 y 轴的圆锥面一般方程为

$$F(x,y,z)=x^2+c_2y^2+z^2+c_7x+c_8y+c_9z+c_{10}=0 \tag{5.6}$$

采用线性最小二乘法，方程（5.2）的系数 $c_1,c_2,c_3,c_4,c_5,c_6,c_7,c_8,c_9,c_{10}$ 由数据点 $(x_i,y_i,z_i),i=1,2,\cdots,n$ 来确定。拟合方程组：

$$\boldsymbol{Ax}=\boldsymbol{0} \tag{5.7}$$

其中

$$\boldsymbol{A}=\begin{bmatrix} x_1^2 & y_1^2 & z_1^2 & x_1y_1 & y_1z_1 & x_1z_1 & x_1 & y_1 & z_1 & 1 \\ x_2^2 & y_2^2 & z_2^2 & x_2y_2 & y_2z_2 & x_2z_2 & x_2 & y_2 & z_2 & 1 \\ \vdots & \vdots & \vdots & \vdots & \vdots & \vdots & \vdots & \vdots & \vdots & \vdots \\ x_n^2 & y_n^2 & z_n^2 & x_ny_n & y_nz_n & x_nz_n & x_n & y_n & z_n & 1 \end{bmatrix}$$

$$\boldsymbol{x}=(c_1,c_2,c_3,c_4,c_5,c_6,c_7,c_8,c_9,c_{10})^{\mathrm{T}}$$

采用特征向量估计法[28]进行求解，求得矩阵 $(\boldsymbol{A}^{\mathrm{T}}\boldsymbol{A})$ 的特征值 $\lambda_i(i=1,2,\cdots,10)$ 和特征向量 $\boldsymbol{x}_i(i=1,2,\cdots,10)$，对应绝对值最小的特征值 λ_j 的特征向量 $\boldsymbol{x}_i$ 即待求曲面系数向量 $(c_1,c_2,c_3,c_4,c_5,c_6,c_7,c_8,c_9,c_{10})$ 的最小二乘解。再根据拟合得到的系数和方程（5.3）～方程（5.6）可判断常用二次曲面类型。

5.3.2　微分不变量

用第 4 章的算法对深度图像进行分割后得到的每一区域对应景物表面的一个有限曲面片，该曲面片可由根据原始深度数据计算出的各点高斯曲率 K 的平均值 $\bar{K}$、平均曲率 H 的平均值 $\bar{H}$、最大主曲率 k_1 的平均值 $\bar{k}_1$、最小主曲率 k_2 的平均值 $\bar{k}_2$、高斯曲率的熵 P_K、平均曲率的熵 P_H 等信息来表征[29]。其中对于根据原始深度数据进行任意曲面片上每一个空间数据点局部曲率特性的计算，先采用 5.3.1 节描述的局部曲面片拟合的方法求得曲面片方程，再用式（4.4）～式（4.15）计算曲面片上各点的微商值及曲率特性。

1. 曲率平均值

曲面上各点曲率的平均值表达了光滑物体表面曲率大小的均衡水平，并且在某种程度上可以反映不同曲面的特征。例如，对于两个近似光滑的圆柱面，其平均曲率平均值 $\bar{H}$ 的大小与半径成反比。类似地，高斯曲率平均值 $\bar{K}$、最大主曲率平均值 $\bar{k}_1$、最小主曲率平均值 $\bar{k}_2$ 也都反映了物体曲面的某些形状特征。这些曲率平均值可用下式计算：

$$\bar{K}=\frac{\sum_{i=1}^{N}K_i}{N},\quad \bar{H}=\frac{\sum_{i=1}^{N}H_i}{N},\quad \bar{k}_1=\frac{\sum_{i=1}^{N}k_{1i}}{N},\quad \bar{k}_2=\frac{\sum_{i=1}^{N}K_{2i}}{N} \tag{5.8}$$

其中，N 为有限曲面片上总的空间点数。

2. 区域内曲率分布的熵

由于不同的光滑有限曲面，其曲率大小的分布不同，所以其曲面的复杂度也不同。若这种曲率大小及分布越复杂，则其中包含的信息就越多，反之亦然。例如，球面与波浪形表面，由于球面上的高斯曲率和平均曲率呈等值分布，所以其分布及变化复杂度比波浪形曲面小，所包含的“信息”也少。这种有限曲面曲率分布及变化的复杂性，可用熵来表示。

在有限曲面曲率值集合中，曲率值为 i 的个数为 $N(i), i=0,\cdots,l-1$，用 p_i 表示 i 曲率值出现的概率：

$$p_i=\frac{N(i)}{\sum_{i=0}^{l-1}N(i)} \tag{5.9}$$

则该有限曲面曲率的熵可表示为

$$P_t=-\sum_{i=0}^{l-1}p_i\ln p_i \tag{5.10}$$

其中，l 为同一曲面片上不同曲率值的种类数。

5.3.3 矩不变量

矩在统计学中用于表征随机量的分布，而在力学中用于表征物体的空间分布。若把二值图或灰度图看作二维密度分布函数，就可把矩技术应用于图像分析中。这样，矩就可以用于表征一幅图像并提取与统计学和力学中相似的特征。由二维和三维形状所求取的矩及矩不变量的优良特性已引起了图像界人士的高度重视，并开发了大量的应用。

2D 矩不变量理论最早是由美籍华人胡明桂提出的[30]。矩不变量有着明确的物理和数学意义，又称为几何矩。低阶矩主要描述图像的整体特征如面积、主轴等，而高阶矩主要描述图像的细节如扭曲度、峰态等[31,32]。矩不变量因对图像的旋转、比例和平移具有不变性，同时不变矩提取的是区域特征，抗干扰性强，因而受到了广泛的应用和研究，如图像重建、图像识别和图像检索[33]等。

1. 胡矩不变量及其物理意义

对于连续图像 2D 函数 $f(x,y)$，其 $p+q$ 阶原点矩定义如下：

$$m_{pq}=\iint_R x^p y^q f(x,y)\mathrm{d}x\mathrm{d}y \tag{5.11}$$

其中，R 是 $f(x,y)$ 的定义域。

假设 2D 物体图像经过边缘检测和分割后，每个物体在图像上由一个区域 S 表示。对于数字图像 $f(u,v)$，其 $p+q$ 阶原点矩可由下式表示：

$$m_{pq}=\sum_u\sum_v u^p v^q f(u,v) \tag{5.12}$$

其中，(u,v) 为图像上某个像素的坐标，$(u,v)\in S$ 表示点 (u,v) 位于物体内部。经二值化处理后的图像 $f(u,v)$，由于此时有

$$f(u,v)=\begin{cases}1, & (u,v)\in S\\ 0, & (u,v)\notin S\end{cases} \tag{5.13}$$

使得原点矩计算公式 m_{pq} 变得更为简单：

$$m_{pq}=\sum_u\sum_v u^p v^q=\sum_i u_i^p v_i^q \tag{5.14}$$

容易证明，2D 物体重心坐标可用物体的零阶原点矩与一阶原点矩表示如下：

$$\bar{u}=\frac{m_{10}}{m_{00}},\quad \bar{v}=\frac{m_{01}}{m_{00}} \tag{5.15}$$

对于连续图像二维函数 $f(x,y)$，其 $p+q$ 阶中心矩定义如下：

$$\mu_{pq}=\iint_S (x-\bar{x})^p(y-\bar{y})^q f(x,y)\mathrm{d}x\mathrm{d}y \tag{5.16}$$

对于二值数字图像 $f(u,v)$，其 $p+q$ 阶中心矩定义如下：

$$\mu_{pq}=\sum_u\sum_v(u-\bar{u})^p(v-\bar{v})^q=\sum_i(u_i-\bar{u})^p(v_i-\bar{v})^q \tag{5.17}$$

归一化后的中心矩表示为

$$\eta_{pq}=\frac{\mu_{pq}}{\mu_{00}^{\frac{1}{2}(p+q+2)}} \tag{5.18}$$

中心矩具有平移不变性，其归一化后的中心矩具有平移不变性和比例不变性。经过代数组合而成的矩不变量$\phi_1 \sim \phi_7$具有平移不变性、比例不变性和旋转不变性。

$$\begin{cases}\phi_1 = \eta_{20} + \eta_{02} \\ \phi_2 = (\eta_{20} - \eta_{02})^2 + 4\eta_{11}^2 \\ \phi_3 = (\eta_{30} - 3\eta_{12})^2 + (3\eta_{21} - \eta_{03})^2 \\ \phi_4 = (\eta_{30} + \eta_{12})^2 + (\eta_{21} + \eta_{03})^2 \\ \phi_5 = (\eta_{30} - 3\eta_{12})(\eta_{30} + \eta_{12})((\eta_{30} + \eta_{12})^2 - 3(\eta_{21} + \eta_{03})^2) \\ \quad - (\eta_{03} - 3\eta_{21})(\eta_{21} + \eta_{03})(3(\eta_{30} + \eta_{12})^2 - (\eta_{21} + \eta_{03})^2) \\ \phi_6 = (\eta_{20} - \eta_{02})((\eta_{30} + \eta_{12})^2 - (\eta_{21} + \eta_{03})^2) + 4\eta_{11}(\eta_{30} + \eta_{12})(\eta_{21} + \eta_{03}) \\ \phi_7 = (3\eta_{12} - \eta_{30})(\eta_{30} + \eta_{12})((\eta_{30} + \eta_{12})^2 - 3(\eta_{21} + \eta_{03})^2) \\ \quad - (\eta_{03} - 3\eta_{21})(\eta_{21} + \eta_{03})(3(\eta_{30} + \eta_{12})^2 - (\eta_{21} + \eta_{03})^2)\end{cases} \tag{5.19}$$

矩特征主要表征了图像区域的几何特征，又称为几何矩。其中零阶原点矩m_{00}反映了目标图像的面积。矩不变量ϕ_1和ϕ_2主要由二阶矩代数组合而成，其反映的内容是图像的惯性矩特征，$\phi_3 \sim \phi_7$主要是由三阶矩组合而成的，反映了图像对其均值分布偏差的一种测度，即扭曲度。图像之间区域面积变化越大，其ϕ_1变化也越大，否则，反之；图像之间扭曲程度越大，其$\phi_3 \sim \phi_7$变化也越大，否则，反之[34]。

由于式（5.19）中的7个不变矩的变化范围很大，为了便于比较，可利用取对数的方法进行数据压缩；同时考虑到不变矩有可能出现负值的情况，因此实际采用的不变矩为

$$\phi_k = \lg|\phi_k|, \quad k = 1, 2, \cdots, 7 \tag{5.20}$$

经修正后的不变矩特征具有平移、旋转和比例不变性。将$\phi_1, \phi_2, \phi_3, \phi_4, \phi_5, \phi_6, \phi_7$作为目标的不变性特征。

2. 三维物体矩及其不变量

如前所述，矩不变量最早是由胡教授在1962年提出的，二维矩不变量已广泛应用于二维物体识别，Sadjadi等[35]将其从2D推广到3D。已有的方法是将3D矩不变量应用于整个物体，不够合理。本节研究将3D矩不变量应用于三维物体分割后的各表面曲面片。由于高阶矩不变量（矩阶数大于2）易受量化效应和测量误差的影响，所以选取0阶和2阶矩不变量作为表面曲面片的定量特征。

$$\begin{cases}I_1 = M_{000} \\ I_2 = M_{200} + M_{020} + M_{002} \\ I_3 = M_{200}M_{020} + M_{200}M_{002} + M_{020}M_{002} - M_{101}^2 - M_{110}^2 - M_{001}^2 \\ I_4 = M_{200}M_{020}M_{002} - M_{002}M_{110}^2 + 2M_{110}M_{101}M_{011} - M_{020}M_{101}^2 - M_{200}M_{011}^2\end{cases} \tag{5.21}$$

其中，$M_{\mathrm{pqk}}=\sum_i (X_i-\bar{X})^p (y_i-\bar{Y})^q (Z_i-\bar{Z})^k$ 为三维物体分割后的某表面曲面片的三维 $(p+q+k)$ 阶中心几何矩，$(\bar{X},\bar{Y},\bar{Z})$ 为该表面曲面片的质心，(X_i,Y_i,Z_i) 为该表面曲面片上空间三维点的坐标。

5.4 本章小结

三维物体及其模型的表达是计算机视觉中进行特征关系图匹配的前提和基础，本章首先回顾了以物体为中心的模型基于体和表面的两大类表示方法；在分析现有物体模型表达方法的基础上，着重研究基于物体表面的特征关系图表达法；在 5.3 节中主要描述平面、球面、圆柱面和圆锥面等似二次曲面的线性与非线性最小二乘拟合原理与方法；最后重点分析特征关系图表达中曲面片基元的微分不变量和矩不变量的计算方法。

参考文献

[1] 邓世伟，袁保宗．基于 CV/CAD 的三维物体几何建模[J]．中国图象图形学报，2001，6(4): 387-391.

[2] 王晓军，袁梅，吴立德．基于多视角距离图像的三维物体建模及其在识别中的应用[J]．自动化学报，1996, 22(5): 568-575.

[3] Arie J B, Nandy D. A volumetric/iconic frequency domain representation for objects with application for pose invariant face recognition[J]. ITPAMI, 1998, 20(5): 449-457.

[4] 李庆，周曼丽，柳健．三维物体识别研究进展[J]．中国图象图形学报，2000, 5(12): 985-993.

[5] 栾悉道，应龙，谢毓湘，等．三维建模技术研究进展[J]．计算机科学，2008: 208-210.

[6] 刘洁．基于数字影像和激光点云的馆藏文物三维重建关键技术研究[D]．武汉：武汉大学，2008.

[7] Best L, Magee M. Autonomous construction of th ree-dimensional models from range data[J]. PR, 1998, 31 (2): 121-136.

[8] Chien C H, Sim Y B, Aggarwal J K. Generation of volume/surface octree from range data[C]. IEEE Conference on Computer Vision and Pattern Recognition, 1988: 254-260.

[9] Li A, Crebbin G. Octree encoding of objects from range images[J]. PR, 1994, 27(5) : 727-739.

[10] Biederman I. Higher Level Vision, In An Invitation to Cognitive Science[M]. MA: MIT Press, 1989.

[11] Nguyen Q L, Levine M D. Representing 3-D objects in range images using geons[J]. CVIU, 1996, 63: 158-168.

[12] 马利庄，王荣良．计算机辅助几何造型技术及其应用[M]．北京：科学出版社，1997.

[13] Ponce J, Chelberg D, Main W B. Invariant properties of straight homogeneous generalized cylinders and their contours[J]. ITPAMI, 1989, 11(9): 951-966.

[14] Johnson A. Spin-images: A Representation for 3-D Surface Matching[D]. Carnegie: The Robotics Institute, Carnegie Meuon Univ, 1997.

[15] Johnson A E, Carmichael O, Huber D, et al. Toward a general 3-D matching engine: Multiple models, complex scenes, and efficient data filtering[C]. Image Understanding Workshop, Monterey, California, 1998: 1097-1107.

[16] Umasuthan M, Wallace A M. Model indexing and object recognition using 3D view point invariance[J]. PR, 1997, 30(9): 1415-1434.

[17] 李松涛. 深度图象处理方法的研究[D]. 北京: 清华大学, 1999.

[18] Liao C W, Medioni G. Representation of range data with B-spline surface patches[C]. Proc International conference on Pattern Recognition, Washington, 1992: 745-748.

[19] Barr A H. Superquadrics and angle Preserving transformation[J]. CG&A, 1981, 1: 11-23.

[20] Solina F, Bajcsy R. Recovery of parametric models from range images: The case for superquadrics with global deformations[J]. ITPAMI, 1990, 12(2): 131-147.

[21] 周林, 袁保宗. 扩展超二次曲面: 一种新的光滑变形曲面模型[J]. 电子学报, 1998, 26(8): 46-50.

[22] 马颂德, 张正友. 计算机视觉: 计算理论与算法基础[M]. 北京: 科学出版社, 2003.

[23] 丁益洪, 平西建, 胡敏. 线状纹理的一种属性关系图描述方法及其应用[J]. 计算机研究与发展, 2002, 39(9): 1076-1081.

[24] 李江雄. 复杂曲面反求工程 CAD 建模系统和技术研究[D]. 杭州: 浙江大学, 1998.

[25] Chen Y H, Liu Y. Quadric surface extraction using genetic algorithms. Computer-Aided Design, 1999, 31: 101-110.

[26] 丁展, 陈志杨, 张三元, 等. 基于 Gauss Ball + 的二次曲面细分解与识别[J]. 计算机辅助设计与图形学学报, 2007, 19(1): 31-36.

[27] 李滋生. 空间解析几何[M]. 济南: 山东教育出版社, 1983.

[28] 吕震. 反求工程 CAD 建模中的特征技术研究[D]. 杭州: 浙江大学, 2002.

[29] 程义民, 丁红侠, 王以孝, 等. 基于几何特征的曲面物体识别[J]. 中国图象图形学报, 2000, 5(7): 573-579.

[30] Hu M K. Visual pattern recognition by moment invariant[J]. IEEE Transactions on Information Theory, 1962, 8(1): 179-187.

[31] 夏良正. 数字图像处理(修订版)[M]. 南京: 东南大学出版社, 1999: 249-259.

[32] 阮秋琦. 数字图像处理学[M]. 北京: 电子工业出版社, 2001.

[33] 王晓红, 赵荣椿. 矩技术在计算机图像学中的应用综述[J]. 中国体视学与图像分析, 2002, 7(1): 53-57.

[34] 陈柘, 赵荣椿. 几何不变性及其在 3D 物体识别中的应用[J]. 中国图象图形学报, 2003, 8(9): 993-1000.

[35] Sadjadi F A, Hall E L. Three dimensional moment invariants[J]. ITPAMI, 1980, 2: 127-136.

第 6 章　实验结果与分析

一个完整的三维模型重建系统由数据获取、激光点云配准、深度图像分割、曲面拟合、几何特征提取与模型表达等基本模块构成。其中，激光点云配准、深度图像分割与曲面代数拟合是三维建模领域的重要研究内容。以为计算机视觉中基于模型的三维曲面物体识别建立模型库为研究目标，以小型曲面物体（玩具米老鼠头部、挂钩和编钟）为研究对象，着重研究基于表面间平均三棱锥体积测度的点云模型配准、深度图像的各种分割方法、似二次曲面片代数拟合及曲面片刚体变换不变特征的计算与提取。本章将就各部分所做的实验进行详细的介绍，并对数据结果进行分析、比较和总结。

6.1　实验环境介绍

实验所采用的硬件系统主要包括三维激光扫描仪、平面格网板、机控的旋转平台和计算机四个部分。其中，三维激光扫描仪选用 Minolta（柯尼卡美能达）公司生产的 VIVID910 非接触式激光三角测距仪，如图 6.1 所示，来获取小型二次曲面物体（挂钩和编钟）的激光点云数据。

图 6.1　VIVID910 非接触式扫描仪[1]

当需要旋转扫描时，将使用旋转平台，它是平面格网板的载体，格网板固定在旋转平台的中心，二者在整个实验中是结合为一体的。通过旋转平台，可以在不移动摄影器材的情况下，实现对物体不同角度的自动拍摄。该旋转平台型号为 ECOSTEP 200。它提供 RS232 接口和 RS485 接口，分别可以适用于单机连接和网络连接。它分别定义了自身的传输协议和数据协议，可以通过计算机控制其旋转方向（顺时针方向或者逆时针方向）、旋转速度和旋转角度，可达到的最小旋转角度为 0.1°，即其步距精度为 6″～7″。整个量测系统均通过计算机精确控制，可以实现拍摄的自动化，提高实验的系统效率[2]。

VIVID910 使用 Laser 技术测量到三维的空间几何信息和彩色的影像信息。主机配套集成了 3 个可以交换使用的镜头，针对不同的测量范围和大小，自动对焦。通过一个 640×480 像素的 CCD 和四个旋转滤镜（分别对应 *R*、*G*、*B* 和三维的测量）来得到三维点云信息和彩色影像信息，这类似等效于那些通过 VGA/3 片 CCD 的照相机[3]。

如图 6.2 成像原理可见，VIVID 910 使用线光源发射出栅条状的激光束（light-strip），通过一个圆柱透镜至被扫描目标。反射光线被内置的 CCD 接收，之后通过三角测距法转换为距离信息。通过使用一块伽利略镜（Galileo mirror），上述扫描过程通过水平光条在目标表面的垂直移动而重复，从而得到关于目标的三维影像。另一方面，在水平光条尚未发射时，利用 RGB 滤波器（RGB filter）扫描 CCD 则可以得到目标的一幅彩色影像。因此，每次扫描实际都会获得被扫描目标在同一位置下的三维影像和彩色影像；换言之，三维深度影像与彩色影像之间的纹理一一对应是通过硬件来实现的。

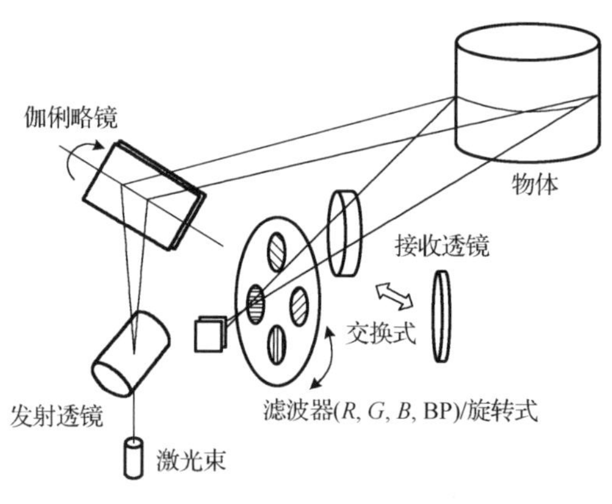

图 6.2　VIVID910 成像原理图[3]

表 6.1 中对 VIVID910 非接触式激光三角测距仪的相关参数做了简要说明。VIVID910 型三维激光扫描仪作业距离短，但是具有精度高、速度高的特点，适用于中小型目标测量。

表 6.1　VIVID910 激光扫描系统相关参数说明[1]

型号	柯尼卡美能达非接触三维数据化仪 VIVID910
测量原理	三角测量原理
光学镜头（可依据实际情况随意选择）	TELE：焦距 f=25mm MIDDLE：焦距 f=14mm WIDE：焦距 f=8mm
影像扫描范围	0.6～2.5m(WIDE 为 2m)
最佳三维测量输入范围	0.6～1.2m
X 方向输入范围（随距离变动）	111～463mm(TELE)，198～823mm(MIDDLE)，359～1196mm(WIDE)
Y 方向输入范围（随距离变动）	83～347mm(TELE)，148～618mm(MIDDLE)，269～897mm(WIDE)
Z 方向输入范围（随距离变动）	40～500mm(TELE)，70～800mm(MIDDLE)，110～750mm(WIDE/FINE mode)
精确度	TELE X: ±0.22mm，Y:±0.16mm，Z:±0.10mm to the Z 标准板（条件：TELE/FINE 模式，Konica Minolta 标准）
影像元素	三维数据：1/3 寸构造输出 CCD（340000 像素） 色彩数据：与三维数据共享（使用回转滤镜作色彩间距）
输出像素	三维数据:307000(在 FINE 模式)，76800(在 FAST 模式影像数据：640×480×24bits 色彩长度)
输出格式	三维数据：柯尼卡美能达格式，及（STL、DXF、OBJ、ASCII points、VRML） 影像数据：RGB 24-bit 彩色纹理数据
体积（宽×高×深）	213mm×413mm×271mm
重量	约 11kg（25lbs）

实验所需数据是通过对小型二次曲面物体进行激光扫描获得的原始激光点云数据。将目标物体放置于带标志点的平面格网板上用激光扫描仪获取不同位置的激光点云数据。扫描方式分旋转扫描和平行扫描两种，挂钩使用旋转拍摄扫描的方式，如图 6.3 所示。编钟由于其竖直放置不稳，将它们平放于格网板上，分正反两面进行平行扫描。玩具米老鼠头部的深度数据文件 Milkey.imw 是从《Imageware 逆向造型应用实例》配套光盘中复制的。

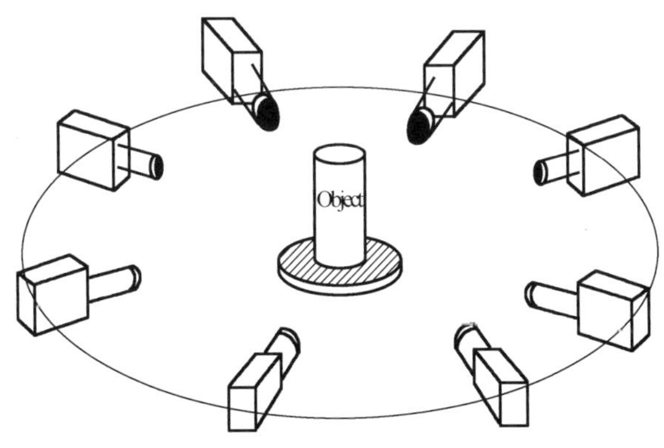

图 6.3　旋转扫描方式[2]

实验获取的数据如下所示。表 6.2 为激光扫描数据文件表，表 6.3 为点云模型文件表。

表 6.2 激光扫描数据文件表

研究对象名称	数据文件格式	视角数目	分辨率/mm
挂钩	cdm	36	0.3～0.7
编钟	cdm	53	0.4～0.8

表 6.3 点云模型文件表

研究对象名称	数据文件格式	文件数量	点数	配准中误差/mm
挂钩	obj	1	1757316	0.39
编钟	obj	1	731436	0.26

实验平台为：Pentium Ⅳ PC、2.66GHz CPU、960MB 内存、Windows XP 操作系统、VC++6.0 与 Matlab7.0 实验软件。

6.2 多视激光点云配准

6.2.1 基于表面间三棱锥平均体积测度的点云配准

实验数据：将挂钩放在旋转平台的中心，旋转平台每转动 10°，三维激光扫描仪 VIVID910 扫描一次，分别获取在旋转角度为 0°,10°,20°,30°,…,340°,350° 的挂钩点云数据。

实验目的：对依次相邻视点获取的激光扫描数据进行配准，验证 3.3 节所提改进的迭代最近点算法的有效性、正确性和可行性，比较本书方法与以往方法的配准精度与收敛速度，为后续曲面物体深度图像的分割提供完整三维几何模型。

实验方法：首先对挂钩 36 幅激光点云用 2.4 节的方法进行平滑、滤波、去噪、简化等数据预处理。然后选取角度为 0° 的位置作为空间参考坐标系，依次对其他视角获取的点云数据配准到该参考坐标系。将多视角点云模型的配准转化成依次进行的两两配准按照 3.3 节的改进算法完成。最后从配准结果、配准精度和时间效率三个方面比较本书改进算法与文献[4]基于对应点距离平方均值误差测度的算法，并在所有 36 个视角获取的点云数据用论文改进算法配准到同一个参考坐标系后，将其融合成一幅完整的曲面模型。

下面是用基于表面间三棱锥平均体积测度的改进 ICP 算法有效完成的工件多视角点云模型配准与融合结果。限于篇幅，只用初始位置 0°（基准模型）（参见图 3.25(a)）和旋转 10°（参见图 3.25(b)）两视角的点云模型进行拼接并将其结果与文献[4]的配准结果进行比较。多视角点云模型的配准转化成依次进行的两两配准按照本书的改进算法完成。

图 6.4 所示为初始位置 0°（基准模型）与旋转 10°两视角点云深度数据配准的结果。其中图 6.4(a)所示为 Pulli 算法[4]的配准结果，该算法利用两三维点云模型之间的平均欧氏距离作为误差测度，舍弃了包含网格边界点的点对、法向不一致的点对以及欧氏距离最长的 10%的点对。其中图 6.4(b)所示为本书算法的配准结果。

(a) 文献[4]算法的配准结果

(b) 3.3 节算法的配准结果

图 6.4 采用两种不同误差测度进行点云模型配准的结果

根据 Dalley 等[5]的研究，好的配准结果将会得到一个互相交叉的表面显示（“splotchy” surface）。由图 6.4 可以看出，图 6.4(b)的配准结果要明显优于图 6.4(a)的配准结果。基于对应点对距离的配准算法往往陷入局部最优而无法得到正确的空间位置变换关系，而 3.3 节算法却可以得到比较精确的配准结果。

图 6.5 所示为图 6.4 中两种配准算法收敛速度的比较。由于配准误差的单位不一样（本书算法的单位是 mm^3，文献[4]算法的单位是 mm），分别在两幅图中显示了两种算法迭代 100 次的误差分布。表 6.4 所示为图 6.4 中配准结果的定量比较，这些结果是在 Pentium Ⅳ、2.66GHz CPU、960MB 内存的 PC 上计算得到的，开发平台是 Matlab 7.0。

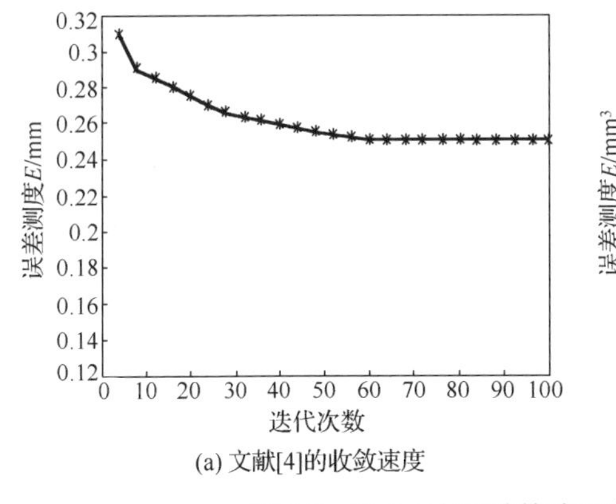

(a) 文献[4]的收敛速度

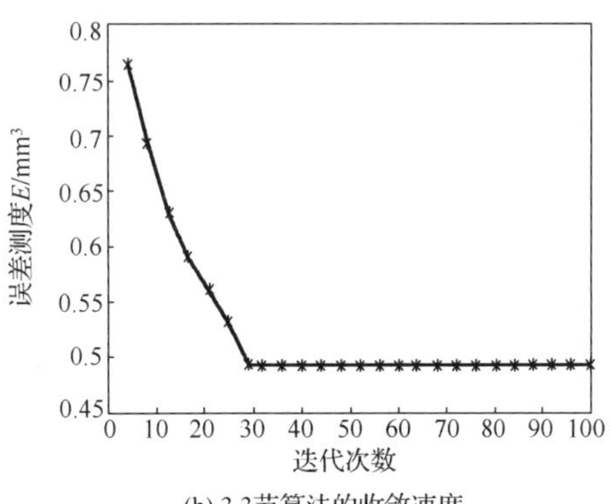

(b) 3.3节算法的收敛速度

图 6.5 图 6.4 中两种算法配准误差和迭代次数的比较

与文献[4]算法一样，本书最近点搜索过程的时间复杂度为 $O(n\log n)$，n 是激光点云中采样点的个数。而有效点的选择过程以及空间位置变换关系计算过程的时间复杂度则为 $O(N)$，其中，$N\approx 2n$ 是三角网格中三角形的个数。因此，本书算法的整体时间复杂度与文献[4]算法相比没有变化，也是 $O(n\log n)$。但由于利用海伦公式求解三角形面积需要更多的计算，因此本书算法每一次迭代的运行时间会略长。然而，如表 6.4 中有效点对数量的统计，由于满足条件三角形对的数量要远远小于对应点对的数量，所以本书算法只需较少的时间就可以计算出新的空间位置变换关系，从而保证了每一次迭代的运行时间和文献[4]算法相比差距不大，再考虑迭代次数，显然本书算法具有更快的收敛速度。

表 6.4　图 6.5 中配准结果的定量比较

	有效点对数	迭代次数	总运行时间/s	运行时间/s	平均误差	标准误差
图 6.4(a)	43655	60	114	1.9	0.039	0.537
图 6.4(b)	9758	28	64.4	2.3	0.022	0.164

按照 3.3 节的改进算法和本节的实验方法完成所有 36 幅挂钩点云模型依次进行的两两配准后，所有 36 个点云模型的精确配准结果如图 6.6(a)所示，其融合成一个完整的曲面模型如图 6.6(b)所示。得到挂钩多视角点云模型配准融合而成的完整三维几何曲面模型文件 guagou.obj。

(a) 36 个点云模型的精配准

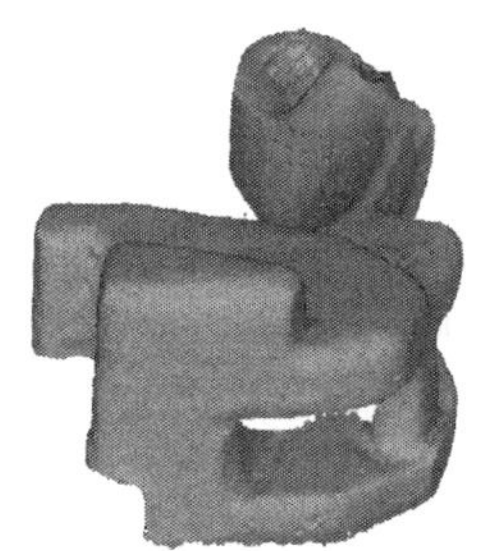

(b) 完整的曲面模型

图 6.6　36 幅挂钩点云配准结果

用同样的原理与实验方法可得编钟 53 幅点云模型配准融合而成的完整三维几何曲面模型文件 bianzhong.obj。

6.2.2　归一化互相关系数和迭代最近曲面片点云配准

本节对斯坦福大学提供的 Armadillo 模型的 18 个视角激光扫描数据，用 3.4 节归一化互相关系数和迭代最近曲面片点云配准方法进行了实验。限于篇幅，只列出 6 视角点云数据（图 6.7）。对于 ω_1 和 ω_2，参考文献[6]取作 0.005 左右；对于 ω_3，本节选取 ZNCC 常用的匹配阈值 0.7～0.8。在实际计算中若选取的阈值使得匹配失败，则可适当地放松约束阈值再重新匹配。本例所取阈值为 $\omega_1=\omega_2=0.005$，$\omega_3=0.8$。

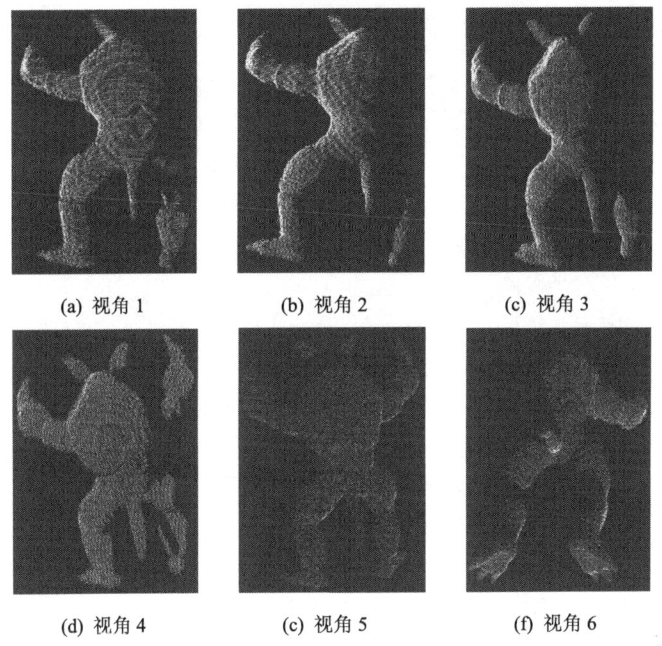

(a) 视角 1　(b) 视角 2　(c) 视角 3

(d) 视角 4　(c) 视角 5　(f) 视角 6

图 6.7　Armadillo 6 视角点云数据

图 6.8(a)所示为用本书 3.4 节算法得到的配准点云，图 6.8(b)所示为图 6.8(a)经 Delaunay 三角化后的光照配准模型，图6.8(c)为用文献[7]算法得到的18视角Armadillo点云数据的整体配准点云数据；图 6.8(d)所示为图 6.8(c)经 Delaunay 三角化后的光照模型。比较图 6.8 可以看出，本书配准结果更加准确。

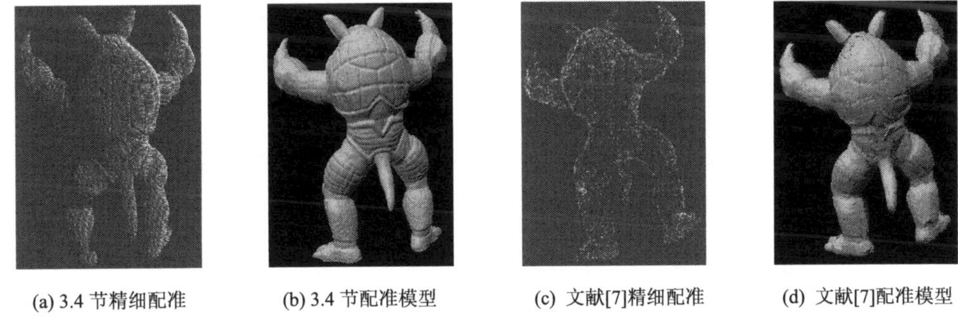

(a) 3.4 节精细配准　(b) 3.4 节配准模型　(c) 文献[7]精细配准　(d) 文献[7]配准模型

图 6.8　视角配准结果对比

6.2.3　自适应距离函数与迭代最近曲面片精细配准

本节对斯坦福大学提供的 Bunny 模型的 12 个视角激光扫描数据，用 3.5 节自适应距离函数与迭代最近曲面片精细配准方法进行了实验。限于篇幅，只列出 2 视角点云数据（图 6.9）。本实验中，修正系数 μ=0.05。

(a) 视角 1

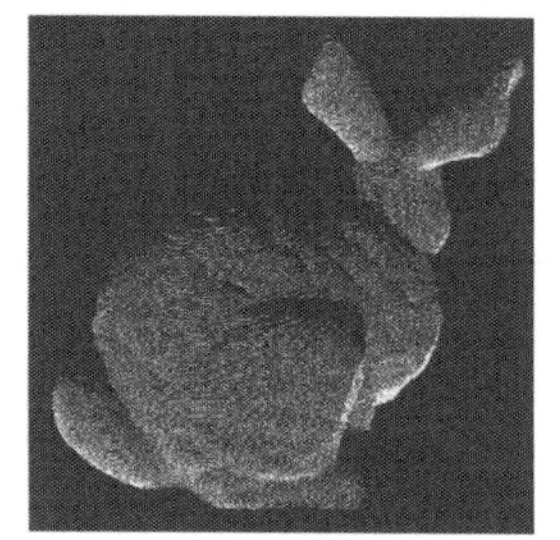

(b) 视角 2

图 6.9　Bunny2 视角点云数据

图 6.9(a)所示点云包含 40279 个数据点，图 6.9(b)所示点云包含 38220 个数据点。图 6.10(a)所示为图 6.9(a)和图 6.9(b)两视角点云初始配准结果，其相应初始配准误差为 4.8×10^{-7}。图 6.10(b)为图 6.10(a)经 Delaunay 三角化后的光照配准模型；从图 6.10(a)和图 6.10(b)可以看出，初始配准效果是好的，基本实现了两片点云数据的正确配准，除了在某些区域，如 Bunny 尾巴、胸部、嘴巴出现轻微的漏洞，经过基于 ADF 和 ICS 算法的精细配准后大致可补齐，如图 6.10(c)所示，相应的精细配准误差为 3.2×10^{-7}；图 6.10(d)所示为图 6.10(c)经 Delaunay 三角化后的光照模型。

(a) 前 2 视角粗略配准点云

(b) 前 2 视角粗略配准模型

(c) 前 2 视角精细配准点云

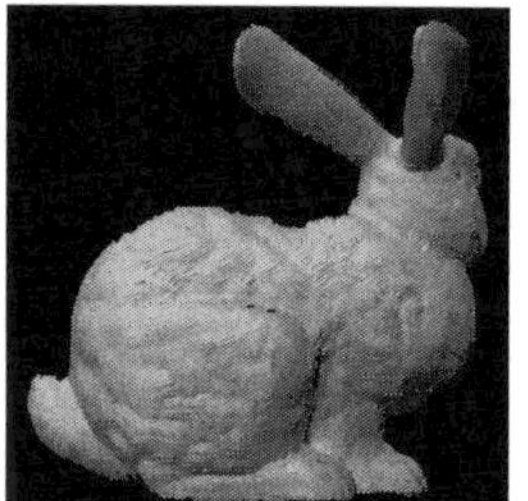

(d) 前 2 视角精细配准模型

图 6.10　第 1、2 个视角下 2 组点云的配准

将多视角点云数据的配准转化成依次进行的两两配准。图 6.11(a)所示为用本书算法得到的 12 视角 Bunny 点云数据的整体配准结果；图 6.11(b)所示为图 6.11(a)经

Delaunay 三角化后的光照模型；图 6.11(c)所示为用文献[8]算法得到的整体配准点云数据；图 6.11(d)所示为图 6.11(c)经 Delaunay 三角化后的光照模型。比较图 6.11(b)和图 6.11(d)可以看出，本书 3.5 节方法配准结果更加精确。

(a) 3.5 节方法配准点云

(b) 3.5 节方法配准模型

(c) 文献[8]配准点云

(d) 文献[8]配准模型

图 6.11　12 视角配准结果对比

表 6.5 所示为图 6.11 中配准结果的定量比较，这些结果是在 Pentium Ⅳ、3.10GHz CPU、8GB 内存的 PC 上计算得到的，开发平台是 VC++6.0 和 Matlab7.0。表 6.5 列出了两种算法迭代次数以及配准误差，可以看出，本书算法更加高效精确。

表 6.5　图 6.11 中配准结果的定量比较 $\tau = 10^{-6}$mm

	迭代次数	运行时间/s	平均误差	标准方差
图 6.11(a)	63	401	0.28τ	0.09τ
图 6.11(c)	128	753	0.43τ	0.97τ

6.3　点云数据（深度图像）分割

6.3.1　基于微分不变量和区域增长的深度图像分割

实验数据：在 6.2 节实验中得到的编钟完整三维几何曲面模型文件 bianzhong.obj 中的深度数据。

实验目的：用 4.1 节的方法对编钟完整三维几何曲面模型对应的深度图像进行分

割，为后续比较 4.1 节、4.2 节和 4.3 节中阐述的三种深度图像分割方法提供实验结果和数据。

实验方法：首先用 2.4.2 节的方法对编钟原始三维点云模型文件 bianzhong.obj 中的深度数据进行数据去噪、简化预处理，从 731436 个空间数据点减少到 268835 个三维数据点，根据式（4.1）、式（4.2）和式（4.3）中将编钟完整三维几何曲面模型文件转换为二维深度图像文件 RawRangeImage.txt；然后用可分离滤波器与距离函数进行卷积来估计深度图像的一阶和二阶微商进行初始分割；最后进行区域连通与区域增长完成分割。

下面的实验就是采用 4.1 节方法，完成的局部近似、初始分割、序贯连通和区域分割。图 6.12(a)所示为编钟“点云”数据，含有 268835 个三维数据点；图 6.12(b)所示为编钟三维模型；图 6.12(c)为编钟深度图像，像素大小为 640(行)×480(列)，深度图像的深度分辨率为 8bit(256 深度级)；图 6.12(d)是根据式（4.13）计算得到的“编钟”高斯曲率图；图 6.12(e)是根据式（4.14）计算得到的“编钟”平均曲率图，图 6.12(f)是深度图的最后分割结果。

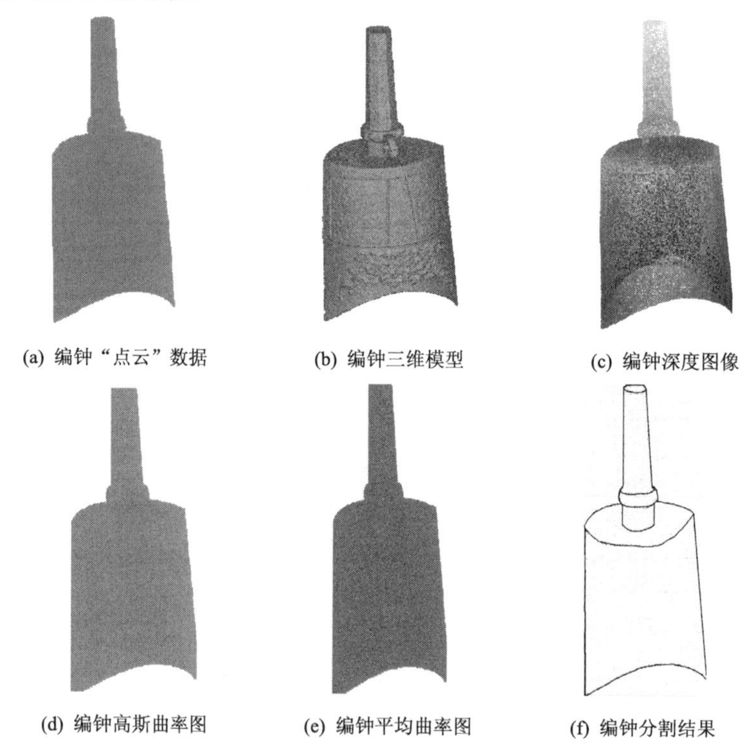

图 6.12　编钟基于微分不量和区域增长的深度图像分割

6.3.2　基于二值形态学的深度图像分割

实验数据：编钟二维深度图像数据文件 bzRawRangeImage.txt。

实验目的：用 4.2 节的方法对编钟完整三维几何曲面模型对应的深度图像进行分割，为后续比较 4.1 节、4.2 节和 4.3 节中阐述的三种深度图像分割方法提供实验结果和数据。

实验方法：首先用式（4.26）对编钟二维深度图像进行平滑滤波；然后用式（4.30）描述的凸脊检测算子和凹谷检测算子对平滑后的深度图像进行处理；最后进行跳跃边界提取与区域增长完成分割。

用 4.2 节的原理与方法对深度图像进行了分割。图 6.13(a)所示为编钟的“点云”数据；图 6.13(b)为编钟原始深度图像；图 6.13(c)是根据式（4.26）所表征的 3×3 邻域平滑滤波器对图 6.13(b)所示的编钟原始深度图像进行平滑后所得的深度图像；图 6.13(d)是用式（4.30）描述的凸脊检测算子 P(fout)对图 6.13(c)所示平滑后深度图像进行处理所形成的凸脊图像。

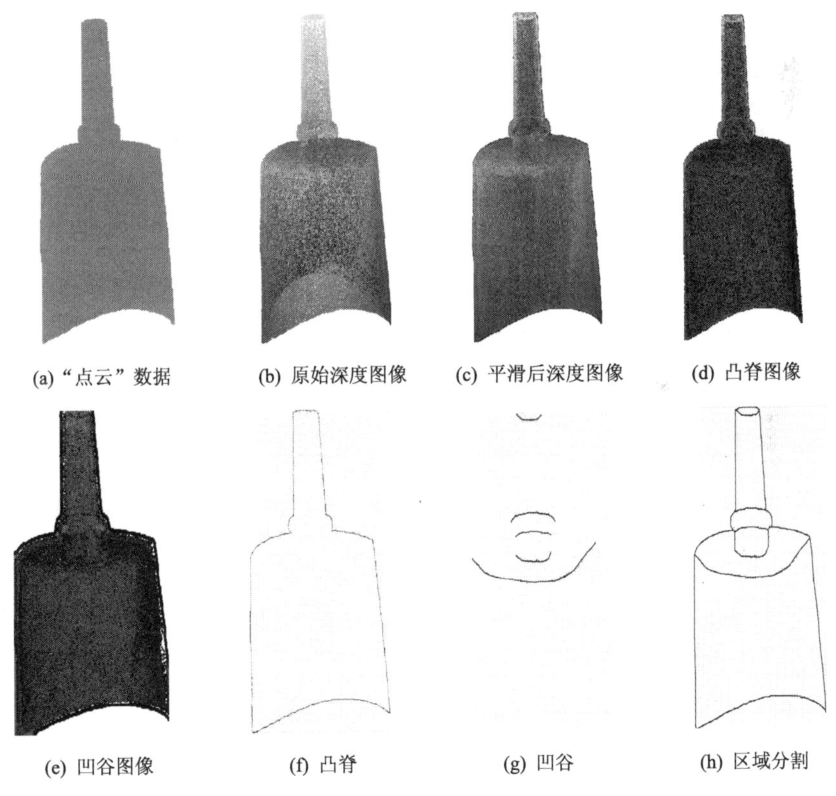
(a)“点云”数据　(b) 原始深度图像　(c) 平滑后深度图像　(d) 凸脊图像

(e) 凹谷图像　(f) 凸脊　(g) 凹谷　(h) 区域分割

图 6.13　编钟基于二值形态学的深度图像分割

图 6.13(e)是用式（4.30）描述的凹谷检测算子 V(fout)对图 6.13(c)所示平滑后深度图像进行处理所形成的凹谷图像；图 6.13(f)为从图 6.13(d)所示凸脊图像中用“canny”边缘检测算子在阈值 $\tau = 0.32$ 时提取出来的深度值的突变（边缘），即跳跃边界经平面曲线拟合连接得到的凸脊；图 6.13(g)为从图 6.13(e)所示凹谷图像中用“canny”边缘检测算子在阈值 $\tau = 0.43$ 时提取出来的法向的突变（边缘），即尖顶边界经平面曲线拟

合连接得到的凹谷；然后将凸脊和凹谷合并成一个二值图像，其中凸脊和凹谷上的点记为 1，背景记为 0。在二值图像中，凸脊和凹谷一起将图像分割成几个封闭的区域，图 6.13(h)为图 6.13(b)所示原始深度图像的最后分割结果。

6.3.3　基于形态学水线区域的深度图像分割

实验数据：编钟二维深度图像数据文件 bzRawRangeImage.txt。

实验目的：用 4.3 节的方法对编钟完整三维几何曲面模型对应的深度图像进行分割，为后续比较 4.1 节、4.2 节和 4.3 节中阐述的三种深度图像分割方法提供实验结果和数据。

实验方法：首先用式（4.31）和产生距离图算法伪码计算编钟二维深度图像的距离图；然后用式（4.34）、式（4.35）和极限腐蚀算法伪码对距离图计算极限腐蚀集合，提取极限腐蚀图像中的山峰区域作为种子；最后根据条件粗化算法伪码和图 4.14 所示 12 个结构元素模板进行区域增长完成分割。

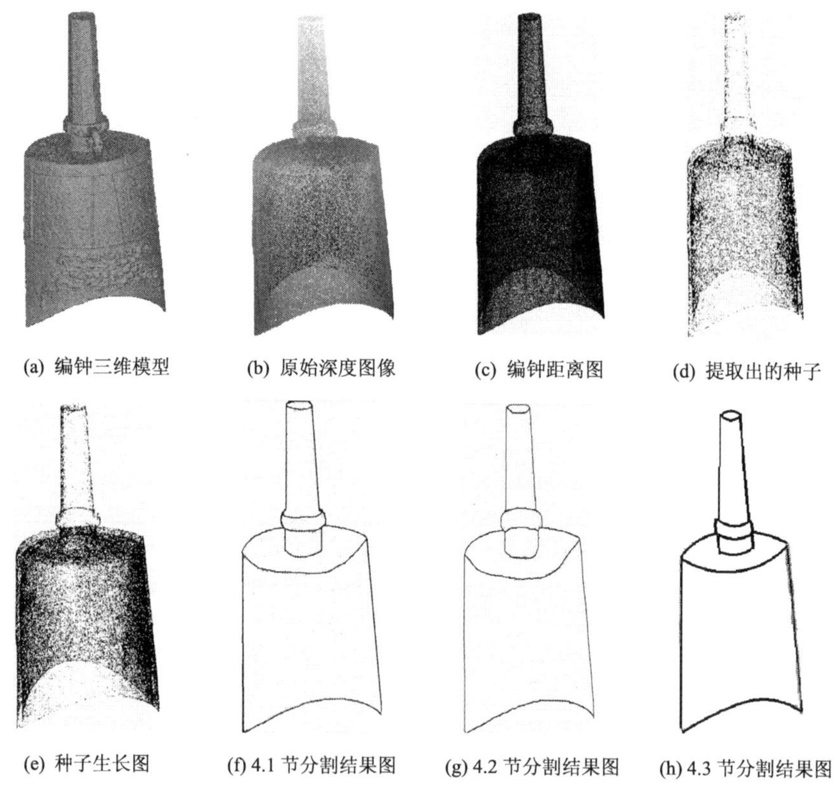

(a) 编钟三维模型　(b) 原始深度图像　(c) 编钟距离图　(d) 提取出的种子

(e) 种子生长图　(f) 4.1 节分割结果图　(g) 4.2 节分割结果图　(h) 4.3 节分割结果图

图 6.14　编钟基于形态学水线区域的深度图像分割

用 4.3 节改进的方法对编钟深度图像进行分割，并与 4.1 节分割方法和 4.2 节分割方法从所提取边缘的光顺性和算法的速度两个方面进行比较。图 6.14(a)所示为编钟三维模型；图 6.14(b)为编钟深度图像；图 6.14(c)是根据产生距离图算法伪码计算得到的编钟距离图；图 6.14(d)是根据极限腐蚀算法伪码提取出来的种子；图 6.14(e)是使用条件粗化得到的区域生长图；图 6.14(f)是用 4.1 节基于微分不变量和区域增长的深度图分割方法得到的结果；图 6.14(g)是用 4.2 节基于二值形态学算子的深度图分割方法得到的结果；图 6.14(h)是编钟深度图用 4.3 节改进的方法得到的最后分割结果。比较图 6.14(f)、图 6.14(g)和图 6.14(h)，可以看出图 6.14(h)提取的边缘比图 6.14(f)和图 6.14(g)的光滑。

表 6.6　三种分割方法运算时间对比表

4.3 节改进分割方法		4.1 节分割方法		4.2 节分割方法	
计算步骤	时间/s	计算步骤	时间/s	计算步骤	时间/s
产生距离图	128	计算微分不变量	437	凸脊与凹谷检测	246
计算极限腐蚀集合	251	区域连通	149	跳跃边界提取	187
区域生长	284	区域增长	572	区域增长	291
总时间	663	总时间	1158	总时间	824

表 6.6 给出了上述三种分割方法所需运算时间，表 6.5 表明 4.3 节改进的基于形态学水线区域的深度图像分割方法比传统基于微分运算和二值形态学算子的分割方法的速度要快。

6.3.4　参数活动轮廓模型距离图像分割

结合 VC++6.0 和 Matlab7.0 编程环境，实现米老鼠深度图像分割如图 6.15 所示。

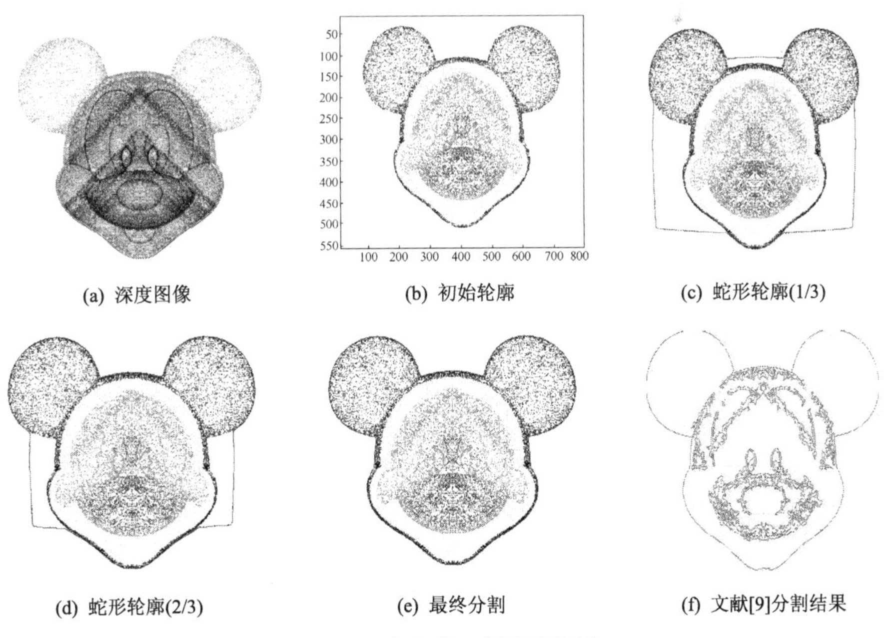

(a) 深度图像　(b) 初始轮廓　(c) 蛇形轮廓(1/3)

(d) 蛇形轮廓(2/3)　(e) 最终分割　(f) 文献[9]分割结果

图 6.15　米老鼠深度图像分割

为验证该方法的普适性，继续对挂钩工件深度图像进行分割，如图 6.16 所示。

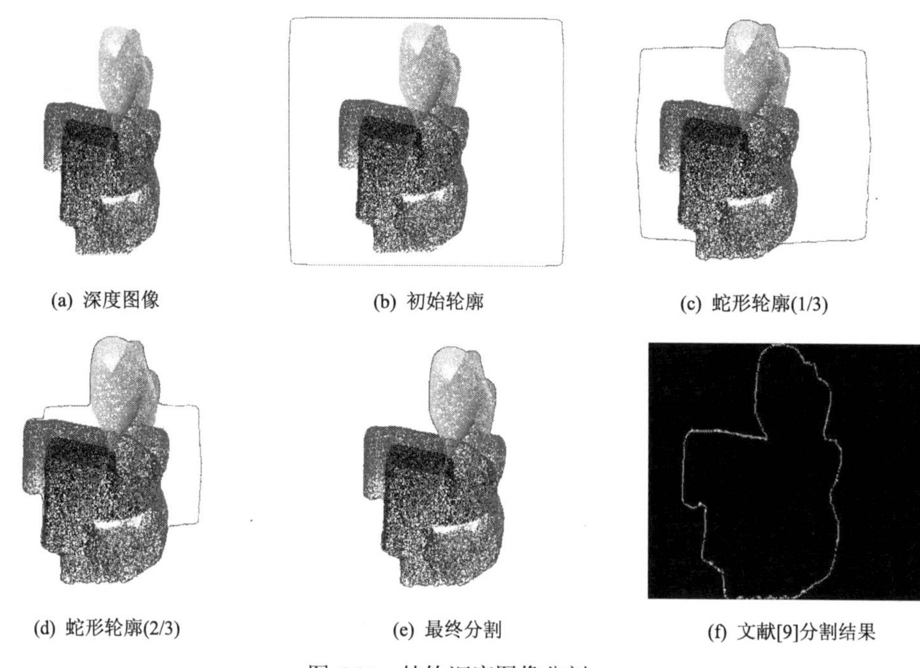

(a) 深度图像　(b) 初始轮廓　(c) 蛇形轮廓(1/3)

(d) 蛇形轮廓(2/3)　(e) 最终分割　(f) 文献[9]分割结果

图 6.16　挂钩深度图像分割

6.4　曲面片参数方程拟合

实验数据：编钟二维深度图像经过 6.3.3 节分割得到的 6 个不同平面区域。

实验目的：用 5.3 节的原理与方法对编钟点云模型 6 个不同的三维曲面片点云分别进行参数拟合，以获取各个曲面片参数方程为曲面片不变几何特征提取提供实验数据。

实验方法：首先根据二维像点与三维空间点之间的一一对应关系，将编钟二维深度图像 6 个不同区域转换为三维曲面片点云；然后用式（5.7）和最小二乘法拟合编钟顶部、上部把柄、把柄上环形、中部、下部前面和下部后面激光点云；根据拟合系数，用式（5.3）～式（5.6）判断拟合二次曲面类型。

6.4.1　编钟顶部激光点云拟合

图 6.17 为编钟二维深度图像采用 4.3 节改进的分割方法得到的顶部区域根据二维像点与三维空间点之间的一一对应关系转换而成的编钟顶部点云，包括 1161 个深度数据点。

对图 6.17 数据块用式（5.7）进行线性最小二乘拟合，采用特征向量估计法进行求解，得到绝对值最小的特征值 $\lambda = 0.0001$ 对应的特征向量即待求曲面系数向量

$(-0.0001, -0.0007, 0.0002, 0.0000, 0.0009, 0.0001, 0.0312, 0.9811, 0.1911, -0.0041)$。根据式（5.3）的系数特点可判断该编钟顶部点云位于同一平面上，其拟合平均误差为 0.0308mm，最大误差为 0.0910mm，中误差为 0.0221mm。拟合得到的编钟顶部平面的方程为

$$F(x,y,z) = 0.0312x + 0.9811y + 0.1911z - 0.0041 = 0 \tag{6.1}$$

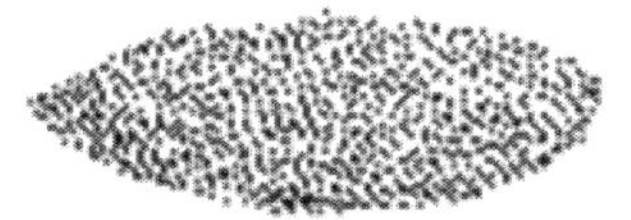

图 6.17　编钟顶部点云

6.4.2　编钟上部把柄点云数据拟合

图 6.18 为编钟二维深度图像采用 4.3 节改进的分割方法得到的上部区域根据二维像点与三维空间点之间的一一对应关系转换而成的编钟上部把柄点云，包括 27369 个深度数据点。

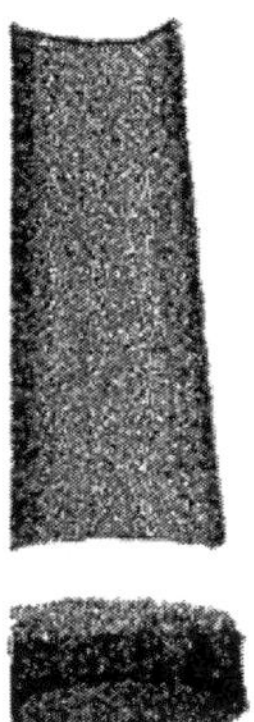

图 6.18　编钟上部把柄点云

对图 6.18 数据块用式（5.7）进行线性最小二乘拟合，采用特征向量估计法进行求解，得到绝对值最小的特征值 $\lambda = 0.0002$ 对应的特征向量即待求曲面系数向量 $(0.9992, -0.0008, 0.9992, 0.0007, 0.0005, 0.0008, 50.944, 1.4276, 770.4428, 148526.7355)$。根据式（5.6）可判断该编钟上部把柄位于同一圆锥面上，其拟合平均误差为 0.1669mm，最大误差为 0.3507mm，中误差为 0.0847mm。拟合得到的编钟上部把柄圆锥面方程为

$$\begin{aligned} F(x,y,z) = {} & 0.9992x^2 - 0.0008y^2 + 0.9992z^2 + 50.994x + 1.4276y \\ & + 770.4428z + 148526.7355 = 0 \end{aligned} \tag{6.2}$$

式（6.2）表示的圆锥面的顶点坐标为 $(-25.4924, 892.2774, -385.5298)$，半锥顶角为 1.6516°。

6.4.3 编钟把柄上外切点云拟合

图 6.19 为编钟二维深度图像采用 4.3 节改进的分割方法得到的中上部区域根据二维像点与三维空间点之间的一一对应关系转换而成的编钟把柄上环形点云，包括 4528 个深度数据点。

图 6.19　编钟把柄上外切点云

对图 6.19 数据块用式（5.7）进行线性最小二乘拟合，采用特征向量估计法进行求解，得到绝对值最小的特征值 $\lambda = 0.0004$ 对应的特征向量即待求曲面系数向量 $(0.9982, -0.0003, 0.9934, 0.0004, 0.0007, 0.005, 15.2396, -0.0011, -1614.289, 650067.5265)$。根据式（5.5）可判断该编钟把柄上外切环形点云位于同一圆柱面上，其拟合平均误差为 0.0686mm，最大误差为 0.3120mm，中误差为 0.0544mm。拟合得到的编钟把柄上环形圆柱面的方程为

$$F(x, y, z) = 0.9982x^2 + 0.9934z^2 + 15.2396x + 1614.289z + 650067.5265 = 0 \quad (6.3)$$

式（6.3）表示母线平行于 y 轴的圆柱面，其准线是 xoz 面上的圆，圆心在点 $(7.6198, 0.0, -807.1445)$，半径为 38.3775mm。

6.4.4 编钟中部点云拟合

图 6.20 为编钟二维深度图像采用 4.3 节改进的分割方法得到的中部区域根据二维像点与三维空间点之间的一一对应关系转换而成的编钟中部点云，包括 39377 个深度数据点。

图 6.20　编钟中部点云

对图 6.20 数据块用式（5.7）进行线性最小二乘拟合，采用特征向量估计法进行求解，得到绝对值最小的特征值 $\lambda = 0.0018$ 对应的特征向量即待求曲面系数向量 $(-0.0000, -0.0018, 0.0002, 0.0002, -0.0005, 0.0001, 0.0939, -0.9779, -0.1868, 0.0008)$。根据

式（5.3）可判断该编钟中部点云位于同一平面上，其拟合平均误差为 0.1972mm，最大误差为 0.5600mm，中误差为 0.1390mm。拟合得到的编钟中部平面的方程为

$$F(x,y,z)=0.0939x-0.9779y+0.1868z+0.0008=0 \tag{6.4}$$

6.4.5　编钟下部前面点云拟合

图 6.21 为编钟二维深度图像采用 4.3 节改进的分割方法得到的下部前面区域根据二维像点与三维空间点之间的一一对应关系转换而成的编钟下部前面点云，包括 128576 个深度数据点。

图 6.21　编钟下部前面点云

对图 6.21 数据块用式（5.7）进行线性最小二乘拟合，采用特征向量估计法进行求解，得到绝对值最小的特征值 $\lambda=0.0002$ 对应的特征向量即待求曲面系数向量 $(0.9935, 0.0012, 0.9852, 0.0027, 0.0019, -0.009, -50.3346, -0.0018, 1979.2388, 965482.3451)$ 。根据式（5.5）可判断该编钟下部前面点云位于同一圆柱面上，其拟合平均误差为 0.3904mm，最大误差为 1.1860mm，中误差为 0.2338mm。拟合得到的编钟下部前面圆柱面的方程为

$$F(x,y,z)=0.9935x^2+0.9852z^2-50.3346x+1979.2388z+965482.3451=0 \tag{6.5}$$

式（6.5）表示母线平行于 y 轴的圆柱面，其准线是 xoz 面上的圆，圆心在点 $(25.1673, 0, -989.6194)$，半径为 120.4060mm。

6.4.6　编钟下部后面点云拟合

图 6.22 为编钟二维深度图像采用 4.3 节改进的分割方法得到的下部后面区域根据二维像点与三维空间点之间的一一对应关系转换而成的编钟下部后面点云，包括 67824 个深度数据点。

对图 6.22 数据块用式（5.7）进行线性最小二乘拟合，采用特征向量估计法进行求解，得到绝对值最小的特征值 $\lambda=0.0001$ 对应的特征向量即待求曲面系数向量 $(0.994, -0.006, 0.994, 0.0012, -0.0009, -0.0026, 101.2109, 13.6431, 843.5623, 174889.7731)$。

根据式（5.6）可判断该编钟下部面点云位于同一圆锥面上，其拟合平均误差为 0.1928mm，最大误差为 1.1644mm，中误差为 0.1261mm。拟合得到的编钟下部后面圆锥面的方程为

$$F(x,y,z)=0.994x^2-0.006y^2+0.994z^2+101.2109x \\ +13.6431y+843.5623z+174889.7731=0 \tag{6.6}$$

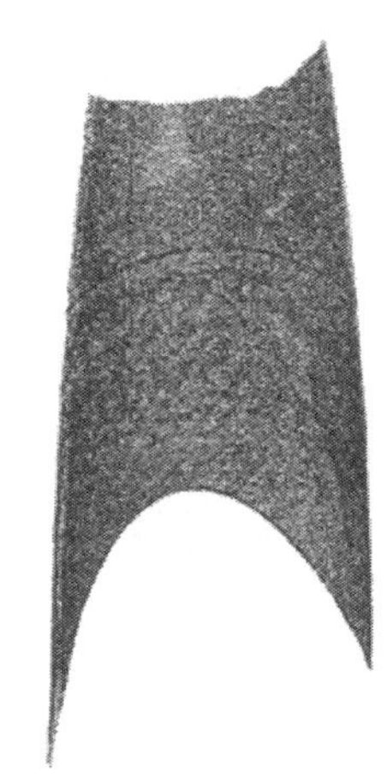

图 6.22　编钟下部后面点云

式（6.6）表示的圆锥面的顶点坐标为 $(-50.9109,1136.9282,-424.3271)$，半锥顶角为 4.4457°。

6.5　特征提取与特征关系图表示

实验数据：编钟点云模型经过 6.4 节拟合得到的 6 个不同曲面片的方程。

实验目的：用 4.1 节和 5.3 节的相关原理与方法对编钟点云模型 6 个不同的三维曲面片点云分别进行不变几何特征计算与提取，以获基于特征关系图的模型表达中各节点的不变几何特征矢量，并生成特征关系图（ARG）。

实验方法：首先根据式（6.1）～式（6.6）所表征的点云模型 6 个不同曲面片方程和式（4.13）～式（4.15）计算各点高斯曲率 K、平均曲率 H、最大主曲率 k_1 和最小主曲率 k_2；然后用式（5.8）～式（5.10）计算各个曲面片的微分不变量特征；最后用式（5.21）计算曲面片的 3D 矩不变量特征。

实验　编钟顶部平面片特征提取

式（6.1）所表示的平面片可以表达为以下的参数形式：

$$\begin{cases} x = u \\ y = v \\ z = h(u,v) = -\dfrac{312}{1911}u - \dfrac{9811}{1911}v + \dfrac{41}{1911} \end{cases} \tag{6.7}$$

由式（6.7）可推导出编钟顶部平面片上各点的微商为

$$\boldsymbol{h}_u = \frac{\partial \boldsymbol{h}}{\partial u} = -\frac{312}{1911}, \quad \boldsymbol{h}_v = \frac{\partial \boldsymbol{h}}{\partial v} = -\frac{9811}{1911},$$

$$\boldsymbol{h}_{uu} = \frac{\partial^2 \boldsymbol{h}}{\partial u^2} = 0, \quad \boldsymbol{h}_{vv} = \frac{\partial^2 \boldsymbol{h}}{\partial v^2} = 0, \quad \boldsymbol{h}_{uv} = \boldsymbol{h}_{vu} = \frac{\partial^2 \boldsymbol{h}}{\partial u \partial v} = 0$$

根据式（4.13）～式（4.15）可计算出编钟顶部平面片上各点的高斯曲率 K、平均曲率 H、最大主曲率 k_1 和最小主曲率 k_2 为

$$\boldsymbol{K}[i] = \frac{\boldsymbol{h}_{uu}[i]\boldsymbol{h}_{vv}[i] - \boldsymbol{h}_{uv}^2[i]}{\left(1 + \boldsymbol{h}_u^2[i] + \boldsymbol{h}_v^2[i]\right)^2} = \frac{0 \times 0 - 0^2}{\left(1 + \left(-\dfrac{312}{1911}\right)^2 + \left(-\dfrac{9811}{1911}\right)^2\right)^2} = 0, \quad i = 1,2,\cdots,1161$$

$$\begin{aligned} \boldsymbol{H}[i] &= \frac{1}{2}\frac{(1 + \boldsymbol{h}_v^2[i])\boldsymbol{h}_{uu}[i] + (1 + \boldsymbol{h}_u^2[i])\boldsymbol{h}_{vv}[i] - 2\boldsymbol{h}_u[i]\boldsymbol{h}_v[i]\boldsymbol{h}_{uv}[i]}{\left(1 + \boldsymbol{h}_u^2[i] + \boldsymbol{h}_v^2[i]\right)^{3/2}} \\ &= \frac{1}{2}\frac{\left(1 + \left(-\dfrac{9811}{1911}\right)^2\right) * 0 + \left(1 + \left(-\dfrac{312}{1911}\right)^2\right) * 0 - 2\left(-\dfrac{312}{1911}\right) * \left(-\dfrac{9811}{1911}\right) * 0}{\left(1 + \left(-\dfrac{312}{1911}\right)^2 + \left(-\dfrac{9811}{1911}\right)^2\right)^{3/2}} \\ &= 0, \quad i = 1,2,\cdots,1161 \end{aligned}$$

$$k_1[i] = H[i] + \sqrt{H^2[i] - K[i]} = 0, \quad i = 1,2,\cdots,1161$$

$$k_2[i] = H[i] - \sqrt{H^2[i] - K[i]} = 0, \quad i = 1,2,\cdots,1161$$

根据式（5.8）可计算出编钟顶部平面片的曲率平均值为

$$\bar{K} = \frac{\sum_{i=1}^{N} K_i}{N} = \frac{\sum_{i=1}^{1161} K[i]}{1161} = 0, \quad \bar{H} = \frac{\sum_{i=1}^{N} H_i}{N} = \frac{\sum_{i=1}^{1161} H[i]}{1161} = 0$$

$$\bar{k}_1 = \frac{\sum_{i=1}^{N} k_1[i]}{N} = \frac{\sum_{i=1}^{1161} k_1[i]}{1161} = 0, \quad \bar{k}_2 = \frac{\sum_{i=1}^{N} k_2[i]}{N} = \frac{\sum_{i=1}^{1161} k_2[i]}{1161} = 0$$

根据式（5.9）和式（5.10）可计算出编钟顶部平面片高斯曲率和平均曲率的熵为

$$p_{K0}=\frac{N(0)}{\sum_{i=1}^{1-1}N[i]}=\frac{1161}{1161}=1,\quad P_{Kt}=-\sum_{i=0}^{1-1}p_{Ki}\ln P_{Ki}=0$$

$$p_{H0}=\frac{N(0)}{\sum_{i=0}^{1-1}N(i)}=\frac{1161}{1161}=1,\quad P_{Ht}=-\sum_{i=0}^{1-1}p_{Hi}\ln p_{Hi}=0$$

由式（5.14）可推出三维原点矩 m_{pqk} 的计算公式为

$$m_{\text{pqk}}=\sum_i X_i^p Y_i^q Z_i^q \tag{6.8}$$

同理，可将3D物体重心坐标用物体的零阶原点矩与一阶原点矩表示为

$$\bar{X}=\frac{m_{100}}{m_{000}},\quad \bar{Y}=\frac{m_{010}}{m_{000}},\quad \bar{Z}=\frac{m_{001}}{m_{000}} \tag{6.9}$$

根据式（6.8）可计算出编钟顶部平面片的重心坐标为

$$\bar{X}=\frac{m_{100}}{m_{000}}=\frac{\sum_i X_i^1Y_i^0Z_i^0}{\sum_i X_i^0Y_i^0Z_i^0}=\frac{\sum_i X_i}{N}=\frac{\sum_i X_i}{1161}=-1.1593$$

$$\bar{Y}=\frac{m_{010}}{m_{000}}=\frac{\sum_i X_i^0Y_i^1Z_i^0}{\sum_i X_i^0Y_i^0Z_i^0}=\frac{\sum_i Y_i}{N}=\frac{\sum_i Y_i}{1161}=140.4759$$

$$\bar{Z}=\frac{m_{001}}{m_{000}}=\frac{\sum_i X_i^0Y_i^0Z_i^1}{\sum_i X_i^0Y_i^0Z_i^0}=\frac{\sum_i Z_i}{N}=\frac{\sum_i Z_i}{1161}=-711.6320$$

再由式（5.21）可计算出编钟顶部平面片的0阶和2阶矩不变量为

$$I_1=M_{000}=\sum_i(X_i-\bar{X})^0(Y_i-\bar{Y})^0(Z_i-\bar{Z})^0=\sum_i 1=N=1161 \tag{0阶矩}$$

$$\begin{aligned}I_2&=M_{200}+M_{020}+M_{002}\\&=\sum_i(X_i-\bar{X})^2(Y_i-\bar{Y})^0(Z_i-\bar{Z})^0+\sum_i(X_i-\bar{X})^0(Y_i-\bar{Y})^2(Z_i-\bar{Z})^0\\&\quad+\sum_i(X_i-\bar{X})^0(Y_i-\bar{Y})^0(Z_i-\bar{Z})^2=3.41\times10^5\end{aligned} \tag{2阶矩}$$

$$
\begin{aligned}
I_3 &= M_{200}M_{020} + M_{200}M_{002} + M_{020}M_{002} - M_{101}^2 - M_{110}^2 - M_{011}^2 \\
&= \sum_i (X_i - \bar{X})^2 (Y_i - \bar{Y})^0 (Z_i - \bar{Z})^0 * \sum_i (X_i - \bar{X})^0 (Y_i - \bar{Y})^2 (Z_i - \bar{Z})^0 + \\
&\quad \sum_i (X_i - \bar{X})^2 (Y_i - \bar{Y})^0 (Z_i - \bar{Z}) * \sum_i (X_i - \bar{X})^0 (Y_i - \bar{Y})^0 (Z_i - \bar{Z})^2 + \\
&\quad \sum_i (X_i - \bar{X})^0 (Y_i - \bar{Y})^2 (Z_i - \bar{Z})^0 * \sum_i (X_i - \bar{X})^0 (Y_i - \bar{Y})^0 (Z_i - \bar{Z})^2 - \\
&\quad \sum_i (X_i - \bar{X})^1 (Y_i - \bar{Y})^0 (Z_i - \bar{Z})^1 * \sum_i (X_i - \bar{X})^1 (Y_i - \bar{Y})^0 (Z_i - \bar{Z})^1 - \\
&\quad \sum_i (X_i - \bar{X})^1 (Y_i - \bar{Y})^1 (Z_i - \bar{Z})^0 * \sum_i (X_i - \bar{X})^1 (Y_i - \bar{Y})^1 (Z_i - \bar{Z})^0 - \\
&\quad \sum_i (X_i - \bar{X})^0 (Y_i - \bar{Y})^1 (Z_i - \bar{Z})^1 * \sum_i (X_i - \bar{X})^0 (Y_i - \bar{Y})^1 (Z_i - \bar{Z})^1 \\
&= 3.11 \times 10^{10} \qquad \text{（2 阶矩）}
\end{aligned}
$$

$$
\begin{aligned}
I_4 &= M_{200}M_{020}M_{002} - M_{002}M_{110}^2 + 2 * M_{110}M_{101}M_{011} - M_{020}M_{101}^2 - M_{200}M_{011}^2 \\
&= \sum_i (X_i - \bar{X})^2 (Y_i - \bar{Y})^0 (Z_i - \bar{Z})^0 * \sum_i (X_i - \bar{X})^0 (Y_i - \bar{Y})^2 (Z_i - \bar{Z})^0 \\
&\quad * \sum_i (X_i - \bar{X})^0 (Y_i - \bar{Y})^0 (Z_i - \bar{Z})^2 - \sum_i (X_i - \bar{X})^0 (Y_i - \bar{Y})^0 (Z_i - \bar{Z})^2 \\
&\quad * \sum_i (X_i - \bar{X})^1 (Y_i - \bar{Y})^1 (Z_i - \bar{Z})^0 * \sum_i (X_i - \bar{X})^1 (Y_i - \bar{Y})^1 (Z_i - \bar{Z})^0 \\
&\quad + 2 * \sum_i (X_i - \bar{X})^1 (Y_i - \bar{Y})^1 (Z_i - \bar{Z})^0 * \sum_i (X_i - \bar{X})^1 (Y_i - \bar{Y})^0 (Z_i - \bar{Z})^1 \\
&\quad * \sum_i (X_i - \bar{X})^0 (Y_i - \bar{Y})^1 (Z_i - \bar{Z})^1 - \sum_i (X_i - \bar{X})^0 (Y_i - \bar{Y})^2 (Z_i - \bar{Z})^0 \\
&\quad * \sum_i (X_i - \bar{X})^1 (Y_i - \bar{Y})^0 (Z_i - \bar{Z})^1 * \sum_i (X_i - \bar{X})^1 (Y_i - \bar{Y})^0 (Z_i - \bar{Z})^1 \\
&\quad - \sum_i (X_i - \bar{X})^2 (Y_i - \bar{Y})^0 (Z_i - \bar{Z})^0 * \sum_i (X_i - \bar{X})^0 (Y_i - \bar{Y})^1 (Z_i - \bar{Z})^1 \\
&\quad * \sum_i (X_i - \bar{X})^0 (Y_i - \bar{Y})^1 (Z_i - \bar{Z})^1 \\
&= 3.47 \times 10^{14} \qquad \text{（2 阶矩）}
\end{aligned}
$$

至此，已提取出编钟顶部平面片的微分不变量和矩不变量特征。同理可提取出其他 5 个曲面片的微分不变量和矩不变量特征，编钟各个曲面片主要特征见表 6.7。

表 6.7　编钟各个曲面片主要特征

曲面片	顶部平面	把柄圆锥面	把柄上圆柱面	中部平面	下部前圆柱面	下部后圆锥面
$\bar{K}$	0.0000	-5.16×10^{-9}	0.0000	0.0000	0.0000	-1.88×10^{-8}
$\bar{H}$	0.0000	1.26×10^{-3}	3.05×10^{-4}	0.0000	-2.82×10^{-3}	8.76×10^{-4}
$\bar{k}_1$	0.0000	2.51×10^{-3}	6.10×10^{-4}	0.0000	-5.64×10^{-3}	1.76×10^{-3}
$\bar{k}_2$	0.0000	-2.00×10^{-6}	0.0000	0.0000	0.0000	0.0000

续表

曲面片	顶部平面	把柄圆锥面	把柄上圆柱面	中部平面	下部前圆柱面	下部后圆锥面
P_{Kt}	0.0000	1.8307	0.0000	0.0000	0.0000	0.6093
P_{Ht}	0.0000	1.9595	1.1329	0.0000	0.8149	0.8236
$\bar{X}$	−1.1593	5.8428	3.9406	8.8796	26.1724	22.9741
$\bar{Y}$	140.4759	−39.5394	−92.7513	−159.4180	−333.4129	−333.5236
$\bar{Z}$	−711.6320	−792.3959	−803.2246	−848.3665	−851.4012	−983.8385
I_1	1161	27369	4528	39377	128576	67824
I_2	3.41×10^5	3.84×10^8	7.32×10^6	2.99×10^8	2.62×10^9	9.13×10^8
I_3	3.11×10^{10}	1.71×10^{16}	1.51×10^{13}	2.38×10^{16}	2.00×10^{18}	2.26×10^{17}
I_4	3.47×10^{14}	1.30×10^{23}	6.15×10^{18}	2.54×10^{23}	2.66×10^{26}	7.74×10^{24}

深度图像用第 4 章区域分割后，若每一分割区域用一节点表示，在相交区域对应的节点间加一条连接边，则该分割深度图像可用一个图来表示，再将与每个节点所对应有限曲面片的特征赋予相应节点，则三维曲面物体模型可用一个特征关系图 G 来描述与表达，即 $G=\{S,E,f_1(S),f_2(E)\}$，其中 $S=\{S_i|i=1,\cdots,n\}$ 是 n 个曲面片节点的集合，对任一曲面片节点 S_i，其特征向量 $f_1(S_i)$ 为下面的特征集合：

$$f_1(S_i)=\{f_1^j(S_i)|j=1,\cdots,J\} \tag{6.10}$$

对应前述编钟曲面片的 13 个特征，则 $J=13$，且 $f_1^1(S_i)=\bar{K}$、$f_1^2(S_i)=\bar{H}$、$f_1^3(S_i)=\bar{k}_1$、$f_1^4(S_i)=\bar{k}_2$ 分别为第 i 个曲面片节点的高斯曲率平均值、平均曲率平均值、最大主曲率平均值、最小主曲率平均值；$f_1^5(S_i)=P_{Kt}$、$f_1^t(S_i)=P_{Ht}$ 分别为第 i 个曲面片节点的高斯曲率和平均曲率的熵；$f_1^7(S_i)=\bar{X}$、$f_1^8(S_i)=\bar{Y}$、$f_1^9(S_i)=\bar{Z}$ 为第 i 个曲面片节点的质心 3D 坐标；$f_1^{10}(S_i)=I_1$、$f_1^{11}(S_i)=I_2$、$f_1^{12}(S_i)=I_3$、$f_1^{13}(S_i)=I_4$ 为第 i 个曲面片节点的 3D 矩不变量。

$E=\{E(S_i,S_j)|1\leqslant i,j\leqslant n\}$ 是曲面片节点之间关系的集合，对于一对曲面片节点 S_i 与 S_j，其关系的特征向量 $f_2(E(S_i,S_j))$ 为如下特征集合：

$$f_2(E(S_i,S_j))=\{f_2^k(E(S_i,S_j))|1\leqslant i,j\leqslant n,k=1,\cdots,K\} \tag{6.11}$$

如果两曲面片节点、S_i 与 S_j 之间关系的特征只有是否相交，则 $K=1$，并用 $f_1^2(E(S_i,S_j))=1$ 表示曲面片 S_i 与 S_j 相交，在相交曲面片对应的节点间加一条连接边，否则 $f_2^1(E(S_i,S_j))=0$。对应前述编钟 6 个曲面片，编钟曲面片节点间关系的特征值见表 6.8。

令编钟顶部平面的编号为 1，上部把柄圆锥面的编号为 2，把柄上外切圆柱面的编号为 3，中部平面的编号为 4，下部前面柄圆柱面的编号为 5，下部后面柄圆柱面的编号为 6，则编钟模型可以表达为图 6.23 所示各个似二次曲面片的特征关系图，各曲面片节点的特征值见表 6.7，节点间关系的特征值见表 6.8，在相交曲面片对应的节点间加一条连接边。

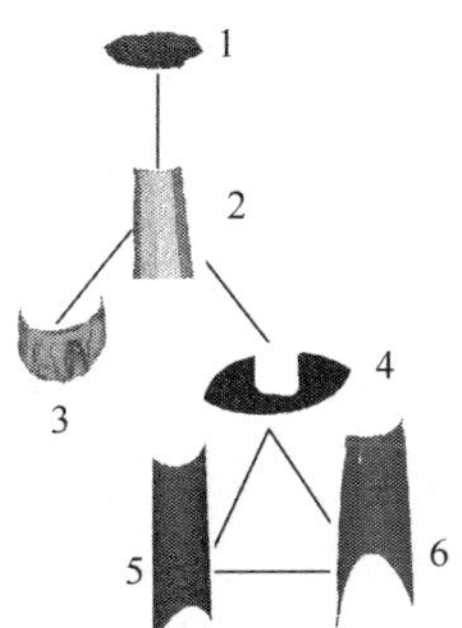

图 6.23　编钟点云模型特征关系图

表 6.8　编钟曲面片间关系特征

编号	关联曲面编号	是否相交
R1	(1,2)	1(true) $\begin{cases} 0.0312x + 0.9811y + 0.1911z - 0.0041 = 0 \\ 0.999x^2 - 0.001y^2 + 0.999z^2 + 50.994x + 1.428y + 770.442z + 148526.736 = 0 \end{cases}$
R2	(1,3)	0(false)
R3	(1,4)	0(false)
R4	(1,5)	0(false)
R5	(1,6)	0(false)
R6	(2,3)	1(true) $\begin{cases} 0.999x^2 - 0.001y^2 + 0.999z^2 + 50.994x + 1.428y + 770.442z + 148526.736 = 0 \\ 0.9982x^2 + 0.9934z^2 + 15.2396x + 1614.289z + 650067.5265 = 0 \end{cases}$
R7	(2,4)	1(true) $\begin{cases} 0.999x^2 - 0.001y^2 + 0.999z^2 + 50.994x + 1.428y + 770.443z + 148526.736 = 0 \\ 0.0939x - 0.9779y + 0.1868z + 0.0008 = 0 \end{cases}$
R8	(2,5)	0(false)
R9	(2,6)	0(false)
R10	(3,4)	0(false)
R11	(3,5)	0(false)
R12	(3,6)	0(false)
R13	(4,5)	1(true) $\begin{cases} 0.0939x - 0.9779y + 0.1868z + 0.0008 = 0 \\ 0.994x^2 + 0.985z^2 - 50.335x + 1979.239z + 965482.345 = 0 \end{cases}$
R14	(4,6)	1(true) $\begin{cases} 0.0939x - 0.9779y + 0.1868z + 0.0008 = 0 \\ 0.994x^2 - 0.006y^2 + 0.994z^2 + 101.211x + 13.643y + 843.562z + 174889.773 = 0 \end{cases}$
R15	(5,6)	1(true) $\begin{cases} 0.994x^2 + 0.985z^2 - 50.335x + 1979.239z + 965482.345 = 0 \\ 0.994x^2 - 0.006y^2 + 0.994z^2 + 101.211x + 13.643y + 843.562z + 174889.773 = 0 \end{cases}$

参 考 文 献

[1] 翟瑞芳. 激光点云和数字影像结合的小型文物重建研究[D]. 武汉: 武汉大学, 2006.

[2] 刘洁. 基于数字影像和激光点云的馆藏文物三维重建关键技术研究[D]. 武汉: 武汉大学, 2008.

[3] 周华伟. 地面三维激光扫描点云数据处理与模型构建[D]. 昆明: 昆明理工大学，2011.

[4] Pulli K. Multi-view registration for large data sets [C]. Proceedings of the 2nd International Conference on 3D Digital Imaging and Modeling, Ottawa, 1999: 160-168.

[5] Dalley G, Fynn P. Range image registration: A software platform and empirical evaluation[C]. Proceedings of the 3rd International Conference on 3D Digital Imaging and Modeling, Qubec, 2001: 246-253.

[6] Sahillioglu Y, Yemez Y. Coarse-to-fine surface reconstruction from silhouettes and range data using mesh deformation[J]. Computer Vision and Image Understanding, 2010, 114, (3): 334-348.

[7] 薛耀红, 梁学章, 马婷, 等. 扫描点云的一种自动配准方法[J]. 计算机辅助设计与图形学学报, 2011, 23(2): 223-231.

[8] Zhang M, Wen J H, Fan Y L. A new registration method for scattered point clouds from multi-views[J]. Information Technology Journal, 2013, 12(19): 5005-5010.

[9] 张梅, 文静华, 张祖勋, 等. 基于形态学水线区域的深度图像分割[J]. 光学技术, 2009, 35(3) : 326-329.

第 7 章　总结与展望

7.1　总　　结

本书以复杂曲面物体的特征提取与几何建模为目标，从如何高效精确地配准多视点云数据，如何改进现有的深度图像分割算法以更好地支持深度数据处理，如何充分利用三维物体的二次曲面片信息建立模型数据库的角度出发，具体对基于迭代最近点（ICP）和迭代最近曲面片（ICS）配准算法、基于数学形态学的深度图像分割技术及最小二乘曲面拟合的复杂曲面物体建模进行了深入的研究，归纳起来，所做的研究工作包括以下方面。

1. 激光点云配准

改进了传统的“迭代最近点（ICP）算法”，基于离散对应特征和对应点与三角形所夹的三棱锥体积误差测度相结合进行多视点云数据配准。即先利用基于离散对应特征的方法求出刚体变换的一个初值，然后用对应点与三角形所夹的三棱锥体积和法矢量确定有效最近对应点集，最后基于对应点与三角形所夹的三棱锥体积测度改进迭代最近点算法精确估计刚体变换参数，以获取曲面物体完整的三维几何模型。

针对无附加信息的激光点云数据，引入新的匹配点对衡量准则和迭代最近曲面片（iterative closest surface，ICS）算法，提出一种新的配准方法。首先，通过引入一种新的归一化零均值互相关系数（normalized zero-mean cross-correlation coefficient，NZCC）衡量点的邻域曲率相似度，构造出一一对应的初始匹配点对有效数组，利用四元素和线性最小二乘法计算初始配准参数。然后，用局部曲面片代替离散点，构造参与 ICS 算法的有效点集，并用一次近似距离代替点到对应曲面片的几何距离，建立配准的非线性最小二乘优化模型和求解策略。

针对复杂曲面物体多视角激光扫描点云数据，提出了一种从三维深度图像到完整几何模型的配准方法。根据空间点相对位置在刚体变换下的不变特性，用曲率不变特征构造有效的初始匹配点对数组，基于单位四元数对匹配的特征点对进行坐标变换求解，完成数据粗略配准；探讨修正系数μ的确定方法与步骤，计算不同修正系数下的均值误差，得到最佳修正系数μ；运用自适应距离函数和改进迭代最近曲面片精细匹配技术，将不同视角点云在三维空间进行最优化匹配；根据匹配结果计算配准误差，并对配准精度和速度进行统计分析。

2. 深度图像分割

讨论与分析了深度图像区域分割方法，把点云数据分割为曲面区域：首先讲述了基于微分不变量和区域增长的深度图像分割方法，基于微分不变量进行初始分割，得到初始的核区域；然后用区域增长法进行曲面片增长将深度图分割成多个区域；然后描述了基于二值形态学边缘检测算子的深度图像分割方法，根据形态学算子提取凸脊图像和凹谷图像，并从背景中分别分离出了两幅图像中的凸脊和凹谷，经过细化处理，得到连续的跳跃边界；研究了基于形态学水线区域的分割方法，用结构元素迭代腐蚀深度图像形成距离图像，根据距离图像计算极限腐蚀的集合，提取出目标的种子点，用条件粗化从种子点开始生长回到原尺寸但不使各区域相连，完成深度图像的分割。探究基于参数活动轮廓模型的距离图像分割方法，以参数形式表达活动轮廓模型，并图示表达轮廓线上数据点的运动和点运动算法的伪码描述，探讨内部能量、外部能量、图像能量和约束能量泛函组成，构造参数活动轮廓模型的完整能量函数，根据变分原理推导欧拉方程并进行离散化，在 VC++6.0 和 Matlab7.0 相结合的开发平台下，利用乔里斯基因子分解求解。进行比较分析，选择最优技术把深度图像分割为曲面区域。

3. 曲面拟合与特征提取

研究了物体模型基于表面曲面片的函数表示，详细分析计算机视觉中常用的三维空间曲面片的各种二次曲面（平面、球面、圆柱面、圆锥面）的参数表达方法。

在得知物体模型表面曲面片的函数表达基础上，分析了物体模型表面曲面片的固有特征及其计算方法，选用曲面片微分不变量（高斯曲率平均值、平均曲率平均值、最大主曲率平均值、最小主曲率平均值、高斯曲率和平均曲率的熵等）以及 3D 矩不变量（0 阶矩和 2 阶矩）特征作为有限曲面形状几何特征的描述。

研究特征关系图（ARG）的生成，用文本文件给出模型特征关系图（ARG）中每一节点的属性（包括物体或模型编号、节点编号、3D 矩不变量以及上述几何特征矢量）和节点之间关系的属性，建立模型的特征关系图描述（全表面 ARG）。

综上所述，在研究了传统的多视点云数据迭代最近点 ICP 配准算法、基于边缘和区域的点云数据区域分割技术、三维空间曲面的拟合方法、曲面特征计算方法、模型表达方法与描述工具基础上，针对复杂曲面物体，改进并实现了多视激光点云配准、深度图像分割、曲面代数拟合、几何特征矢量提取或点云模型特征关系图表达。所作的贡献与创新主要体现在以下几个方面。

（1）基于离散对应特征和对应点与三角形所夹的三棱锥体积作为误差测度，改进了 ICP 算法，将多个视角获取的点云数据用改进的 ICP 算法进行配准，形成物体高效、精确的整体 3D 模型。并基于归一化互相关系数和 ICS 探讨点云配准，研究了基于 ADF 与 ICS 的精细配准。

（2）采用新的基于数学形态学的深度图像分割技术，提高了分割速度，改善了分割质量。克服了常用点云数据区域分割方法需要计算每个点的局部特征，故速度较慢且抗噪声能力较弱的缺点。探究参数活动轮廓模型距离图像分割方法。

（3）用特征关系图表达和描述三维物体模型时，在几何微分不变量特征基础上增加 0 阶和 2 阶 3D 矩不变量特征，为曲面基元的粗匹配提供强有力的定量约束信息。

（4）利用多视角激光点云，采用线性最小二乘特征向量估计法拟合二次曲面片参数方程，基于二次曲面片与特征关系图实现了似二次曲面物体的三维建模。

7.2 展　　望

随着现代数字摄影测量技术和三维激光扫描技术的发展，人们获取现实世界 3D 物体表面模型变得越来越容易。基于激光点云的三维物体建模与识别是一项非常有意义的研究工作，已成为当前计算机视觉、计算机图形学和非接触测量等多学科交叉领域的一个研究热点。它不仅可以应用于二次曲面物体，也可应用于自由形态曲面物体。对点云的配准、分割、曲面拟合、特征提取和模型表达方法既可用于人造工业零件曲面，也可用于非结构性场景中的物体。由于受到时间、资料和实验数据等诸多方面因素的限制，本书仅对人造二次曲面物体和部分复杂曲面物体进行了实验，并与现有算法对这些数据的处理结果进行了对比。因此，在本书现有的研究基础上，还应该在以下方面开展更广泛、深入的研究。

（1）基于激光点云和数字影像相结合的物体建模。

以往的三维建模着力于三维重建，即以重建出逼真的三维模型为最终目的，其处理流程一般为先用激光点云数据进行无缝拼接以获取物体完整的三维几何模型；然后用数字影像进行文理映射，对几何模型赋以颜色从而能够绘制成具有色彩真实感的三维模型以很好地逼近实物或场景的表面，满足可视化的需要。而本书研究的三维建模以物体识别为目的，致力于为基于特征关系图匹配的物体识别建立模型库和几何特征矢量，对模型的表面逼真感要求不高，所以就只用激光点云数据进行研究而没有附加数字影像。当然，结合数字影像进行建模以提高物体识别的准确度是进一步的研究目标。

（2）深度图像分割算法定量评价。

本书仅从分割时间和边缘的光滑性来评价分割结果的好坏。下一步的研究工作将采用一套深度图像分割算法的定量客观评价方法，将算法分割结果中的区域分为 5 类：正确分割区域、过分割区域、欠分割区域、漏分割区域和噪声区域，然后根据这 5 类区域的数目和分割时间进行算法定量比较。选择正确分割区域数目最多，过分割区域、欠分割区域、漏分割区域和噪声区域数目最少且分割时间最短的方法作为最优分割方法。

（3）模型表达与曲面拟合。

探索物体模型基于表面曲面片的表示，分析计算机视觉中常用的 3D 空间二次曲面片的函数表达方法和特征关系图（ARG）表达；研究用三水平集上的总体最小二乘 TLS3L 法对二次曲面片 3D 点集进行曲面代数拟合的原理与方法，采用包括输入数据和由输入数据生成的两个对称的水平集来进行拟合，提高拟合结果的质量；使用代数距离构造目标函数，拟合过程是解线性方程组 $Ax \approx b$（A 为数据矩阵，b 为观测向量）的过程，以提高拟合效率。

（4）基于特征关系图匹配的曲面物体识别。

使计算机具有通过灰度图像或点云数据感知环境三维信息是计算机视觉领域工作者研究的终极目标。三维物体识别是计算机视觉研究中一个很活跃和最困难的问题之一，在完成三维物体模型构造（表达）之后，需继续研究从输入数据获得的物体局部特征关系图和物体模型全表面特征关系图子图之间的最佳匹配。下一步研究工作探索用 Hopfield 神经网络和模拟退火组合优化匹配方法，来判断景物 ARG 与模型库中的 ARG 子图同构，进而使匹配误差函数收敛到全局最小值并有效识别出物体。

总而言之，基于激光点云和特征关系图的三维曲面物体建模与识别是计算机视觉中一个新兴的研究领域，需要数字信号处理、认知科学、微分几何、计算几何、分形几何、计算机图形学、模式识别等诸多领域的理论支持与指导。随着各种理论的完善与发展以及三维激光扫描技术的迅猛发展，必将促进基于激光点云和特征关系图的三维曲面物体建模与识别技术的进一步发展。